全国电力行业"十四五"规划教材

高等教育电气与自动化类专业系列

U0655618

高压电网
继电保护原理及仿真

主　编　谢将剑　于　明

副主编　曹建梅　王　斌　张纪伟

参　编　何　峰　李　彬　蒋　超

　　　　李　鑫　刘　宁　田　欣

　　　　商希彤

中国电力出版社

CHINA ELECTRIC POWER PRESS

内 容 提 要

本书为全国电力行业"十四五"规划教材。

本书是高压电网继电保护原理的专业教材，除了介绍继电保护的基本原理，同时与 MATLAB/Simulink 仿真有机地结合起来，设置仿真实验内容，帮助学生通过仿真结果，更好地理解保护原理。主要内容共九章，包括：绪论；电网故障分析基础及仿真；电网相间短路的阶段式电流保护及仿真；电网接地短路的故障特征、保护及仿真；电网的距离保护及仿真；输电线路纵联差动保护及仿真；线路自动重合闸及仿真；变压器保护及仿真；母线保护及仿真。同时，附仿真源程序，易于学生上手复现仿真实验。

本书可作为高等院校电气工程及其自动化专业的本、专科教材或者仿真实验指导书，也可作为电气工程相关专业研究生、电力系统工程技术人员的参考书，锻炼读者运用 MATLAB/Simulink 仿真工具开展电气仿真的能力，为未来进行仿真类科学研究提供基础。

图书在版编目（CIP）数据

高压电网继电保护原理及仿真/谢将剑，于明主编；曹建梅，王斌，张纪伟副主编. -- 北京：中国电力出版社，2025.5. -- ISBN 978 - 7 - 5198 - 9568 - 6

Ⅰ. TM77

中国国家版本馆 CIP 数据核字第 20252TY827 号

出版发行：中国电力出版社

地　　址：北京市东城区北京站西街 19 号（邮政编码 100005）

网　　址：http://www.cepp.sgcc.com.cn

责任编辑：罗晓莉（010 - 63412547）

责任校对：黄　蓓　朱丽芳

装帧设计：赵姗杉

责任印制：吴　迪

印　　刷：北京天泽润科贸有限公司

版　　次：2025 年 5 月第一版

印　　次：2025 年 5 月北京第一次印刷

开　　本：787 毫米×1092 毫米　16 开本

印　　张：11.25

字　　数：277 千字

定　　价：45.00 元

前　言

电力系统继电保护是电气工程及其自动化专业一门理论性和实践性都很强的专业核心课程。本课程的研究方法注重从提取差异特征入手，逐步构建原理、判据、方法的框架，并深入研究各种影响因素。学生在学习过程中需要对高压电网主要设备的运行原理及故障状态有着良好的理解，这是深入掌握继电保护原理的基础。初学者可能会感到继电保护原理难以理解，因此，学校通常采用理论课、实验课和课程设计相结合的方式，旨在帮助学生更加深入地理解继电保护的理论体系。通过这种教学方式，学生将能够更好地应用理论知识于实际操作，从而提高对电力系统继电保护原理的全面认识。本书还设置了课程思政内容，引导读者深入思考，将知识学习与价值观教育融为一体。

自 2018 年起，在实验课程实践时，作者在验证性实验台实验的基础上，还巧妙地引入了 MATLAB/Simulink 仿真实验，激发学生进行探索性研究，旨在全面提升他们的实践动手能力，经过多年的积累形成了本书的仿真案例。本书各种元件的继电保护原理展开，针对每一种保护，运用 MATLAB/Simulink 进行故障特征和保护原理的分析，并提供了仿真源程序，旨在帮助初学者通过仿真快速掌握继电保护的要领。这一独特的教学方法既拓展了学生的研究空间，又为他们提供了更为直观、实用的学习路径。

本书共九章。第一章绪论；第二章电网故障分析基础及仿真；第三章电网相间短路的阶段式电流保护及仿真；第四章电网接地短路的故障特征、保护及仿真；第五章电网的距离保护及仿真；第六章输电线路纵联差动保护及仿真；第七章线路自动重合闸及仿真；第八章变压器保护及仿真；第九章母线保护及仿真。

本书由北京林业大学谢将剑副教授、于明讲师担任主编，负责全书的框架构思、编写组织及整体统稿工作；国网山东省电力公司电力研究院曹建梅、国核电力规划设计研究院有限公司王斌、国网山东省电力公司济南供电公司张纪伟任副主编。其中谢将剑、王斌、曹建梅编写第一章，于明、张纪伟编写第二章，谢将剑、王斌编写第三章，谢将剑、于明、张纪伟编写第四章，谢将剑、于明编写第五章，谢将剑、张纪伟编写第六章，谢将剑、于明、曹建梅编写第七章，谢将剑、于明、王斌编写第八章，于明、张纪伟编写第九章。国网山东省电力公司济南供电公司何峰、李彬、蒋超、李鑫、刘宁、田欣、商希彤、陈宁和北京林业大学学生肖彤、秦多豪、李大同、任骥雄、李超、周立波参与了资料收集、文字校稿等工作。华北电力大学焦彦军教授担任本书主审，提出了许多宝贵的意见。此外，本书编写得到了北京林业大学教材建设资助，受到来自教务处、工学院领导、老师、同学们以及中国电力出版社编辑的大力支持和帮助，在此一并表示衷心感谢。

本书在编写过程中，学习和参考了大量的相关参考资料，在此向资料的所有作者表示感谢。由于编者理论水平和实践经验有限，书中的错误和不妥之处在所难免，恳请同行专家和广大读者批评指正。此外，基于多年理论授课经验，我针对理论课程内容撰写了相关文章放在公众号"电气与AI"中，帮助大家更好地理解理论知识。欢迎扫描公众号二维码关注公众号，获取更多相关资料。

编　者
2024 年 8 月

电气与 AI

数字资源

目 录

第一章 绪 论

第一节 电力系统继电保护的任务与要求

一、电力系统继电保护的任务

电力工业作为国民经济的基础和能源战略的支柱，与国家的繁荣昌盛以及人民的幸福安康息息相关。因此，对电力产品的要求必须严格，确保其安全、可靠、优质且经济实惠。电力系统是由发电、输电、变电、配电、用电组成的一个实时的、复杂的联合系统。随着国民经济的飞速发展，电力系统的规模日益扩大，结构也变得更加复杂。一般将电能通过的设备称为电力系统的一次设备，如发电机、变压器、断路器、母线、输电线路、补偿电容器、并联电抗器、电动机和其他用电设备等。对一次设备的运行状态进行监视、测量、控制和保护等的设备称为电力系统的二次设备。通常经过电压、电流互感器将一次设备的高电压、大电流信号按比例地转换为低电压、小电流信号，供二次设备使用。

电力系统中的负荷时刻在变化，电能无法大容量存储，电能的生产与消耗几乎时刻保持平衡；而且电力设备随时都可能因绝缘材料的老化、制造中的缺陷、自然灾害等原因出现故障而退出运行。为满足时刻变化的负荷用电需求和电力设备安全运行的要求，电力系统的运行状态也随时都在变化。

电力系统运行状态指电力系统在不同运行条件（如负荷水平、出力配置、系统接线、故障等）下的系统与设备的工作状况。电力系统的运行状态，一般可由运行参量来描述，主要的运行参量包括有功功率、无功功率、电压、电流、频率以及各电动势相量间的角度等，通常可用三组方程式描述，一组微分方程式用来描述系统元件及其控制的动态规律，两组代数方程式则分别构成电力系统正常运行的等式和不等式约束条件。

等式约束条件是由电能性质本身决定的，是指系统发出的有功功率和无功功率应在任一时刻与系统中随机变化的负荷功率（包括传输损耗）相等，即：

$$\begin{cases} \sum P_{Gi} - \sum P_{Lj} - \sum \Delta P_S = 0 \\ \sum Q_{Gi} - \sum Q_{Lj} - \sum \Delta Q_S = 0 \end{cases} \tag{1-1}$$

式中，P_{Gi} 和 Q_{Gi} 分别为 i 个发电机或其他电源设备发出的有功和无功功率；P_{Lj} 和 Q_{Lj} 分别为 i 个负荷使用的有功功率和无功功率；ΔP_S 和 ΔQ_S 分别为电力系统中各种有功功率和无功功率损耗。

不等式约束条件涉及供电质量和电力设备安全运行的某些参数，它们应处于安全运行的范围内，例如：

$$\begin{cases} S_k \leqslant S_{k \cdot \max} \\ U_{i \cdot \min} \leqslant U_i \leqslant U_{i \cdot \max} \\ I_{ij} \leqslant I_{ij \cdot \max} \\ f_{\min} \leqslant f \leqslant f_{\max} \end{cases} \tag{1-2}$$

式中，S_k 和 $S_{k.\max}$ 分别为发电机、变压器或用电设备的功率及其上限；U_i、$U_{i.\max}$ 和 $U_{i.\min}$ 分别为母线电压及其上、下限；I_{ij} 和 $I_{ij.\max}$ 分别为输配电线路中的电流及其上限；f、$f_{\max}$ 和 $f_{\min}$ 分别为系统频率及其上、下限。

根据电力系统不同的运行工况，可以将电力系统的运行状态分为正常状态、不正常状态和故障状态。电力系统运行控制的目的就是通过自动的和人工的控制，使电力系统尽快摆脱不正常状态和故障状态，能够长时间在正常状态下运行。

在正常状态下运行的电力系统，所有的等式和不等式约束条件均满足，表明电力系统以足够的电功率满足负荷对电能的需求；电力系统中各发电、输电和用电设备均在规定的长期安全工作限额内运行；电力系统中各母线电压和频率均在允许的偏差范围内，提供合格的电能。一般在正常状态下运行的电力系统，其发电、输电和变电设备还保持一定的备用容量，能满足负荷随机变化的需要，同时在保证安全的条件下，可以实现经济运行。

当电力系统受到某种干扰时，主要运行参量的平衡将被打破，运行状态也将随之改变。不正常状态指正常运行条件受到破坏，但还未发生故障，此时等式约束条件满足，部分不等式约束条件不满足，例如，过负荷、电压和频率异常等。故障状态是两种约束条件都不满足的状态，例如，一次设备运行中由于外力、绝缘老化、过电压、误操作以及自然灾害等各种原因导致的短路、断线等。对于电力系统运行中存在的这些故障隐患，必须采取积极的预防性措施，对于不可抗拒事故的发生应做到及时发现，并迅速有选择性地切除故障器件，隔离故障范围，以保证系统非故障部分的安全稳定运行，尽可能减小停电范围，保护设备安全。从运行管理角度出发，应提高从业人员的专业水平及安全意识，增强责任心，提高科学管理水平，强化安全措施以尽量减少事故的发生。

电力系统中的发电机、变压器、输电线路、母线以及用电设备，一旦发生故障，迅速而有选择性地切除故障设备，既能保护电力设备免遭损坏，也能提高电力系统运行的稳定性，是保证电力系统及其设备安全运行最有效的方法之一。当某一设备发生故障时，通常要求切除故障的时间为几十到几百毫秒，这就必须靠自动装置来完成切除故障的任务。继电保护装置是能反应电力系统中电气元件发生故障或不正常运行状态，并动作于断路器跳闸或发出信号的一种自动装置。继电保护泛指继电保护技术和由各种继电保护装置组成的继电保护系统。继电保护技术包括继电保护的原理设计、配置、整定、调试等技术，需要研究电力系统故障和危及安全运行的异常状态，以探讨其保护对策。继电保护系统包括获取信息量的电流、电压互感器二次回路，经继电保护装置到断路器跳闸线圈的一整套设备及其传送信息的通信设备。

课程思政

继电保护的主要任务包括：

（1）自动、迅速、有选择地向断路器发出跳闸命令，将故障元件从电力系统中切除，保证其他无故障部分迅速地恢复正常运行；

（2）反应元件的不正常运行状态，发出信号或进行自动调整，甚至跳闸。

二、对继电保护的基本要求

为了使继电保护有效地执行其任务，在技术上要求继电保护应满足 4 个基本要求，即灵敏性、选择性、速动性和可靠性。这 4 个基本要求之间，紧密联系，既矛盾又统一，必须根据具体电力系统运行的主要矛盾和矛盾的主要方面，配置、配合、整定每个电力元件的继电保护。应充分发挥和利用继电保护的科学性、工程技术性，使继电保护为提高电力系统运行的安全性、稳定性和经济性发挥最大效能。

（一）灵敏性

继电保护的灵敏性是指对于保护范围内发生故障或不正常运行状态的反应能力。满足灵敏性要求的保护装置，当在事先规定的保护范围内发生故障时，无论短路点的位置在何处、短路的类型如何、系统是否发生振荡，以及短路点是否有过渡电阻，都应该能敏锐察觉，正确反应。保护装置的灵敏性，通常用灵敏系数（灵敏度）来衡量。它是在保护装置的测量元件确定了动作值后，按照最不利的运行方式、故障类型、在最小保护范围内的指定点进行校验，保证其满足相关的规定。

反应电气量增大而动作的保护（过量保护），其灵敏系数为：

$$灵敏系数 = \frac{保护区内金属性短路的最小短路参数计算值}{保护的动作参数} \qquad (1\text{-}3)$$

式中，保护的动作参数是可以设定的，称为整定值。

反应电气量减小而动作的保护（欠量保护），其灵敏系数为：

$$灵敏系数 = \frac{保护的动作参数}{保护区内金属性短路的最大短路参数计算值} \qquad (1\text{-}4)$$

（二）选择性

继电保护动作的选择性是指保护装置动作时，仅将故障元件从电力系统中切除，使停电范围尽量缩小，以保证系统中的无故障部分仍能继续安全运行。

在图 1-1 所示的网络中，当 K1 点短路时，应由距短路点最近的保护 1 和保护 2 动作跳闸，将故障线路切除，变电所 B 则仍可由另一条无故障的路继续供电。而当 K3 点短路时，保护 6 动作跳闸，切除线路 CD，此时只有变电所 D 停电。由此可见，继电保护有选择性的动作可将停电范围限制到最小，甚至可以做到不中断向用户供电。

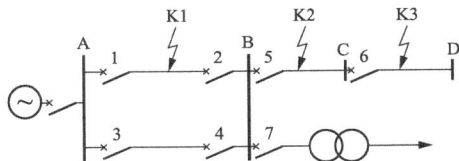

图 1-1　继电保护的选择性说明图

（三）速动性

快速切除故障可以提高电力系统并列运行的稳定性，减少用户在低电压情况下的工作时间，减小故障器件的损坏程度。因此，速动性是指在发生故障时，保护装置应尽可能快速动作切除故障。

故障切除的总时间等于保护装置和断路器动作时间之和。一般的快速保护的动作时间为 0.06～0.12s，最快的可达 0.01～0.04s；一般的断路器的动作时间为 0.06～0.15s，最快的可达 0.02～0.06s。

（四）可靠性

保护装置的可靠性是指在规定的保护范围内，发生了应该动作的故障时，不应该拒绝动作；而在该保护不该动作的情况下，则不误动作。因此，可靠性包含两方面的内容：可靠不拒动和可靠不误动，从这一层面讲，灵敏性和选择性又可看作是可靠性的细分指标。

可靠性主要取决于保护装置本身的制造质量、保护回路的连接和运行维护的水平。一般而言，保护装置的组成硬件质量越高，回路接线越简单，保护装置的工作就越可靠。同时，科学的保护原理与合理的保护配置、精细的制造工艺、正确的整定计算和调整试验、良好的运行维护以及丰富的运行经验，对于提高保护的可靠性均具有重要的作用。

除了满足以上技术层面的 4 个基本要求外，继电保护装置还应适当考虑经济条件。我们应该从国民经济的整体利益出发，根据被保护对象在电力系统中的作用和地位来确定保护配置方式，而不能仅仅考虑保护装置本身的投资。这是因为保护不完善或不可靠给国民经济所造成的损失，一般都远远超过即使是最复杂的保护装置的投资。

以上基本要求是分析研究继电保护性能的基础，也是贯穿全书的一个基本脉络。在这些要求之间，既有矛盾的一面，又有在一定条件下统一的一面。继电保护的科学研究、设计、制造和运行的绝大部分工作也是围绕着如何处理好这些要求之间的辩证统一关系而进行的。在学习中，我们应该注意运用这样的思想和分析方法：世界上的任何事物都是矛盾的统一体。对于单一保护装置，以上 4 个基本要求是无法同时达到的。4 个基本要求既相互矛盾又相互统一，例如选择性比较高的保护装置，往往原理接线和技术都相对复杂，运行维护及调试检修比较困难，导致可靠性降低。而为了提高保护装置的灵敏性，则正常运行中保护有可能误动作，导致可靠性降低。同时，为了满足选择性要求，往往要降低一定的速动性。在设置保护时，需要正确处理 4 个基本要求之间的辩证统一关系，根据不同电力系统运行的主要矛盾，配置、配合、整定每个电力元件的保护装置，使得保护在 4 个基本要求上达到综合最优。

第二节　继电保护的基本原理及分类

一、继电保护的基本原理

完成继电保护任务的前提是正确区分电力系统正常运行状态与发生故障或不正常运行状态。找出电力系统被保护范围内电气设备（输电线路、发电机、变压器等）发生故障或不正常运行时的特征，就可以构成不同原理的继电保护，再有针对性地配置完善的保护就可以满足继电保护技术要求。

电力系统不同电气元件故障或不正常运行时的特征可能是不同的，但一般情况下，发生短路故障之后总是伴随电流增大，电压降低，电流、电压间的相位发生变化，测量阻抗发生变化等，利用正常运行时这些基本参数与故障后的稳定值间的区别，可以构成不同稳态原理的继电保护，简称"稳态保护"。下面归纳了短路故障的常见特征。

（1）电流增大：在电力系统发生短路故障时，电流通常会迅速增大。

（2）电压降低：短路故障可能导致电压降低。

（3）阻抗减小：线路发生短路故障时，测量阻抗会减小。

（4）两侧电流大小和相位的差别：线路两侧电流的大小和相位在故障时会发生变化。

（5）不对称分量出现：发生非对称短路故障时，系统会出现零序或负序分量。

（6）非电气量：有些电气设备发生故障时，可能导致非电气量的变化。例如，变压器油箱内发生故障时，变压器油的瓦斯浓度增加或温度升高。

通过深入分析这些特征，提取不同电力系统状态之间的差异，可以准确识别电力系统中的故障，为继电保护的有效设计提供基础。对应于前面提到的差异特征可以形成以下典型的保护。

（1）电流保护：反应短路时的电流增大，可以采用电流保护。电流保护的原理是监测电流的变化，并在电流异常增大时触发保护动作。整定值包括动作电流和动作时间。

（2）低电压保护：电压降低通常涉及低电压保护。低电压保护的原理是监测电压水平，一旦电压降低到危险水平，就会触发保护。

（3）阻抗保护：线路可以通过比较测量阻抗（测量电压和测量电流之比）的差异，形成阻抗保护。

（4）电流差动保护：利用元件两侧电流大小和相位的差别，形成电流差动保护。例如，线路的纵联电流差动保护就是利用两侧电流瞬时值和的大小来判断是否发生了线路内部故障。

（5）零序分量保护：例如零序电流保护和零序电压保护等，通过反应零序分量的出现或者增大而动作。

（6）非电气量保护：主要指的是反应特定设备非电气量变化的保护，需要监测非电气量的变化。例如，变压器的瓦斯保护用于反应短路时内部瓦斯气体的增加，电动机过热保护反应绕组温度升高等。

随着微机继电保护的深入发展，以电力系统故障过程中的暂态信息为故障特征的"暂态保护"应运而生。暂态保护不同于稳态保护使用稳态工频量构成保护，而是利用故障暂态产生的高频暂态量来检测故障。故障暂态过程中产生的高频信号中包含更多的故障信息，可用来实现利用工频信号实现不了的新型保护。基于暂态量的保护具有响应快、准确度高、不受工频现象（如过渡电阻、系统振荡、CT 饱和等）影响的优点。常见的暂态保护有输电线路行波保护、基波突变量保护、故障分量差动保护与故障变化量差动保护等。

二、继电保护的分类

继电保护按原理可分为电流保护、方向电流保护、零序电流保护、距离保护、纵联差动保护以及行波保护等；按装置的结构可分为电磁式、感应式、整流式、晶体管式、集成电路式以及微机式等；按被保护的对象可分为发电机保护、变压器保护、母线保护、输电线路保护以及电动机保护等。此外，还可以按动作特性、信号传输方式等分类。

继电保护按作用可分为以下四种。

（1）主保护。满足系统稳定和设备安全要求，能以最快速度、有选择地切除被保护设备和线路故障的保护。

（2）后备保护。在主保护或断路器拒动时，用以切除故障的保护。后备保护分为近后备保护和远后备保护。为了便于叙述，需要明确几个与位置相关的称谓。以图 1-2 为例，图中的数字既是断路器（QF）的编号，也是保护的编号，也可以只标注数字。下面以线路保护 1 为讨论对象进行阐述：

1）本线路，指保护 1 所要保护的最小范围。断路器 1 与母线 B 之间的任何故障都属于保护 1 应当动作的范围，对于保护 1 来说，线路 1 就称为本线路。相应地，保护 2 对应的本线路是线路 2。

2）本线路出口故障，指靠近保护 1 附近 K1 点故障。

3）本线路末端故障，指本线路靠近母线 B 的 K2 点故障。

4）下一级线路，指与保护 1 的保护范围末端相连的线路。线路 2、3 均为保护 1 的下一级线路，变压器 T 属于保护 1 的下一级设备保护，保护 2、4、6 是保护 1 的下一级保护。与此相对应，保护1是保护2、4、6的上一级保护。对于单电源系统，靠近电源的保护为"上一级"。

　　5）相邻线路出口故障，指下一级线路出口附近的故障，如靠近保护4的K3点故障。

　　6）相邻线路末端故障，指下一级线路末端附近的故障，如靠近母线D的K4点故障。

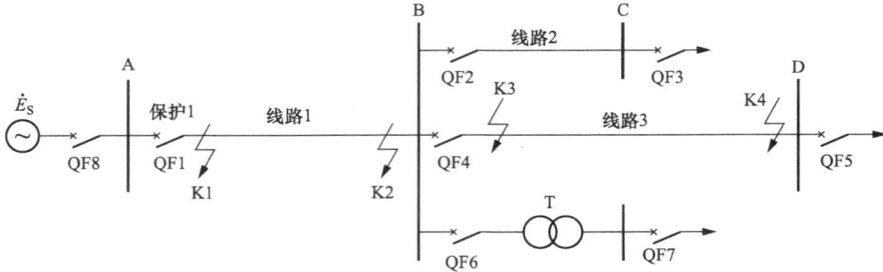

图1-2　继电保护位置称谓的示意图

　　明确上述称谓后，就可以很好地解释近后备保护和远后备保护了。当主保护拒动时，由就地的另一个保护实现跳闸的后备保护为近后备保护。如图1-2中如果保护4处安装了A、B两套保护（称为双重化配置），那么保护A、B互为近后备。当保护A拒动时，保护B仍然能够起到保护的作用。当主保护、近后备保护或断路器拒动时，由上一级的保护实现跳闸的后备保护叫远后备保护。如图1-2中，K3处短路时，如果保护4或断路器4出现了拒动，则由更靠近电源的保护1动作切除故障。保护1称为线路3的远后备保护。

　　（3）辅助保护。作为主保护和后备保护的性能补充，或当主保护和后备保护临时退出运行时增设的简单保护。

　　（4）异常运行保护。反应被保护电力设备或线路异常运行状态的保护。

第三节　继电保护装置的基本结构与配置原则

一、继电保护装置的基本结构

　　一般而言，继电保护装置的基本结构包括测量部分、逻辑判断部分和输出执行部分，其基本结构框图如图1-3所示。

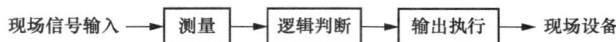

图1-3　继电保护装置基本结构框图

1. 测量部分

　　现场物理量有电气量和非电气量，有状态量和模拟量。微机保护中，如果现场模拟量由传统电磁型互感器引入，则需要如电平转换、低通滤波等前置处理后再转换成数字量。如果现场模拟量是由电子互感器、光电互感器等数字传感器引入，则前置处理、A/D转换均由互感器实现，保护装置硬件得到简化。

　　测量部分是检测经现场信号输入电路处理后的与被护对象有关的物理量，并与已给定的定值或自动实时生成的判据进行比较，根据比较的结果给出"是"或"非"，即"0"和"1"性质的一组逻辑信号或电平信号，经判断确定保护是否应启动。

2. 逻辑判断部分

逻辑判断部分是根据测量部分输出量的大小、性质、逻辑状态、输出顺序等信息，按一定的逻辑关系组合、运算，最后确定是否应该使断路器跳闸或发出信号，并将有关命令传给执行部分。常用逻辑一般有"或""与""非""延时""记忆"等功能。

3. 输出执行部分

继电保护的输出执行部分根据逻辑判断部分送来的出口信号，完成保护装置的最终任务，主要负责保护装置与现场设备的隔离、连接、电平转换、出口跳闸功率驱动等。

二、继电保护装置的配置原则

不同保护装置都有设定的主要保护范围，电力系统中每一套继电保护装置的保护范围必须相互重叠，不允许存在无保护区域的情况，保证任何位置的故障都能被可靠地切除。图 1-4 给出了每一套保护装置至少应当保护的区域划分示意图，图中的每个虚线框均表示一套保护装置的主要保护范围。

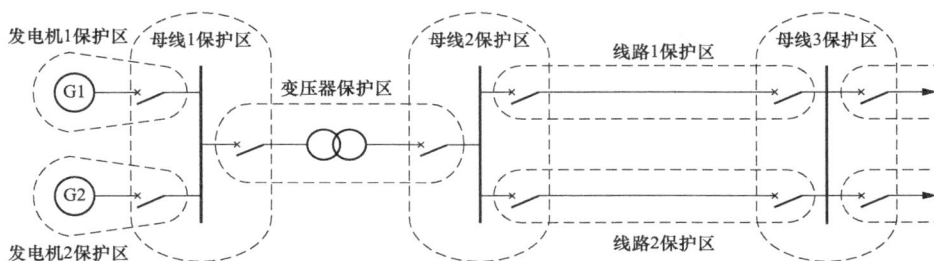

图 1-4 保护装置的保护范围

每一套保护装置通常都包含若干个保护功能，而每一个保护功能也有预先划分的保护范围，只有在被保护的范围内发生故障时，该保护才允许动作，从而保证停电范围最小。在讨论、分析某一个具体的保护装置及其保护功能时，在其保护范围之内发生的短路，称为区内短路或内部短路；在其保护范围之外发生的短路，称为区外短路或外部短路。

电力系统继电保护配置指的是对被保护对象选用恰当的保护元件（或继电器）组成满足基本技术要求的高效保护系统。因此，针对不同的保护个体，配置方案可能是不同的，但总的配置原则仍是从 4 个基本技术要求出发。

从可靠性考虑，必然会想到继电保护或断路器拒绝动作的可能性。应对继电保护拒动常用双重主保护或配置主保护和后备保护的方案解决。例如，阶段式电流速断保护和限时速断保护可以组成线路的主保护，定时限过流保护则是线路的后备保护。在复杂的高压电网中，当实现远后备保护在技术上有困难时，也可以采用多重主保护和近后备保护（即与主保护同一安装位置的后备保护）的方式；当断路器拒绝动作时，就由同一发电厂或变电所内的其他有关保护和断路器动作，切除故障，该后备保护被称作断路器失灵保护。此外在某些特殊情况下可能存在主保护和后被保护均不起作用的死区，这时还应配置用以补充主保护、后备保护不足的辅助保护。

应当指出，在保护配置过程中除了考虑可靠性，还应兼顾速动性指标。阶段式配置中的远后备保护性能比较完善，它对于由相邻器件的保护装置、断路器、二次回路和直流电源等所引起的拒绝动作，均能起到后备保护作用，同时，它的实现简单、经济，但切除故障的时限往往较长，在超高压、特高压电网中不能满足速动性指标的要求。因此，在高压（110kV）及以下电压等级可优先采用远后备保护，当远后备保护不能满足速动性指标要求时，必须配置断路器失灵保护。目前在超高压、特高压系统中均选用多重主保护、近后备保护和断路器失灵保护的配置方式，以满足速动性和可靠性要求。配置合理的继电保护系统有助于提高电力系统运行的稳定性、可靠性和经济性，可以为国家经济发展提供可靠的电力支持。

三、不同电压等级线路的常见保护配置

我国交流电力系统的标准电压等级包括：1000kV、750kV、500kV、330kV、220kV、110(66)kV、35kV、10(20)kV 和 220/380V。配电网与输电网的分界是电压等级，而输电网和配电网的划分应根据电网的功能确定。1000kV、750kV、500kV 是我国跨区域、跨省大电网采用的电压，西北电网是唯一使用330kV 的电网，这些电压等级电网为输电网。目前我国 220kV 电压系统的主要功能是输电，即将 220kV 电压转换为 110kV 或 35kV 电压，再变换为用户电压。220kV 直接变换为用户电压的情况很少，但其主要功能仍是输电。配电网是从输电网接收电能，再分配给用户的电力网，我国主要为 110(66)kV、35kV、10(20)kV 电网。

高压电网中典型电压等级线路的继电保护常规配置，按照电压等级的不同也存在差异。10kV 和 35kV 系统通常是中性不直接接地系统（小电流接地系统），通常采用交流绝缘监察装置实现单相接地的保护；相间短路的保护则选择阶段式电流保护，电流速断保护和限时电流速断保护作为主保护，在线路末端也可以选择短延时的定时限过电流保护作为主保护。近后备保护选择过电流保护，并设置重合闸，和保护的配合方式一般选择后加速方式。远后备保护可以选择过电流保护。对于与变压器相连的线路，也可以将变压器的后备保护作为线路的远后备保护。

110kV 及以上系统中性点需要直接接地，属于大电流接地系统。110kV 系统通常设置距离Ⅰ、Ⅱ段保护（接地和相间距离），零序方向电流Ⅰ、Ⅱ段保护作为主保护。近后备保护采用距离Ⅱ段保护、零序方向电流Ⅱ段保护，并设置后加速的三相自动重合闸。远后备保护则采用距离Ⅲ段保护、零序方向电流Ⅲ段保护或者相连的主变压器的过电流保护。

对于 220kV 及以上线路，从系统稳定性上考虑，要求运行在任何情况下都能快速切除全线范围内的各种类型故障，其安全可靠运行要求更高，需要设置双重化保护。主保护采用两种不同原理的纵联差动保护。近后备保护通常设置距离Ⅱ段保护（接地和相间距离）、零序方向电流Ⅱ段保护。远后备保护则选择与线路相连的主变压器的后备保护、相邻线路的距离或者零序电流三段保护。通常还需要设置断路器失灵保护，以及后加速的单相自动重合闸。

近年来，随着对电网运行可靠性要求的提升，新投运的 10kV 系统基本上都改成了直接接地系统，电缆线路比较多的 10kV 变电站也逐步改造成直接接地系统，相应的保护配置也发生了变化。此外，110kV 系统也开始使用纵联差动保护作为主保护。

第四节　继电保护研究的思路和方法

继电保护研究的主要思路是先分析特征，提取差异，然后形成原理、判据、方法，再研

究影响因素，并提出对策，一般步骤如下。

（1）研究内部短路与其他工况的特征差异。其中，其他工况包括正常运行、正方向外部短路、反方向短路等。

（2）通过特征差异的界定，构成继电保护原理或工况的识别。

（3）分析影响该保护原理的不利因素，包括假设所带来的影响。

（4）研究消除影响因素的对策。当然，是否应用该对策，还需要权衡利弊，因为如果对策倾向于防止误动，则很可能增大了拒动的概率，反之亦然。

（5）构成继电保护装置，并经过实践的检验，如实验室验证、动模实验、试运行，甚至现场人工短路试验，还需要长期的工程实践与积累，不断地修改与完善。

在特征和影响因素的分析过程中，为了获得具有理论指导意义的公式和方法，可以在满足工程要求的前提下，采取一些合理的假设，以便略去次要因素，突出主要矛盾，简化计算分析，得出有指导意义的理论方案。通过假设形成的这些原理、判据和方法，并未考虑电力系统的实际运行情况，需要进一步分析影响保护实现的因素，包括系统运行的复杂性和故障类型及位置变化等情况。

（1）电力系统的复杂性：电力系统运行方式会随着实际需求发生变化，需要考虑不同运行方式对保护的影响。

（2）故障类型及位置变化：故障位置的随机变化及故障是否存在过渡电阻都需要进行考虑，以保证元件任意位置发生任意故障都能正常实现保护。

为了应对上述影响因素，继电保护研究人员可以采取以下对策。

（1）复杂性分析：进行电力系统复杂性分析，包括拓扑分析、潮流分析和短路分析。这有助于理解电力系统的结构和性能，并确定潜在的复杂性源。

（2）故障模拟：针对特定的故障情况，进行模拟和仿真，以分析电流和电压波形的变化。特别关注接地电阻等复杂情况，以确保继电保护在这些情况下的可靠性。

（3）实际场景测试：进行实际场景测试，模拟复杂故障情况，以验证继电保护装置的性能，实际场景测试可以帮助发现潜在的问题并进行改进。

通过深入研究电力系统特征和继电保护的影响因素，以及制定相应的对策，我们可以更好地理解和应用继电保护技术，提高电力系统的安全性和可靠性。随着新能源接入的普及，电力系统越来越复杂，需要不断探索、创新保护原理及方法，以满足越来越复杂的电力需求。

课程思政

第五节　电力系统仿真及 Simulink 简介

一、电力系统仿真

随着电力工业的发展，电力系统的规模越来越大，许多大型的电力科研实验已经很难进行。究其原因，一是受系统的规模和复杂性的限制；二是从系统的安全角度来讲不允许进行实验。因此，为了电力系统的优化和可持续发展，寻求一种最接近于电力系统实际运行状况的数字仿真工具十分重要。

目前，比较常用的电力系统仿真工具有邦纳维尔电力局开发的 BPA 程序和 EMTP 程序、曼尼托巴高压直流输电研究中心开发的 PSCAD/EMTDC 程序以及中国电力科学研究院开发的 PSASP 电力系统分析综合程序等。1998 年 MathWorks 公司推出电力系统模块集（Power System Block）之后，该功能逐渐被电力系统的研究者所接受，使得 MATLAB/Simulink 在电力系统方面的应用日趋完善。

二、Simulink 简介

MATLAB 是 matrix&laboratory 两个词的缩写，它是美国 MathWorks 公司出品的商业数学软件，和 Mathematica、Maple 并称为三大数学软件。它将数值分析、矩阵计算、科学数据可视化以及非线性动态系统的建模和仿真等诸多强大功能集成在一个易于使用的视窗环境中，为科学研究、工程设计以及必须进行有效数值计算的众多科学领域提供了一种全面的解决方案，主要用于数值计算、算法开发、数据可视化以及数据分析等方面，包括 MATLAB 和 Simulink 两大部分。

MATLAB 的基本数据单位是矩阵，所有的数据都是用数组来表示和存储的。虽然 MATLAB 是面向矩阵的编程语言，但它也具有与其他计算机编程语言（如 C 语言、Fortran）类似的编程特性。在进行数据处理的同时，MATLAB 还提供了各种图形用户接口（GUI）工具，便于用户进行各种应用程序开发。MATLAB 在电气信息类学科中，已成为每个学生都应掌握的工具。

Simulink 是 MATLAB 中的一种可视化仿真工具，是一种基于 MATLAB 的框图设计环境，是一个实现动态系统建模、仿真和分析的软件包，被广泛应用于线性系统、非线性系统、数字控制及数字信号处理的建模和仿真中。Simulink 提供一个动态系统建模、仿真和综合分析的集成环境，在该环境中，无须大量书写程序，只需通过简单直观的鼠标操作就可构造出复杂的系统。

三、Simulink 的启动

启动 MATLAB 后，会出现如图 1-5 所示的主界面。

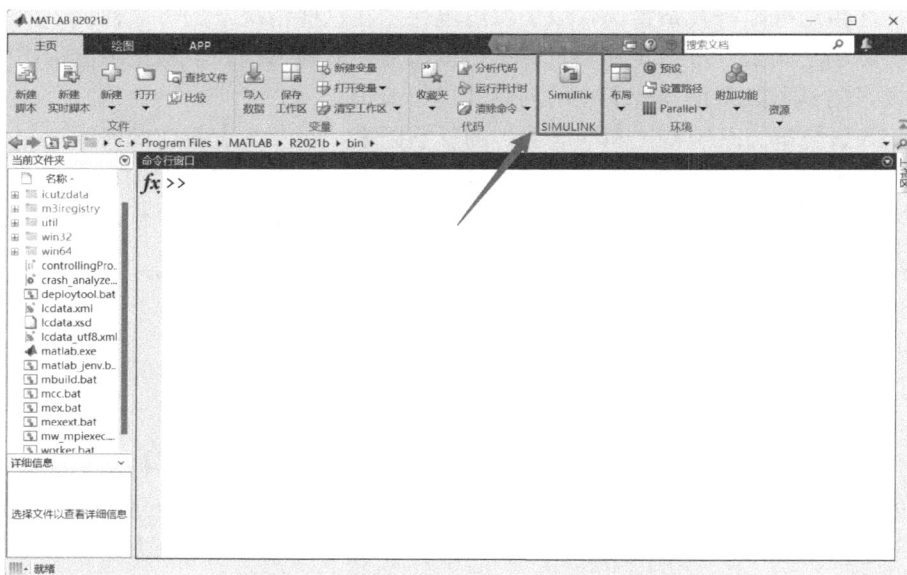

图 1-5　MATLAB 主界面

Simulink 的启动方式有以下两种。

（1）在 MATLAB 的工具栏中，找到 Simulink 库的按钮（图 1-5 中箭头所指的方框），单击 Simulink 按钮，可以打开 Simulink 的库浏览器。

（2）在 MATLAB 的命令窗口中输入 Simulink，按 Enter 键，就可以打开 Simulink 的库浏览器，如图 1-6 所示，界面的上方是标题栏、菜单栏、常用按钮及关键字填写栏。在关键字填写栏可以输入要查找的模块的关键字，按 Enter 键，就可以查找相应的功能模块。

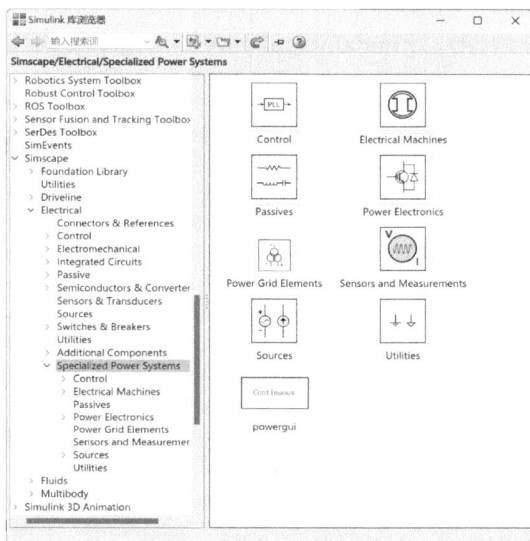

图 1-6 Simulink 的库浏览器

Simulink 提供了多个基本模块库，有 Continuous（连续系统模块库）、Discret（离散系统模块库）、Functions&Tables（函数与表模块库）、Math（数学运算模块库）、Nonlinear（非线性系统模块库）、Signals&Systems（信号与系统模块库）、Sinks（输出模块库）、Sources（输入源模块库）等标准模块库。

Simulink 下还有很多专用功能模块，如 Aerospace Blockset（航空航天模块库）、Communication Blockset（通信模块库）、Neural Network Blockset（神经网络模块库）、SimpowerSystems（电力系统模块库）等。

四、SimPowerSystems 模块库

SimPowerSystems 模块库是在 Simulink 环境下进行电力系统建模和仿真的专用模块库和分析工具，它以直观易懂的图形方式对电力系统中常见的元器件和设备进行描述，在使用时通过 GUI 界面设置各个模块的具体参数。SimPowerSystems 模块库中的模型可与其他 Simulink 模块的模型相连接，进行一体化的系统级动态分析。

SimPowerSystems 专用模块库的特点如下。

（1）包含了大部分 AC 和 DC 电气设备以及交直流电机驱动、柔性交流输电系统（FACTS）和可再生能源系统的模型。

（2）可以实现电力系统的拓扑图形建模和仿真。

（3）使用 Simulink 强有力的变步长积分器和零点穿越检测功能，呈现高度精确的电力系统仿真计算结果。

（4）离散和相位仿真模式为快速仿真和实时仿真提供了模型离散化方法。

（5）提供的 Powergui 模块可以实现多种分析方法，可以计算电路的状态空间表达，可以计算电流和电压的稳态解，可以设定或恢复初始电流/电压状态以及潮流计算等。

（6）支持 C 代码的生成，可将仿真模型转换成 C 程序，便于二次开发。

实验主要使用 SimPowerSystems 中的 Specialized Technology 部分，如图 1-7 所示，包含 Control & Measurements（控制和测量模块库）、Electric Drivers（电机驱动模块库）、FACTS（柔性交流输电模块库）、Fundamental Blocks（基本模块库）以及 Renewables（新能源模块库）。

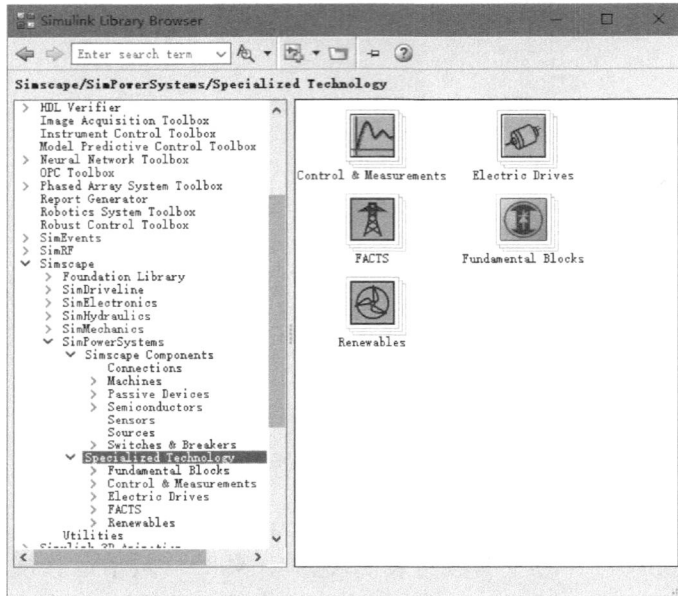

图 1-7　Specialized Technology 子模块库

五、Simulink 电力系统仿真示例

以单相 220V 交流电源串接 100Ω 电阻的简单电路为例，演示基于 Simulink 的建模和仿真过程，并查看电阻两端的电压和电流波形。

在 Simulink 库浏览界面，单击图 1-8 所示的新建模型按钮（图 1-8 的黑色方框内），会弹出如图 1-9 所示的建模窗口，工具栏上可以设置仿真参数，还可以控制仿真进程以及设置仿真时间。

建模时，单击建模窗口上的 Simulink 库浏览器按钮（图 1-10 黑色框所示），弹出 Simulink 库浏览器后，找到相应的模块。

示例建模主要用到 Simscape/SimPowerSystems/Specialized Technology/Fundation Block 下的 Electrical Sources、Elements 以及 Measurements 3 大子库，模块库界面如图 1-11 所示。

各模块的位置如表 1-1 所示。

在进行实际仿真时，可以在 Simulink 库浏览器的搜索框中输入对应的英文，进行模块的检索。例如，输入 scope 便可以搜索得到示波器模块，如图 1-12 所示，用于查看电压和电流波形。

　　模块加入仿真模型的方式有两种：①选中后，按住左键拖入模型显示区；②选中后，单击右键选择第一个"加入仿真模型"。依次添加所有模块后，按住某个模块左键拖动至合适的位置。

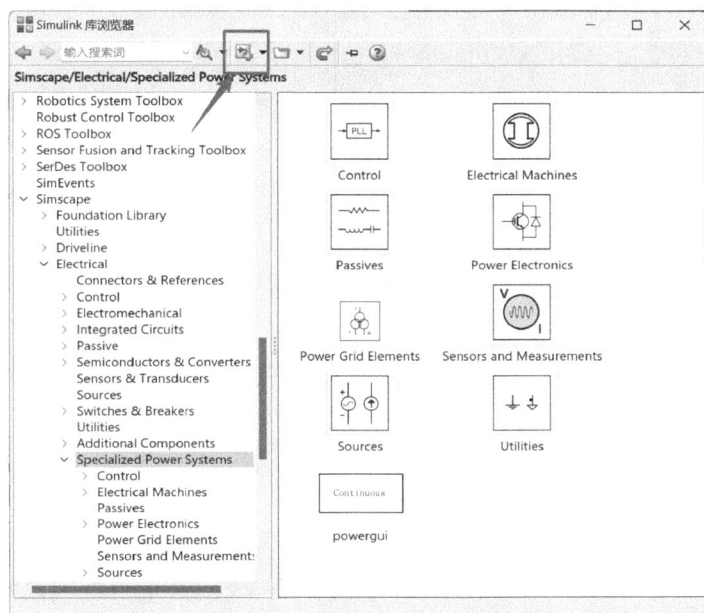

图 1-8　新建模型按钮

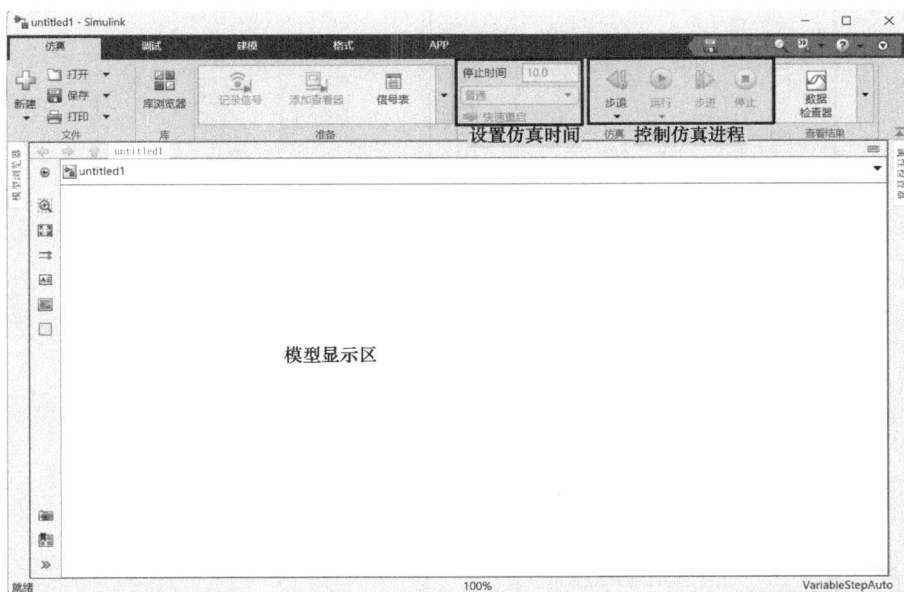

图 1-9　建模窗口

　　鼠标拖动到模块的连接端子上，变成"十"形状后，按住左键可以拖出连接线，连到另一个模块，连线末端变成"十"形状后，便可以完成模块的连接。建成的模型如图 1-13 所示，至此建模部分的工作就完成了，要注意电压测量模块是并在测量对象两端，而电流测量模块是串接在线路中。

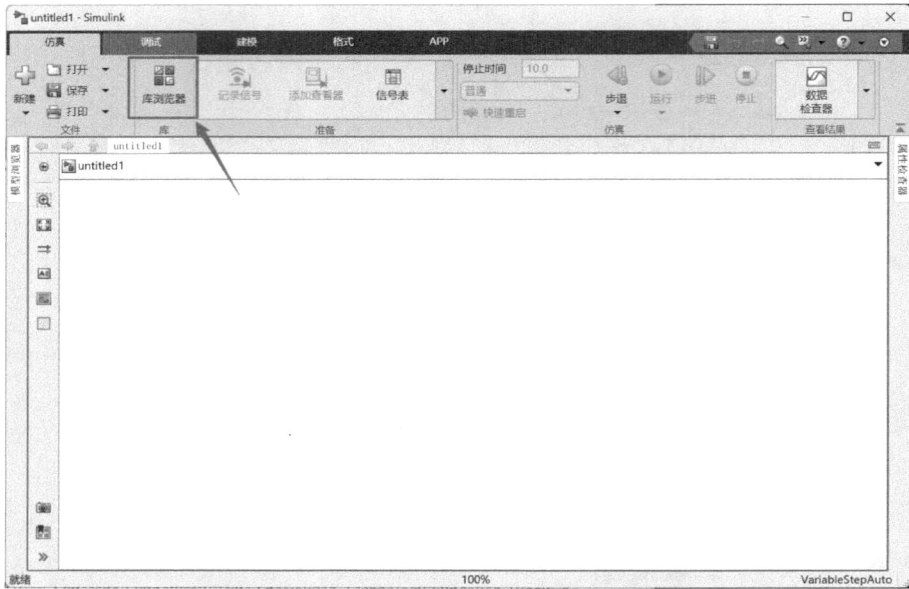

图 1-10　单击库浏览器按钮

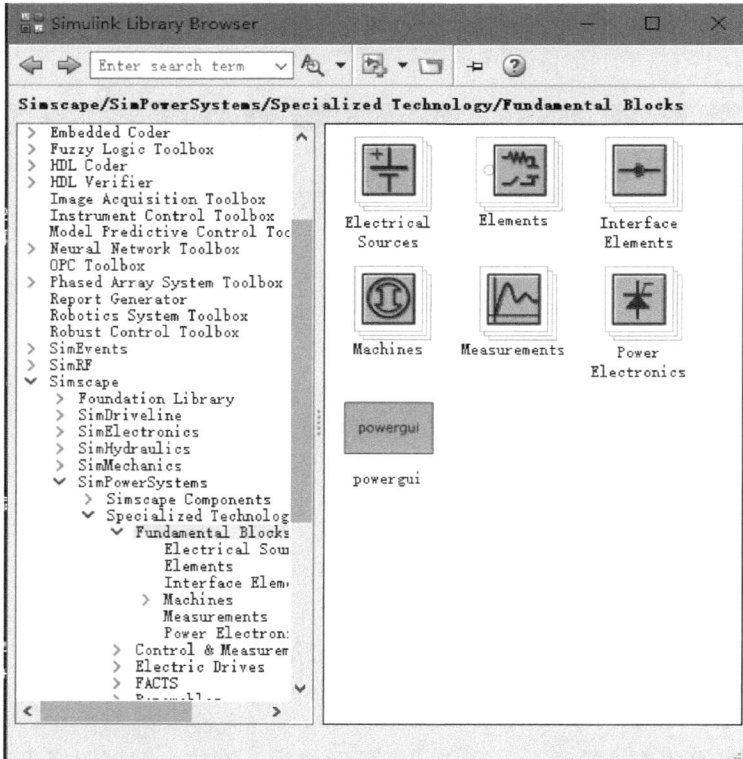

图 1-11　模块库界面

表 1-1 各 模 块 的 位 置

位置	模块
Electrical Sources	AC Voltage Source
Elements	Breaker
	Ground
	Series RLC Branch
Powergui	Powergui
Measurements	Current Measurement
	Voltage Measurement

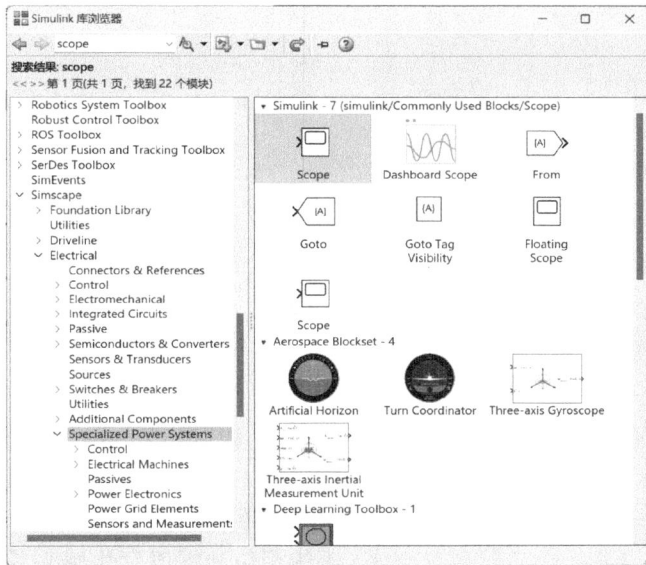

图 1-12 Scope 模块

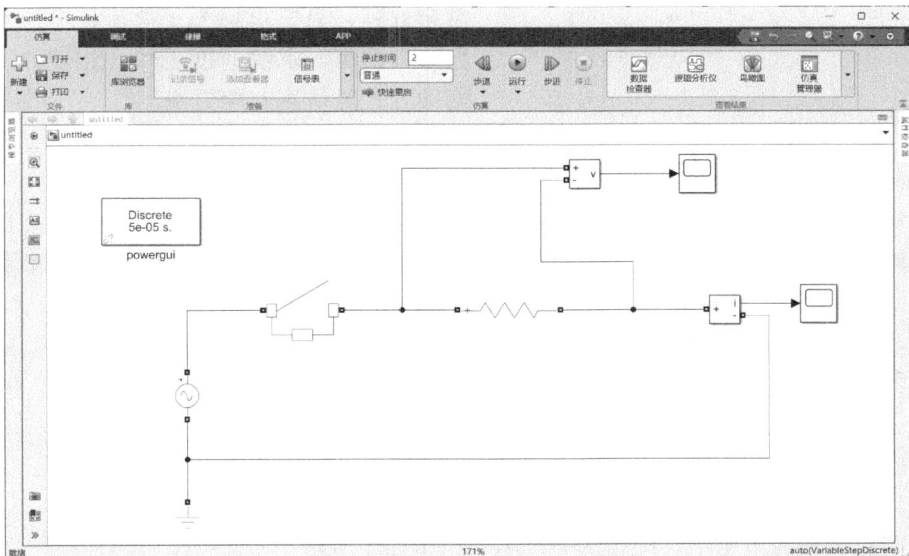

图 1-13 建成的模型

下面进行仿真参数的设置，首先是电力系统图形化用户接口 Powergui 模块，它利用 Simulink 功能连接不同的电气元件，是分析电力系统模型有效的图形化用户接口工具。进行电力仿真时，必须要包含此模块。双击 Powergui 打开功能菜单，可以实现以下功能。

（1）Powergui 模块允许选择如图 1-14 所示的三种方式来求解电路。

1）连续 Continuous 使用 Simulink 的连续变步长求解器以及理想的连续开关。

2）离散化 Discrete 以固定的时间步长求解，可以加快仿真速度。当选择离散化系统时，仿真的精度由时间步长控制。若使用太大的时间步长，精度可能不够。确定时间步长是否合适的唯一方法是通过改变时间步长，反复仿真，比较仿真结果。在 50Hz 的功率系统上进行暂态仿真，取 $20\sim50\mu s$ 的时间步长一般能取得较好的仿真效果，如图 1-15 所示。

图 1-14　设置 Powergui

图 1-15　设置 Discrete 类型

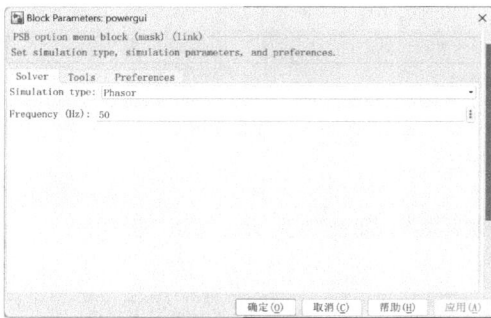

图 1-16　设置 Phasor 类型

3）相量法 Phasor 将电流、电压视为相量，用于稳态模型，没有状态量，需要设置统一的仿真频率，如图 1-16 所示。如果只对电压、电流的相位和幅值变化感兴趣，使用相量法是一个不错的选择，因为求解时不用再求解全部的微分方程，只要求解关于电流、电压相量的代数方程即可，求解速度更快。相比之下，后面两种方式的仿真速度更快。

（2）Powergui 包含用于稳态和仿真结果分析以及高级参数设计的工具。

工具箱如图 1-17 所示，具备以下功能：修改仿真的初始状态；显示稳定状态的电流和电压、电路的状态量以及阻抗随频率变化的波形；执行负载潮流的计算；完成仿真结果的傅里叶变换等。如图 1-18 所示，还可以设置负荷潮流计算的基值。

进一步双击各个元件设置其参数，单相交流电源的参数设置如图 1-19 所示。

断路器参数设置如图 1-20 所示，初始状态指仿真初始时的开或者关的状态，0 为开，1 为关。不了解这些设置的意义，可以单击 help 查看官方文档。设定开断时间为 [1, 1.5]，每个值对应一次状态的变化，开断时间可以选中 External 后通过外部逻辑控制。其他参数默认不变。

设置支路模块为电阻 R，阻值为 100Ω，如图 1-21 所示。

示波器设置按钮如图 1-22 所示，双击 Scope 后单击图 1-22 黑框中的设置按钮。

图 1-17 工具箱

图 1-18 基值设置

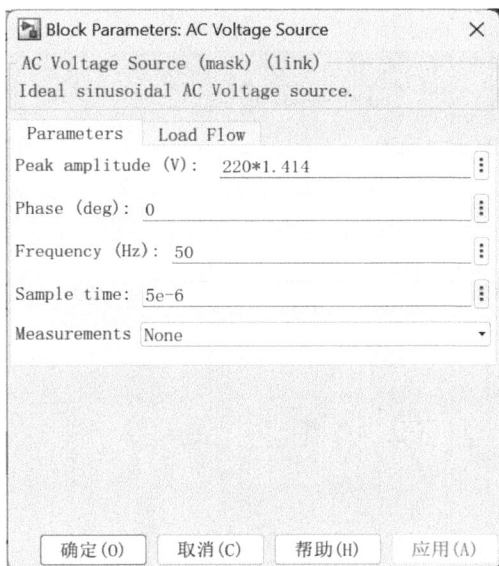

图 1-19 AC 电源参数设置

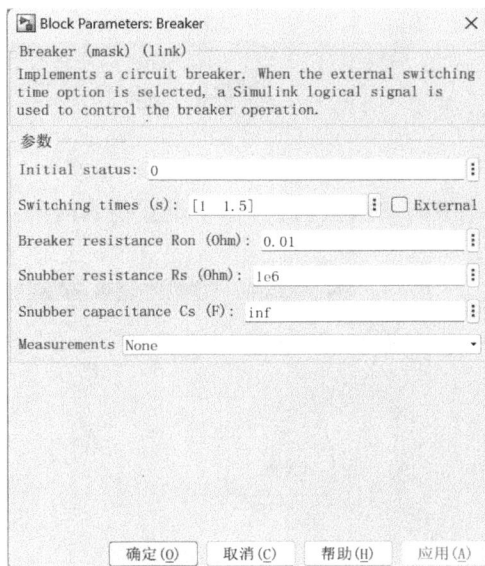

图 1-20 断路器参数设置

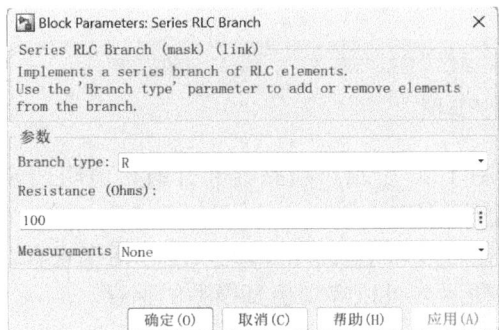

图 1-21 电阻参数设置

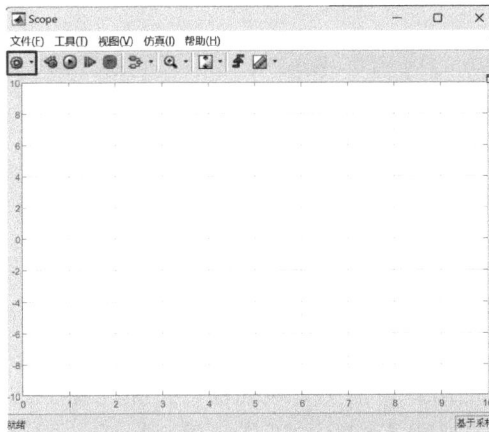

图 1-22 Scope 设置按钮

为了输出数据到 MATLAB 的 Workspace，设置记录（logging）部分，选中记录数据到工作区（Log data to workspace），输出方式选为数组（Array），变量名称为电压 U 或者电流 I，Scope 数据输出设置如图 1-23 所示。

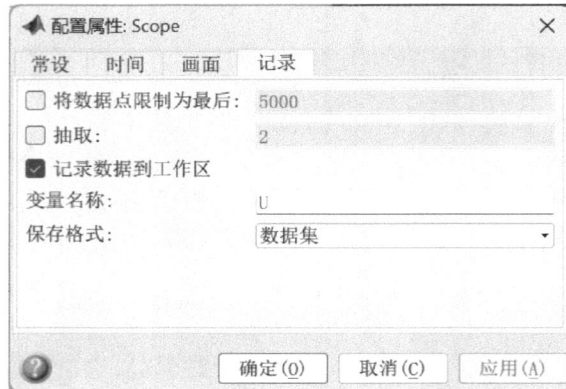

图 1-23　Scope 数据输出设置

在图 1-24 标注的方框中设置仿真时间为 2s，单击"运行"图标进行仿真。

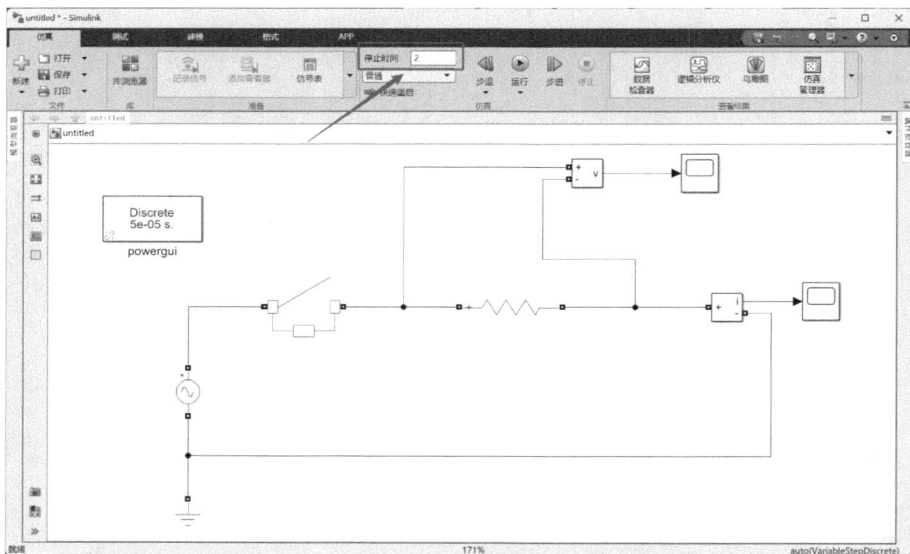

图 1-24　运行仿真图

仿真完成后，双击 Scope 查看电压波形，如图 1-25 所示，断路器断开时，电阻两端电压为 0。断路器合上的 1～1.5s 期间，电阻两端电压幅值变为 311，说明仿真结果正确。

单击如图 1-26 所示 Scope 界面的 zoom in 按钮可以缩小波形的时间尺度，便于查看。

最后，单击工具栏的保存按钮（图 1-27 箭头所示）可以实现仿真模型的保存。

在 MATLAB 的工作区 Workspace 中可以看到导出的仿真结果，U 和 I 分别为输出的电压和电流，变量的第一列为仿真时间，第二列为电压或电流的瞬时值。单击图 1-28 中箭头所指的绘图标签下的 plot 按钮，可以实现波形的绘制。

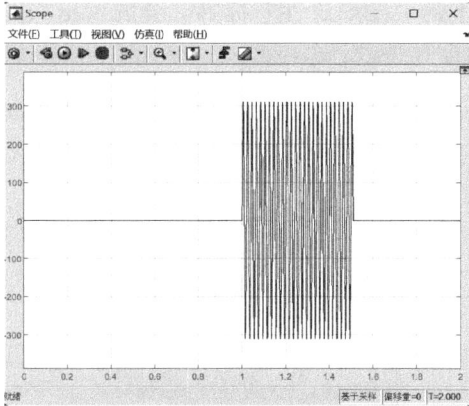

图 1-25 仿真波形

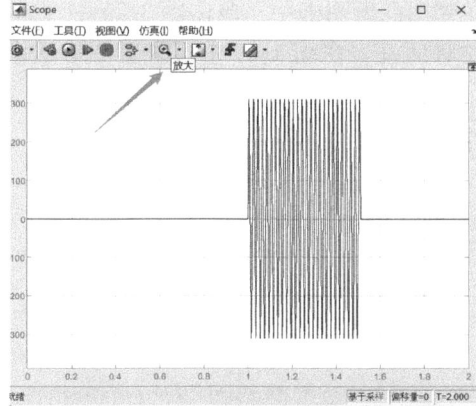

图 1-26 仿真波形缩放

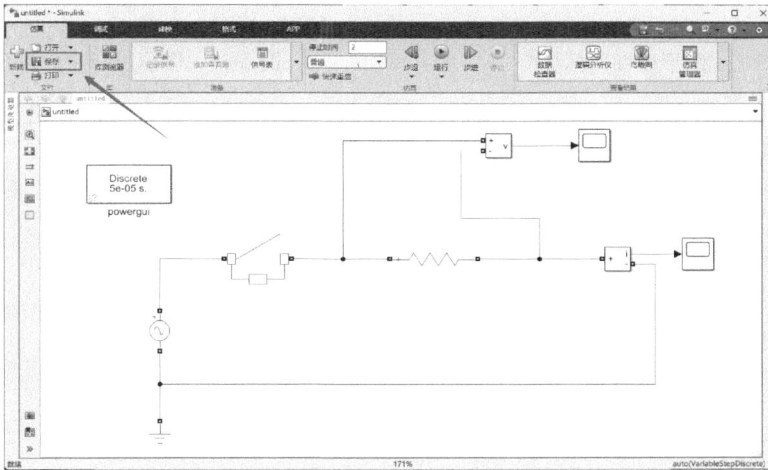

图 1-27 仿真模型保存

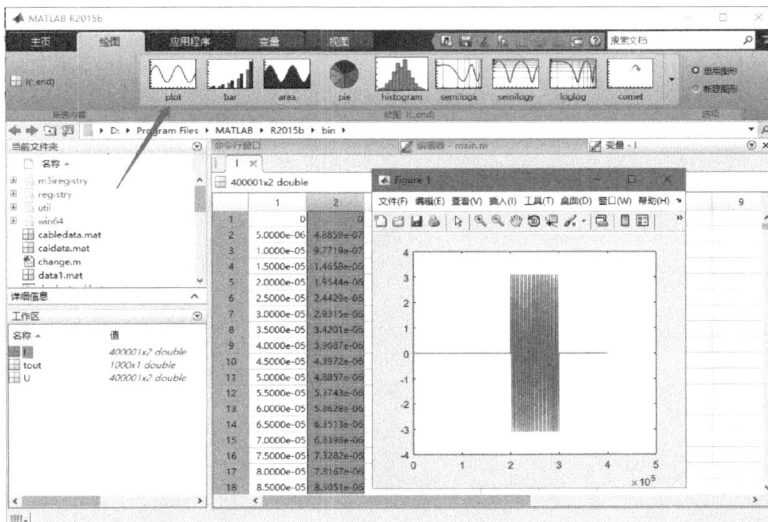

图 1-28 绘制波形

在弹出的绘图框中，单击图 1-29 中"编辑"下的"图形属性"标签，会展示出如图 1-30 所示的对话框，在图 1-30 中可设置图形的横纵坐标等参数。

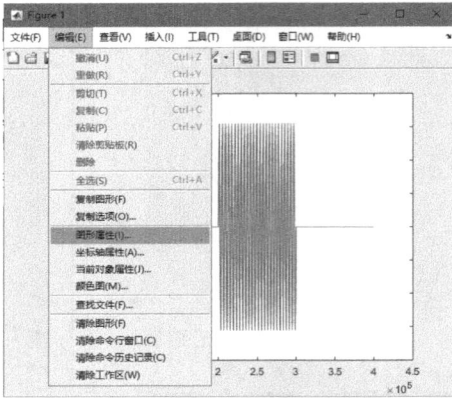

图 1-29　　"图形属性"标签　　　　　　　　图 1-30　　图形显示参数设置

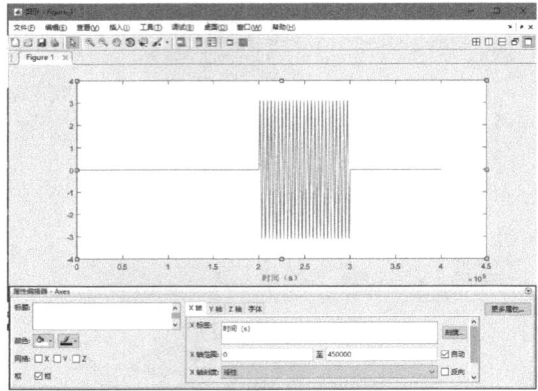

单击"编辑"下的"复制图形"标签，便可以将图形复制到实验报告的 word 文本中或者其他编辑工具中，以完成数据的可视化显示。

第二章　电网故障分析基础及仿真

短路故障是电力系统运行的最常见故障之一。发生短路时，系统从一种状态剧变到另一种状态，并伴随产生复杂的电磁暂态现象。短路会导致系统电压降低、电流增大，可能破坏电力系统的稳定运行，损坏电气设备，所以电气设计和运行都需要对短路电流进行计算。对于继电保护而言，短路计算是保护整定计算的基础。

第一节　基本概念及原理

一、短路的一般概念

（一）短路的原因

所谓短路，是指一切不正常的相与相或相与地之间形成通路的情况。短路是电力系统的主要故障类型之一。产生短路的原因很多，内部原因主要有设备绝缘的老化和损坏等，外部原因包括气象条件恶化（雷电、覆冰以及大风等）、人为破坏或者违规操作等。

（二）短路的类型

在三相系统中，短路类型可分为三相短路、两相短路、两相短路接地和单相接地短路4种。三相短路时，系统各相与正常运行时一样，仍处于对称状态，属于对称短路。其他类型的短路都是不对称短路。

电力系统的运行经验表明，在所有的短路故障中，单相接地短路占比最大，两相短路较少，三相短路最少。三相短路虽然很少发生，但故障导致的后果最严重，应给以足够的重视。此外，从短路计算方法来看，一切不对称短路的计算，在采用对称分量法后，都可归结为对称短路的计算，因此对三相短路的研究具有重要意义。

各种短路的示意图和代表符号列于表 2-1 中。

表 2-1　　　　　　　　　　　各种短路的示意图和代表符号

短路种类	示意图	代表符号
三相短路		$f^{(3)}$
两相短路接地		$f^{(1,1)}$
两相短路		$f^{(2)}$
单相接地短路		$f^{(1)}$

（三）短路的后果

短路的类型、发生地点和持续时间不同，其后果可能也不同，有的只破坏局部地区的正常供电，有的则可能威胁整个系统的安全运行。短路的危险后果包括以下 5 个方面。

（1）短路电流产生的电动力导致设备损坏：短路时，短路点附近的线路中会出现比正常值大许多倍的短路电流，由于短路电流的电动力效应，导体间将产生很大的机械应力，可能使导体和它们的支架遭到破坏。

（2）短路电流使设备过热导致损坏：短路电流使设备发热增加，短路持续时间较长时，设备可能过热以致损坏。

（3）系统电压下降影响设备正常运行：短路时系统电压大幅度下降，对用户影响很大。异步电动机是系统中最主要的电力负荷之一，电压下降时，电动机的电磁转矩显著减小（电磁转矩同端电压的平方成正比），转速下降甚至可能停转，轻则造成产品报废，重则导致设备损坏。

（4）引起发电厂失去同步进而导致系统失稳：当短路点离电源不远且持续时间较长时，并列运行的发电厂可能失去同步，破坏系统稳定，造成大面积停电，这是短路故障的最严重后果。因此，实际运行时应快速切除故障，避免类似情况发生。

（5）不对称短路产生的不平衡电流干扰通信信号：不对称短路产生的不平衡电流能产生足够的磁通，在邻近的电路内感应出很大的电动势。在高压电力线路附近的通信系统可能会受到干扰，影响正常通信。

电力系统的安全稳定是国家电力事业发展的基石，与国家能源战略和党的发展目标密切相关，在运行中需要尽量避免短路等严重事故的发生，减少断电带来的经济损失。

二、短路计算的目的

在电力系统和电气设备的设计和运行中，短路计算是不可或缺的基本计算，它可以应用于以下具体场合。

（1）选择有足够机械稳定度和热稳定度的电气设备，例如断路器、互感器、母线、电缆等，必须以短路计算作为依据。这里包括计算冲击电流以校验设备的电动力稳定度；计算若干时刻的短路电流周期分量以校验设备的热稳定度；计算指定时刻的短路电流有效值以校验断路器的断流能力等。

（2）为了合理地配置各种继电保护和自动装置并正确整定其参数，必须对电力网中发生的各种短路进行计算和分析。在这些计算中不但要知道故障支路中的电流值，还必须知道电流在网络中的分布情况，有时还要知道系统中某些节点的电压值。

（3）在设计和选择发电厂和电力系统电气主接线时，为了比较各种不同方案的接线图，确定是否需要采取限制短路电流的措施等，都要进行必要的短路电流计算。

（4）进行电力系统暂态稳定计算，研究短路对用户工作的影响等，也包含一部分短路计算的内容。

（5）研究输电线路对通信的干扰，确定通信电缆的抗干扰措施时，需要进行短路计算以分析不同故障类型下的干扰。

在短路计算时，必须首先根据具体任务确定计算条件。所谓计算条件，通常包括，短路发生时系统的运行方式，短路的类型和发生地点，以及短路发生后所采取的措施等。这里的系统运行方式指的是系统中投入运行的发电、变电、输电、用电的设备的多少以及它们之间相互连接的情况。计算不对称短路时，还应包括中性点的运行状态。对于不同的计算目的，所采用的计算条件是不同的。

三、恒定电势源电路的三相短路

（一）短路的暂态过程

我们从最简单的三相短路计算入手，逐步扩展到不对称短路的计算。首先分析恒定电势源时三相短路的情况，可以用简单的三相 $R\text{-}L$ 电路分析对称短路的暂态过程。电路由幅值和频率均恒定的三相对称电势源供电，如图 2-1 所示。短路前电路处于稳态，每相的电阻和电感分别为 $R+R'$ 和 $L+L'$。由于电路对称，只写出 a 相的电势和电流如下：

$$\begin{cases} e = E_m\sin(\omega t + \alpha) \\ i = I_m\sin(\omega t + \alpha - \phi') \end{cases} \tag{2-1}$$

式中，$I_m = \dfrac{E_m}{\sqrt{(R+R')^2 + \omega^2(L+L')^2}}$；$\varphi' = \arctan\dfrac{\omega(L+L')}{R+R'}$。

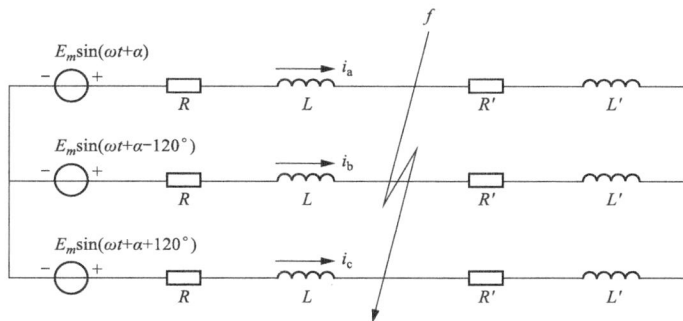

图 2-1　简单三相电路短路

当 f 点发生三相短路时，这个电路可以看成两个独立的电路，其中左侧的电路仍与电源相连接，而右侧的电路为没有电源的短接电路。在短接电路中，电流将从发生短路瞬间的电流值衰减为零。在与电源相连的左侧电路中，每相的阻抗减小为 $R+\mathrm{j}\omega L$，其电流将要由短路前的数值逐渐变化到由阻抗 $R+\mathrm{j}\omega L$ 所决定的新稳态值。

短路电流计算主要是对左侧电路进行，假定短路在 $t=0$ 时刻发生，短路后左侧电路仍然是对称的，可以只研究其中的一相，例如 a 相。为此，我们写出 a 相的微分方程式如下：

$$Ri + L\frac{\mathrm{d}i}{\mathrm{d}t} = E_m\sin(\omega t + \alpha) \tag{2-2}$$

解方程式（2-2）可以得到短路的全电流，可以表示为：

$$i = i_p + i_{ap} = I_{pm}\sin(\omega t + \alpha - \varphi) + C\exp(-t/T_a) \tag{2-3}$$

它由两部分组成：第一部分是方程式（2-2）的特解，它代表短路电流的强制分量。强制分量与外加电源电势有相同的变化规律，也是幅值不变的正弦交流，习惯上称为周期分量，并记为：

$$i_p = I_{pm}\sin(\omega t + \alpha - \varphi) \tag{2-4}$$

式中，$I_{pm} = \dfrac{E_m}{\sqrt{R^2 + (\omega L)^2}}$ 是短路电流周期分量的幅值；$\varphi = \arctan\left(\dfrac{\omega L}{R}\right)$ 是电路的阻抗角；α

是电源电势的初始相角，即 $t=0$ 时的相位角，也称合闸角。

第二部分是方程式（2-2）对应齐次方程的一般解，它代表短路电流的自由分量。自由分量与外加电源无关，它是按指数规律衰减的直流，也称为非周期电流，记为：

$$i_{ap}=Ce^{pt}=C\exp(-t/T_a) \tag{2-5}$$

式中，$p=-R/L$ 是特征方程 $R+pL=0$ 的根；$T_a=-1/p=L/R$ 是自由分量衰减的时间常数；C 是积分常数，由初始计算条件决定，即非周期电流的起始值 i_{ap0}。

由于能量无法突变，电感中的电流不能突变，短路发生后瞬间的电流 i_0 等于短路前瞬间的电流 $i_{[0]}$。将 $t=0$ 分别代入短路前和短路后的电流算式（2-1）和式（2-3），应得：

$$I_m\sin(\alpha-\varphi')=I_{pm}\sin(\alpha-\varphi)+C \tag{2-6}$$

因此：

$$C=i_{ap0}=I_m\sin(\alpha-\varphi')-I_{pm}\sin(\alpha-\varphi) \tag{2-7}$$

将式（2-7）代入（2-3）可得：

$$i=I_{pm}\sin(\omega t+\alpha-\varphi)+[I_m\sin(\alpha-\varphi')-I_{pm}\sin(\alpha-\varphi)]\exp(-t/T_a) \tag{2-8}$$

这就是 a 相短路电流的计算式。用 $\alpha-120°$ 或 $\alpha+120°$ 代替式（2-8）中的 α，就可以得到 b 相或 c 相的短路电流计算式。

短路电流各分量之间的关系也可以用如图 2-2 所示的相量图表示，图中旋转相量 $\dot{E}_m$、$\dot{I}_m$ 和 $\dot{I}_{pm}$ 在静止的时间轴上的投影分别代表电源电势、短路前电流和短路后周期电流的瞬时值。图 2-2 中所示的是 $t=0$ 时的情况。此时，短路前电流相量 $\dot{I}_m$ 在时间轴上的投影为 $I_m\sin(\alpha-\varphi')=i_{[0]}$，而短路后的周期电流相量 $\dot{I}_{pm}$ 的投影则为 $I_{pm}\sin(\alpha-\varphi)=i_{p0}$。一般情况下，$i_{p0}\neq i_{[0]}$。因此，电路中必然产生一个初值为 $i_{[0]}$ 和 i_{p0} 之差的非周期自由电流，以保持电感中的电流在短路瞬间前后不发生突变。在相量图中，短路发生瞬间相量差 $\dot{I}_m-\dot{I}_{pm}$ 在时间轴上的投影就等于非周期电流的初值 i_{ap0}。由此可见，非周期自由电流初值的大小和短路发生的时刻有关，也就是与短路发生时电源电势的初始相角（或合闸角）α 有关。当相量差 $\dot{I}_m-\dot{I}_{pm}$ 与时间轴平行时，i_{ap0} 的值最大；而当它与时间轴垂直时，$i_{ap0}=0$。在第二种情况下，非周期自由分量不存在，短路前电流的瞬时值刚好等于短路后强制电流的瞬时值，电路从一种稳态直接进入另一种稳态，不需经历过渡过程。三相短路时，短路电流的周期分量是

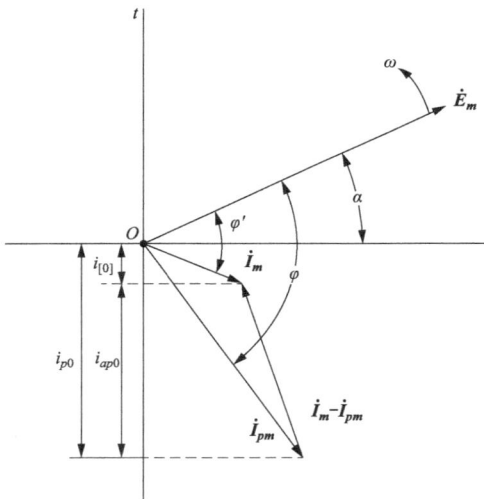

图 2-2　简单三相电路短路时的相量图

对称的，但各相的初始相角不同，各相短路电流的非周期分量并不相等。

（二）短路冲击电流

短路电流最大可能的瞬时值称为短路冲击电流，以 i_{im} 表示。冲击电流主要用来校验电气设备和载流导体的电动力稳定度。当电路的参数已知时，短路电流周期分量的幅值是一定

的。短路电流的非周期分量是按指数规律单调衰减的直流，非周期电流的初值越大，暂态过程中短路全电流的最大瞬时值也就越大。非周期电流的初值不但与短路前和短路后电路的情况有关，而且与短路发生的时刻（或合闸角 α）有关。非周期电流取得最大初值的条件为：①相量差 $i_m - i_{pm}$ 最大；②相量差 $i_m - i_{pm}$ 在 $t=0$ 时与时间轴平行。在电感性电路中，符合上述条件的情况是：电路原来处于空载状态，短路恰好发生在短路周期电流取幅值的时刻（见图 2-3）。如果短路回路的感抗比电阻大得多 $\omega L \gg R$，可以近似地认为 $\varphi \approx 90°$，则上述情况相当于短路发生在电源电势刚好过零时，即 $\alpha=0$ 的时刻。

将 $i_m=0$、$\varphi=90°$ 和 $\alpha=0$ 代入式（2-8）可得：

$$i = -I_{pm}\cos\omega t + I_{pm}\exp(-t/T_a) \tag{2-9}$$

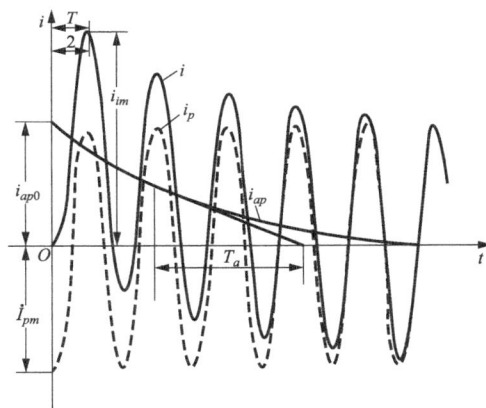

非周期分量有最大可能值时的短路电流波形如图 2-4 所示。由图 2-4 可见，短路电流的最大瞬时值在短路发生后约半个周期出现。若 $f=50\text{Hz}$，这个时刻约为短路发生后 0.01s。由此可得冲击电流的算式如下：

$$\begin{aligned}
i_{im} &= I_{pm} + I_{pm}\exp(-0.01/T_a) \\
&= [1+\exp(-0.01/T_n)]I_{pm} = k_{im}I_{pm}
\end{aligned} \tag{2-10}$$

式中，$k_{im}=1+\exp(-0.01/T_a)$，称为冲击系数，它表示冲击电流与短路电流周期分量幅值的比值。当时间常数 T_a 的数值由零变到无限大时，冲击系数的变化范围是 [1, 2]。在实际计算中，当短路发生在发电机电压母线时，取 $k_{im}=1.9$；当短路发生在发电厂高压侧母线时，取 $k_{im}=1.85$；在其他地点短路时，取 $k_{im}=1.8$。

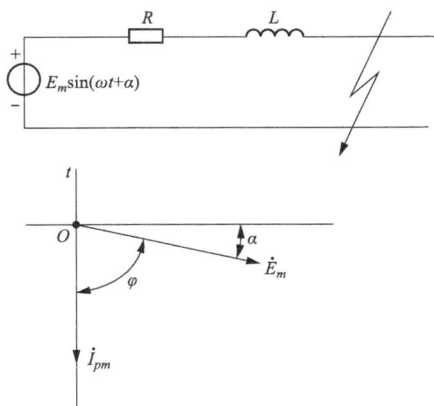

图 2-3　短路电流非周期分量有最大　　　　　图 2-4　非周期分量有最大可能值时的
　　　　可能值的条件　　　　　　　　　　　　　　短路电流波形图

（三）短路电流的有效值

在短路过程中，任一时刻 t 的短路电流有效值 I_t 是指以时刻 t 为中心的一个周期内瞬时电流的均方根值，即：

$$I_t = \sqrt{\frac{1}{T}\int_{t-T/2}^{t+T/2} i_t^2 \, \mathrm{d}t} = \sqrt{\frac{1}{T}\int_{t-T/2}^{t+T/2}(i_{pt}+i_{apt})^2 \, \mathrm{d}t} \tag{2-11}$$

式中，i_t 和 i_{pt} 分别为 t 时刻短路电流的周期分量和非周期分量的瞬时值。

在电力系统中，短路电流周期分量的幅值在一般情况下是衰减的（见图 2-5）。为了简化计算，通常假定周期分量在所计算的周期内是幅值恒定的，其数值等于由周期电流包络线所

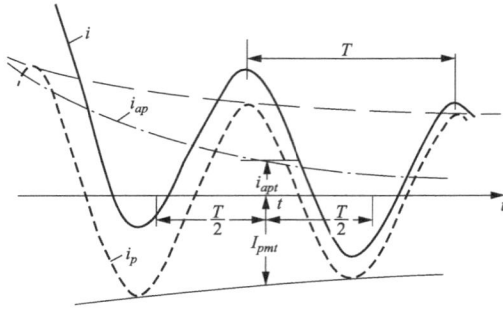

图 2-5　短路电流有效值的确定

确定的 t 时刻的幅值。因此，t 时刻的周期电流有效值应为：

$$I_{pt} = \frac{I_{pmt}}{\sqrt{2}}$$

再假定非周期电流在以时间 t 为中心的一个周期内恒定不变，因而它在时刻 t 的有效值就等于它的瞬时值，即：

$$I_{apt} = i_{apt}$$

于是，式（2-11）可简化为：

$$I_t = \sqrt{I_{pt}^2 + I_{apt}^2} \tag{2-12}$$

短路电流的最大有效值出现在短路后的第一个周期。在最不利的情况下发生短路时 $I_{ap0} = I_{pm}$，而第一个周期的中心为 $t = 0.01\text{s}$，此时非周期分量的有效值为：

$$I_{ap} = I_{pm} \exp(-0.01/T_a) = (k_{im} - 1) I_{pm}$$

将这些关系代入式（2-12），便得到短路电流最大有效值 I_{im} 的计算公式为：

$$I_{im} = \sqrt{I_p^2 + \left[(k_{im} - 1)\sqrt{2} I_p \right]^2} = I_p \sqrt{1 + 2(k_{im} - 1)^2} \tag{2-13}$$

当冲击系数 $k_{im} = 1.9$ 时，$I_{im} = 1.62 I_p$；当 $k_{im} = 1.8$ 时，$I_{im} = 1.51 I_p$。

从上述分析可见，为了确定冲击电流、短路电流非周期分量以及短路电流的有效值，都必须计算短路电流的周期分量。实际上，大多数情况下短路计算的任务也只是计算短路电流的周期分量。对于继电保护的整定计算而言，我们也只需要计算短路电流的稳态周期分量。

（四）短路电流的周期分量的近似计算

在短路电流的简化计算中，可以假定短路电路连接到内阻抗为零的恒电势电源上。因此，短路电流周期分量的幅值不随时间而变化，只有非周期分量是衰减的。

计算时略去负荷，选定基准功率 S_B 和基准电压 $V_B = V_{av}$，算出短路点的输入电抗的标幺值 X_n，而电源的电势标幺值取作 1，于是短路电流周期分量的标幺值为：

$$I_{p*} = 1/X_{ff*} \tag{2-14}$$

有名值为：

$$I_p = I_{p*}, \quad I_B = I_B/X_{ff*} \tag{2-15}$$

相应的短路功率为：

$$S = S_B/X_{ff*} \tag{2-16}$$

这样算出的短路电流（或短路功率）要比实际的大些。但是它们的差别随短路点距离的增大而迅速地减少。因为短路点越远，电源电压恒定的假设条件就越接近实际情况，尤其是当发电机装有自动励磁调节器时，更是如此。利用这种简化的算法，可以对短路电流的最大可能值作近似的估计。下面我们举例说明如何简化计算短路电流的周期分量。

【例 2-1】　在图 2-6（a）所示的电力系统中，各元件的参数如下。

线路 L：40km，$x = 0.4\Omega/\text{km}$；变压器 T：30MVA，$V_5\% = 10.5$。电抗器 R：6.3kV，0.3kV，$x\% = 4$。电缆 C：0.5km，$x = 0.08\Omega/\text{km}$。

假设三相短路分别发生在 f_1 点和 f_2 点，试计算以下两种情况下短路电流的周期分量：1）系统对母线 a 处的短路功率 S_S 为 1000MVA；2）母线 a 的电压为恒定值。

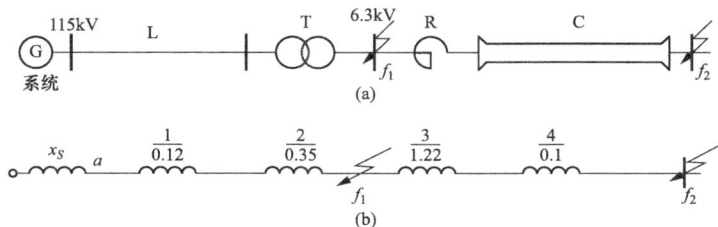

图 2-6　例 2-1 的电力系统及其等值网络

解：取 $S_B = 100\text{MVA}$，$V_B = V_{av}$。各元件的电抗标幺值分别计算如下。

线路 L：$x_1 = 0.4 \times 40 \times \dfrac{100}{115^2} = 0.12$ 变压器 T：$x_2 = 0.105 \times \dfrac{100}{30} = 0.35$

电抗器 R：$x_3 = 0.04 \times \dfrac{100}{\sqrt{3} \times 6.3 \times 0.3} = 1.22$ 电缆 C：$x_4 = 0.08 \times 0.5 \times \dfrac{100}{6.3^2} = 0.1$

先计算第 1) 种情况。系统用一个无限大功率电源代表，它到母线 a 的电抗标幺值为：

$$x_S = \frac{S_B}{S_S} = \frac{100}{1000} = 0.1$$

在网络的 6.3kV 电压级的基准电流为：

$$I_B = \frac{100}{\sqrt{3} \times 6.3}\text{kA} = 9.16\text{kA}$$

当 f_1 点短路时：

$$X_{ff^*} = x_S + x_1 + x_2 = 0.1 + 0.12 + 0.35 = 0.57$$

短路电流为：

$$I = \frac{I_B}{X_{ff^*}} = \frac{9.16}{0.57}\text{kA} = 16.07\text{kA}$$

当 f_2 点短路时：

$$X_{ff^*} = x_S + x_1 + x_2 + x_3 + x_4 = 0.1 + 0.12 + 0.35 + 1.22 + 0.1 = 1.89$$

短路电流为：

$$I = \frac{I_B}{X_{ff^*}} = \frac{9.16}{1.89}\text{kA} = 4.85\text{kA}$$

对于第 2) 种情况，无限大功率电源直接接于母线 a，即 $x_S = 0$。所以，在 f_1 点短路时：

$$X_{ff^*} = x_1 + x_2 = 0.12 + 0.35 = 0.47$$

$$I = \frac{I_B}{X_{ff^*}} = \frac{9.16}{0.47}\text{kA} = 19.49\text{kA}$$

在 f_2 点短路时：

$$X_{ff^*} = x_1 + x_2 + x_3 + x_4 = 0.12 + 0.35 + 1.22 + 0.1 = 1.79$$

$$I = \frac{I_B}{X_{ff^*}} = \frac{9.16}{1.79}\text{kA} = 5.12\text{kA}$$

比较以上的计算结果可见，如果把无限大功率电源直接接于母线 a，则短路电流的数值，在 f_1 点短路时要增大 21%，而在 f_2 点短路时只增大 6%。

四、对称分量法计算短路电流

（一）对称分量法

对称分量法是分析不对称故障的常用方法。在三相电路中，根据对称分量法，任意一组不对称的三相相量（电流或电压）都可以分解为三组三相对称的分量，当选择 a 相作为基准相时，三相相量与其对称分量之间的关系（如电流）为：

$$\begin{bmatrix} \dot{I}_{a(1)} \\ \dot{I}_{a(2)} \\ \dot{I}_{a(0)} \end{bmatrix} = \frac{1}{3} \begin{bmatrix} 1 & a & a^2 \\ 1 & a^2 & a \\ 1 & 1 & 1 \end{bmatrix} \begin{bmatrix} \dot{I}_a \\ \dot{I}_b \\ \dot{I}_c \end{bmatrix} \tag{2-17}$$

式中，运算子 $a = e^{j120°}$，$a^2 = e^{j240°}$，且有 $1 + a + a^2 = 0$，$a^3 = 1$；$\dot{I}_{a(1)}$、$\dot{I}_{a(2)}$、$\dot{I}_{a(0)}$ 分别为 a 相电流的正序、负序和零序分量，并且有：

$$\left. \begin{array}{c} \dot{I}_{b(1)} = a^2 \dot{I}_{a(1)}, \quad \dot{I}_{c(1)} = a \dot{I}_{a(1)} \\ \dot{I}_{b(2)} = a \dot{I}_{a(2)}, \quad \dot{I}_{c(2)} = a^2 \dot{I}_{a(2)} \\ \dot{I}_{b(0)} = \dot{I}_{c(0)} = \dot{I}_{a(0)} \end{array} \right\} \tag{2-18}$$

由式（2-18）可以做出三相量的三组对称分量如图 2-7 所示。我们看到，正序分量的相序与正常对称运行下的相序相同，而负序分量的相序则与正序相反，零序分量则三相同相位。

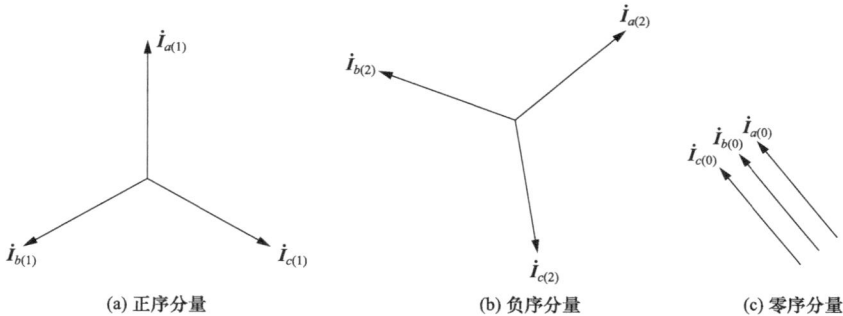

(a) 正序分量　　　　　　　　(b) 负序分量　　　　　　　(c) 零序分量

图 2-7　三相量的对称分量

将一组不对称的三相量分解为三组对称分量，可以看成一种坐标变换。式（2-17）可以用矩阵形式表达：

$$\dot{I}_{120} = S \dot{I}_{abc} \tag{2-19}$$

式中，矩阵 S 为对称分量变换矩阵。当已知三相不对称的相量时，可由式（2-19）求得各序对称分量。已知各序对称分量时，也可以用反变换求出三相不对称的相量，即：

$$\dot{I}_{abc} = S^{-1} \dot{I}_{120} \tag{2-20}$$

式中：

$$S^{-1} = \begin{bmatrix} 1 & 1 & 1 \\ a^2 & a & 1 \\ a & a^2 & 1 \end{bmatrix} \tag{2-21}$$

展开式（2-20）并计及式（2-18）有：

$$\begin{cases} \dot{\boldsymbol{I}}_a = \dot{\boldsymbol{I}}_{a(1)} + \dot{\boldsymbol{I}}_{a(2)} + \dot{\boldsymbol{I}}_{a(0)} \\ \dot{\boldsymbol{I}}_b = a^2 \dot{\boldsymbol{I}}_{a(1)} + a \dot{\boldsymbol{I}}_{a(2)} + \dot{\boldsymbol{I}}_{a(0)} = \dot{\boldsymbol{I}}_{b(1)} + \dot{\boldsymbol{I}}_{b(2)} + \dot{\boldsymbol{I}}_{b(0)} \\ \dot{\boldsymbol{I}}_c = a \dot{\boldsymbol{I}}_{a(1)} + a^2 \dot{\boldsymbol{I}}_{a(2)} + \dot{\boldsymbol{I}}_{a(0)} = \dot{\boldsymbol{I}}_{c(1)} + \dot{\boldsymbol{I}}_{c(2)} + \dot{\boldsymbol{I}}_{c(0)} \end{cases} \tag{2-22}$$

电压的三相相量与其对称分量之间的关系也与电流的一样。

（二）序阻抗的概念

我们以一个静止的三相电路元件为例来说明序阻抗的概念，如图 2-8 所示。

各相自阻抗分别为 z_{aa}、z_{bb}、z_{cc}，相间互阻抗为 $z_{ab} = z_{ba}$，$z_{bc} = z_{cb}$，$z_{ca} = z_{ac}$。当元件通过三相不对称的电流时，元件各相的电压降为：

$$\begin{bmatrix} \Delta \dot{\boldsymbol{V}}_a \\ \Delta \dot{\boldsymbol{V}}_b \\ \Delta \dot{\boldsymbol{V}}_c \end{bmatrix} = \begin{bmatrix} z_{aa} & z_{ab} & z_{ac} \\ z_{ba} & z_{bb} & z_{bc} \\ z_{ca} & z_{cb} & z_{cc} \end{bmatrix} \begin{bmatrix} \dot{\boldsymbol{I}}_a \\ \dot{\boldsymbol{I}}_b \\ \dot{\boldsymbol{I}}_c \end{bmatrix} \tag{2-23}$$

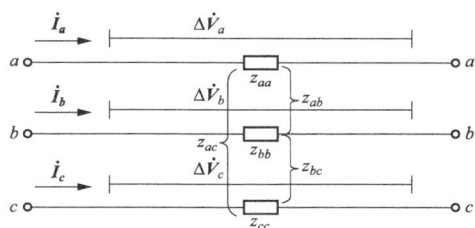

图 2-8　静止三相电路元件

也可以写为：

$$\Delta \dot{\boldsymbol{V}}_{abc} = \boldsymbol{Z} \dot{\boldsymbol{I}}_{abc} \tag{2-24}$$

应用式（2-19）及式（2-20）将三相量变换成对称分量，可得：

$$\Delta \dot{\boldsymbol{V}}_{120} = \boldsymbol{SZS}^{-1} \dot{\boldsymbol{I}}_{120} = \boldsymbol{Z}_{sc} \dot{\boldsymbol{I}}_{120} \tag{2-25}$$

式中，$\boldsymbol{Z}_{sc} = \boldsymbol{SZS}^{-1}$ 为序阻抗矩阵。

当元件结构参数完全对称时，即 $z_{aa} = z_{bb} = z_{cc} = z_s$，$z_{ab} = z_{bc} = z_{ca} = z_m$ 时，有：

$$\boldsymbol{z}_{ac} = \begin{bmatrix} z_a - z_m & 0 & 0 \\ 0 & z_a - z_m & 0 \\ 0 & 0 & z_s + 2z_m \end{bmatrix} = \begin{bmatrix} z_{(1)} & 0 & 0 \\ 0 & z_{(2)} & 0 \\ 0 & 0 & z_{(0)} \end{bmatrix} \tag{2-26}$$

$\boldsymbol{z}_{ac}$ 为一对角线矩阵。将式（2-25）展开，得：

$$\left. \begin{array}{l} \Delta \dot{\boldsymbol{V}}_{a(1)} = z_{(1)} \dot{\boldsymbol{I}}_{a(1)} \\ \Delta \dot{\boldsymbol{V}}_{a(2)} = z_{(2)} \dot{\boldsymbol{I}}_{a(2)} \\ \Delta \dot{\boldsymbol{V}}_{a(0)} = z_{(0)} \dot{\boldsymbol{I}}_{a(0)} \end{array} \right\} \tag{2-27}$$

式（2-27）表明，在三相参数对称的线性电路中，各序对称分量具有独立性。也就是说，当电路通以某序对称分量的电流时，只产生同一序对称分量的电压降；反之，当电路施加某序对称分量的电压时，电路中也只产生同一序对称分量的电流。这样，我们就可以分别对正序、负序和零序分量进行计算。

所谓元件的序阻抗是指元件三相参数对称时，元件两端某一序的电压降与通过该元件同一序电流的比值，即：

$$\left. \begin{array}{l} z_{(1)} = \Delta \dot{\boldsymbol{V}}_{a(1)} / \dot{\boldsymbol{I}}_{a(1)} \\ z_{(2)} = \Delta \dot{\boldsymbol{V}}_{a(2)} / \dot{\boldsymbol{I}}_{a(2)} \\ z_{(0)} = \Delta \dot{\boldsymbol{V}}_{a(0)} / \dot{\boldsymbol{I}}_{a(0)} \end{array} \right\} \tag{2-28}$$

式中，$z_{(1)}$、$z_{(2)}$ 和 $z_{(0)}$ 分别为该元件的正序阻抗、负序阻抗和零序阻抗。电力系统每个元件的正序阻抗、负序阻抗及零序阻抗可能相同，也可能不同，视元件的结构而定。

（三）对称分量法在不对称短路计算中的应用

应用对称分量法分析各种简单不对称短路时，可以写出各序网络故障点的电压方程式。当网络的各元件都只用电抗表示时，电压方程可以写成如下形式：

$$\begin{cases} \dot{E}_{eq} - \mathrm{j}X_{ff(1)}\dot{I}_{fa(1)} = \dot{V}_{fa(1)} \\ -\mathrm{j}X_{ff(2)}\dot{I}_{fa(2)} = \dot{V}_{fa(2)} \\ -\mathrm{j}X_{ff(0)}\dot{I}_{fa(0)} = \dot{V}_{fa(0)} \end{cases} \tag{2-29}$$

式中，$\dot{E}_{eq} = \dot{V}_f^{(0)}$，是短路发生前故障点的电压。这 3 个方程式包含了 6 个未知量，因此还需根据不对称短路的具体边界条件写出另外 3 个方程式，才能求解。

1. 单相（a 相）接地短路

单相接地短路时，故障处的 3 个边界条件（见图 2-9）为：

$$\dot{V}_{fa} = 0, \quad \dot{I}_{fb} = 0, \quad \dot{I}_{fc} = 0$$

用对称分量表示：

$$\dot{V}_{fa(1)} + \dot{V}_{fa(2)} + \dot{V}_{fa(0)} = 0, \quad a^2\dot{I}_{fa(1)} + a\dot{I}_{fa(2)} + \dot{I}_{fa(0)} = 0, \quad a\dot{I}_{fa(1)} + a^2\dot{I}_{fa(2)} + \dot{I}_{fa(0)} = 0$$

经过整理后便可得到如下用序分量表示的边界条件：

$$\begin{cases} \dot{V}_{fa(1)} + \dot{V}_{fa(2)} + \dot{V}_{fa(0)} = 0 \\ \dot{I}_{fa(1)} = \dot{I}_{fa(2)} = \dot{I}_{fa(0)} \end{cases} \tag{2-30}$$

联立求解方程组（2-29）及方程组（2-30）得

$$\dot{I}_{fa(1)} = \frac{\dot{V}_f^{(0)}}{\mathrm{j}(X_{ff(1)} + X_{ff(2)} + X_{ff(0)})} \tag{2-31}$$

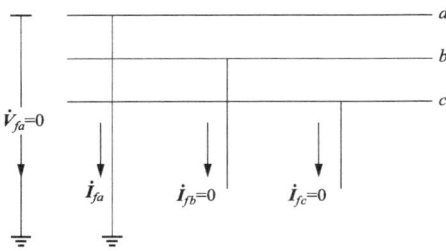

图 2-9　单相接地短路

短路电流的正序分量一经算出，根据边界条件式（2-30）和方程式（2-29），就能确定短路点电流和电压的各序分量：

$$\begin{cases} \dot{I}_{fa(2)} = \dot{I}_{fa(0)} = \dot{I}_{fa(1)} \\ \dot{V}_{fa(1)} = \dot{V}_f^{(0)} - \mathrm{j}X_{ff(1)}\dot{I}_{fa(1)} = \mathrm{j}(X_{ff(2)} + X_{ff(0)})\dot{I}_{fa(1)} \\ \dot{V}_{fa(2)} = -\mathrm{j}X_{ff(2)}\dot{I}_{fa(1)} \\ \dot{V}_{fa(0)} = -\mathrm{j}X_{ff(0)}\dot{I}_{fa(1)} \end{cases} \tag{2-32}$$

电压和电流的各序分量也可以直接应用复合序网来求得。根据故障处各序分量之间的关系，将各序网络在故障端口连接起来所构成的网络称为复合序网。与单相短路的边界条件式（2-30）相适应的复合序网如图 2-10 所示。用复合序网进行计算，可以得到与以上完全相同的结果。

利用对称分量的合成算式（2-22），可得短路点故障相电流为：

$$\dot{I}_f^{(1)} = \dot{I}_{fa} = \dot{I}_{fa(1)} + \dot{I}_{fa(2)} + \dot{I}_{fa(0)} = 3\dot{I}_{fa(1)} \tag{2-33}$$

或

$$\dot{I}_f^{(1)} = \frac{3V_f^{(0)}}{\mathrm{j}(X_{ff(1)} + X_{ff(2)} + X_{ff(0)})} \tag{2-33a}$$

由式（2-33）可见，单相短路电流是受短路点的各序输入电抗之和限制的。$\boldsymbol{X}_{ff(1)}$ 和 $\boldsymbol{X}_{ff(2)}$ 的大小与短路点对电源的电气距离有关，$\boldsymbol{X}_{ff(0)}$ 则与中性点接地方式有关。

短路点非故障相的对地电压为：

$$\begin{cases} \dot{\boldsymbol{V}}_{fb} = a^2 \dot{\boldsymbol{V}}_{fa(1)} + a \dot{\boldsymbol{V}}_{fa(2)} + \dot{\boldsymbol{V}}_{fa(0)} = \mathrm{j}\left[(a^2 - a) \boldsymbol{X}_{ff(2)} + (a^2 - 1) \boldsymbol{X}_{ff(0)} \right] \dot{\boldsymbol{I}}_{fa(1)} \\ \dot{\boldsymbol{V}}_{fc} = a \dot{\boldsymbol{V}}_{fa(1)} + a^2 \dot{\boldsymbol{V}}_{fa(2)} + \boldsymbol{V}_{fa(0)} = \mathrm{j}\left[(a - a^2) \boldsymbol{X}_{ff(2)} + (a - 1) \boldsymbol{X}_{ff(2)} \right] \dot{\boldsymbol{I}}_{fa(1)} \end{cases} \quad (2\text{-}34)$$

选取正序电流 $\dot{\boldsymbol{I}}_{fa(1)}$ 作为参考相量，可以做出如图 2-11 所示的短路点的电流和电压相量图。图中 $\dot{\boldsymbol{I}}_{fa(0)}$ 和 $\dot{\boldsymbol{I}}_{fa(2)}$ 都与 $\dot{\boldsymbol{I}}_{fa(1)}$ 方向相同、大小相等，$\dot{\boldsymbol{V}}_{fa(1)}$ 比 $\dot{\boldsymbol{I}}_{fa(1)}$ 超前 90°，而 $\dot{\boldsymbol{V}}_{fa(2)}$ 和 $\dot{\boldsymbol{V}}_{fa(0)}$ 都要比 $\boldsymbol{I}_{fa(1)}$ 落后 90°。非故障相电压 $\dot{\boldsymbol{V}}_{fb}$ 和 $\dot{\boldsymbol{V}}_{fc}$ 的绝对值总是相等，其相角差 θ_v 与比值 $\boldsymbol{X}_{ff(0)}/\boldsymbol{X}_{ff(2)}$ 有关。

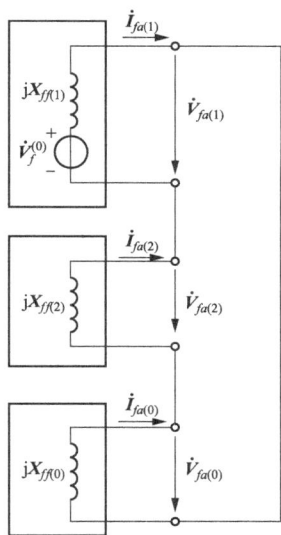

图 2-10　单相短路的复合序网

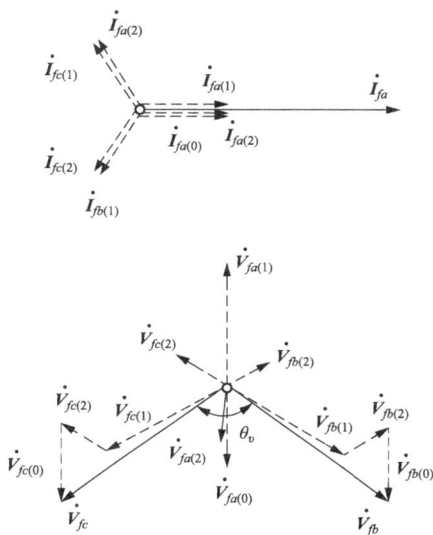

图 2-11　单相接地短路时短路点的电流和电压相量图

2. 两相（b 相和 c 相）短路

两相短路时故障点的情况如图 2-12 所示。

故障处 3 个边界条件为：

$$\dot{\boldsymbol{I}}_{fa} = 0, \quad \dot{\boldsymbol{I}}_{fb} + \dot{\boldsymbol{I}}_{fc} = 0, \quad \dot{\boldsymbol{V}}_{fb} = \dot{\boldsymbol{V}}_{fc}$$

用对称分量表示为：

$$\dot{\boldsymbol{I}}_{fa(1)} + \dot{\boldsymbol{I}}_{fa(2)} + \dot{\boldsymbol{I}}_{fa(0)} = 0$$

$$a^2 \dot{\boldsymbol{I}}_{fa(1)} + a \dot{\boldsymbol{I}}_{fa(2)} + \dot{\boldsymbol{I}}_{fa(0)} + a \dot{\boldsymbol{I}}_{fa(1)} + a^2 \dot{\boldsymbol{I}}_{fa(2)} + \dot{\boldsymbol{I}}_{fa(0)} = 0$$

$$a^2 \dot{\boldsymbol{V}}_{fa(1)} + a \dot{\boldsymbol{V}}_{fa(2)} + \dot{\boldsymbol{V}}_{fa(0)} = a \dot{\boldsymbol{V}}_{fa(1)} + a^2 \dot{\boldsymbol{V}}_{fa(2)} + \dot{\boldsymbol{V}}_{fa(0)}$$

整理后可得：

$$\begin{cases} \dot{\boldsymbol{I}}_{fa(0)} = 0 \\ \dot{\boldsymbol{I}}_{fa(1)} + \dot{\boldsymbol{I}}_{fa(2)} = 0 \\ \dot{\boldsymbol{V}}_{fa(1)} = \dot{\boldsymbol{V}}_{fa(2)} \end{cases} \quad (2\text{-}35)$$

根据这些条件，我们可用正序网络和负序网络组成两相短路的复合序网，如图 2-13 所示。因为零序电流等于零，所以复合序网中没有零序网络。

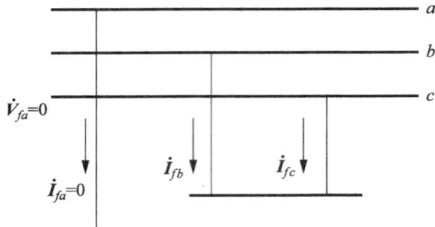

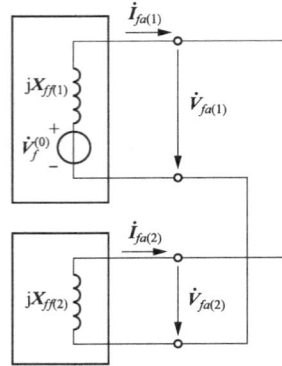

图 2-12　两相短路　　　　　　　图 2-13　两相短路的复合序网

利用这个复合序网可以求出：

$$\dot{\boldsymbol{I}}_{fa(1)} = \frac{\dot{\boldsymbol{V}}_f^{(0)}}{j(\boldsymbol{X}_{ff(1)} + \boldsymbol{X}_{ff(2)})} \tag{2-36}$$

以及：

$$\begin{cases} \dot{\boldsymbol{I}}_{fa(2)} = -\dot{\boldsymbol{I}}_{fa(1)} \\ \dot{\boldsymbol{V}}_{fa(1)} = \dot{\boldsymbol{V}}_{fa(2)} = -j\boldsymbol{X}_{ff(2)}\dot{\boldsymbol{I}}_{fa(1)} \end{cases} \tag{2-37}$$

故障点的电流为：

$$\begin{cases} \dot{\boldsymbol{I}}_{fb} = a^2\dot{\boldsymbol{I}}_{fa(1)} + a\dot{\boldsymbol{I}}_{fa(2)} + \dot{\boldsymbol{I}}_{fa(0)} = (a^2 - a)\dot{\boldsymbol{I}}_{fa(1)} = -j\sqrt{3}\dot{\boldsymbol{I}}_{fa(1)} \\ \dot{\boldsymbol{I}}_{fc} = -\dot{\boldsymbol{I}}_{fb} = j\sqrt{3}\dot{\boldsymbol{I}}_{fa(1)} \end{cases} \tag{2-38}$$

b、c 两相电流大小相等，方向相反，它们的绝对值为：

$$\dot{\boldsymbol{I}}_f^{(2)} = \dot{\boldsymbol{I}}_{fb} = \dot{\boldsymbol{I}}_{fc} = \sqrt{3}\dot{\boldsymbol{I}}_{fa(1)} \tag{2-39}$$

短路点各项对地电压为：

$$\begin{cases} \dot{\boldsymbol{V}}_{fa} = \dot{\boldsymbol{V}}_{fa(1)} + \dot{\boldsymbol{V}}_{fa(2)} + \dot{\boldsymbol{V}}_{fa(0)} = 2\dot{\boldsymbol{V}}_{fa(1)} = j2\boldsymbol{X}_{ff(2)}\dot{\boldsymbol{I}}_{fa(1)} \\ \dot{\boldsymbol{V}}_{fb} = a^2\dot{\boldsymbol{V}}_{fa(1)} + a\dot{\boldsymbol{V}}_{fa(2)} + \dot{\boldsymbol{V}}_{fa(0)} = -\dot{\boldsymbol{V}}_{fa(1)} = -\frac{1}{2}\dot{\boldsymbol{V}}_{fa} \\ \dot{\boldsymbol{V}}_{fc} = \dot{\boldsymbol{V}}_{fb} = -\dot{\boldsymbol{V}}_{fa(1)} = -\frac{1}{2}\dot{\boldsymbol{V}}_{fa} \end{cases} \tag{2-40}$$

可见，两相短路电流为正序电流的 $\sqrt{3}$ 倍；短路点非故障相电压为正序电压的两倍，而故障相电压只有非故障相电压的一半而且方向相反。

两相短路时，短路点的电流和电压相量图如图 2-14 所示。作图时，仍以正序电流 $\dot{\boldsymbol{I}}_{fa(1)}$ 作为参考相量，负序电流与它方向相反。正序电压与负序电压相等，都比 $\dot{\boldsymbol{I}}_{fa(1)}$ 超前 90°。

3. 两相（b 相和 c 相）短路接地

两相短路接地时故障处的情况如图 2-15 所示。故障处 3 个边界条件为：

$$\dot{\boldsymbol{I}}_{fa}=0,\ \dot{\boldsymbol{V}}_{fb}=0,\ \dot{\boldsymbol{V}}_{fc}=0$$

用序量表示的边界条件为：

$$\begin{cases} \dot{\boldsymbol{I}}_{fa(1)}+\dot{\boldsymbol{I}}_{fa(2)}+\dot{\boldsymbol{I}}_{fa(0)}=0 \\ \dot{\boldsymbol{V}}_{fa(1)}=\dot{\boldsymbol{V}}_{fa(2)}=\dot{\boldsymbol{V}}_{fa(0)} \end{cases} \tag{2-41}$$

根据边界条件组成的两相短路接地的复合序网如图 2-16 所示。

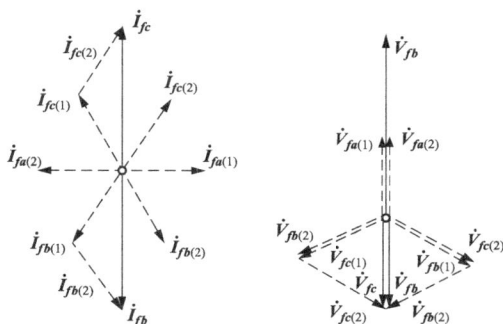

图 2-14　两相短路时短路点的电流和电压相量图

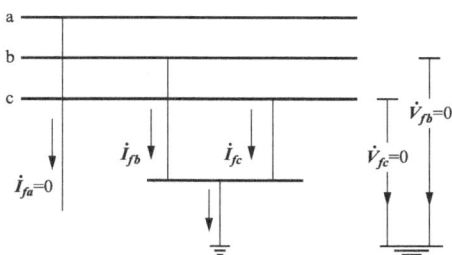

图 2-15　两相短路接地

由图 2-16 可得：

$$\dot{\boldsymbol{I}}_{fa(1)}=\frac{\dot{\boldsymbol{V}}_{f}^{(0)}}{\mathrm{j}(\boldsymbol{X}_{ff(1)}+\boldsymbol{X}_{ff(2)}//\boldsymbol{X}_{ff(0)})} \tag{2-42}$$

以及：

$$\begin{cases} \dot{\boldsymbol{I}}_{fa(2)}=-\dfrac{\boldsymbol{X}_{ff(0)}}{\boldsymbol{X}_{ff(2)}+\boldsymbol{X}_{ff(0)}}\dot{\boldsymbol{I}}_{fa(1)} \\[2mm] \dot{\boldsymbol{I}}_{fa(0)}=-\dfrac{\boldsymbol{X}_{ff(2)}}{\boldsymbol{X}_{ff(2)}+\boldsymbol{X}_{ff(0)}}\dot{\boldsymbol{I}}_{fa(1)} \\[2mm] \dot{\boldsymbol{V}}_{fa(1)}=\dot{\boldsymbol{V}}_{fa(2)}=\dot{\boldsymbol{V}}_{fa(0)}=\mathrm{j}\dfrac{\boldsymbol{X}_{ff(2)}\boldsymbol{X}}{\boldsymbol{X}_{ff(2)}+\boldsymbol{X}_{ff(0)}}\dot{\boldsymbol{I}}_{fa(1)} \end{cases} \tag{2-43}$$

短路点的故障电流为：

$$\begin{cases} \dot{\boldsymbol{I}}_{fb}=a^{2}\dot{\boldsymbol{I}}_{fa(1)}+a\dot{\boldsymbol{I}}_{fa(2)}+\dot{\boldsymbol{I}}_{fa(0)}=\left(a^{2}-\dfrac{\boldsymbol{X}_{ff(2)}+a\boldsymbol{X}_{ff(0)}}{\boldsymbol{X}_{ff(2)}+\boldsymbol{X}_{ff(0)}}\right)\dot{\boldsymbol{I}}_{fa(1)} \\[3mm] \dot{\boldsymbol{I}}_{fc}=a\dot{\boldsymbol{I}}_{fa(1)}+a^{2}\dot{\boldsymbol{I}}_{fa(2)}+\dot{\boldsymbol{I}}_{fa(0)}=\left(a-\dfrac{\boldsymbol{X}_{ff(2)}+a^{2}\boldsymbol{X}_{ff(0)}}{\boldsymbol{X}_{ff(2)}+\boldsymbol{X}_{ff(0)}}\right)\dot{\boldsymbol{I}}_{fa(1)} \end{cases}$$

$$\tag{2-44}$$

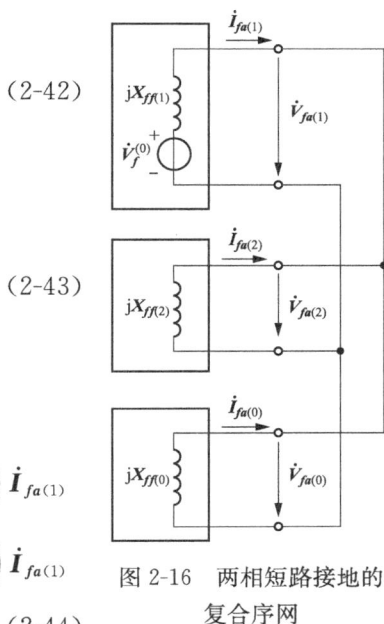

图 2-16　两相短路接地的
复合序网

根据式（2-44）可以求出两相短路接地时故障相电流的绝对值为：

$$\boldsymbol{I}_{f}^{(1,1)}=\boldsymbol{I}_{fb}=\boldsymbol{I}_{fc}=\sqrt{3}\sqrt{1-\frac{\boldsymbol{X}_{ff(0)}\boldsymbol{X}_{ff(2)}}{(\boldsymbol{X}_{ff(0)}+\boldsymbol{X}_{ff(2)})^{2}}}\,\boldsymbol{I}_{fa(1)} \tag{2-45}$$

短路点非故障相电压为：

$$\dot{\boldsymbol{V}}_{fa}=3\dot{\boldsymbol{V}}_{fa(1)}=\mathrm{j}\frac{3\boldsymbol{X}_{ff(2)}\boldsymbol{X}_{ff(0)}}{\boldsymbol{X}_{ff(2)}+\boldsymbol{X}_{ff(0)}}\dot{\boldsymbol{I}}_{fa(1)} \tag{2-46}$$

图 2-17 表示两相短路接地时短路点的电流和电压相量图。作图时，仍以正序电流 $\dot{\boldsymbol{I}}_{fa(1)}$

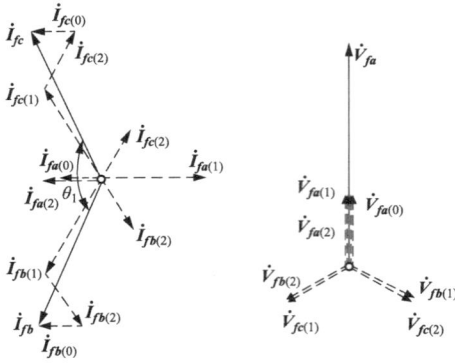

图 2-17　两相短路接地时短路点的
电流和电压相量图

作为参考相量，$\dot{I}_{fa(2)}$ 和 $\dot{I}_{fa(0)}$ 同 $\dot{I}_{fa(1)}$ 的方向相反。a 相三个序电压都相等，且比 $\dot{I}_{fa(1)}$ 超前 90°。

4. 正序等效定则

以上所得的 3 种简单不对称短路时短路电流正序分量的算式（2-31）、式（2-36）和式（2-42）可以统一写成：

$$\dot{I}_{fa(1)}^{(n)} = \frac{\dot{V}_f^{(0)}}{\mathrm{j}(X_{ff(1)} + X_{\Delta}^{(n)})} \tag{2-47}$$

式中，$\dot{X}_{\Delta}^{(n)}$ 表示附加电抗，其值随短路的型式不同而不同，上角标"（n）"是代表短路类型的符号。

式（2-47）表明了一个很重要的概念：在简单不对称短路的情况下，短路点电流的正序分量，与在短路点每一相中加入附加电抗 $X_{\Delta}^{(n)}$ 而发生三相短路时的电流相等。这个概念称为正序等效定则。

此外，从短路点故障相电流的算式（2-33）、式（2-39）和式（2-45）可以看出，短路电流的绝对值与它的正序分量的绝对值成正比，即：

$$\dot{I}_f^{(n)} = m^{(n)} \dot{I}_{fa(1)}^{(n)} \tag{2-48}$$

式中，$m^{(n)}$ 为比例系数，其值随短路类型不同而不同。

表 2-2 列出了各种简单短路时的 $X_{\Delta}^{(n)}$ 和 $m^{(n)}$。

表 2-2 简单短路时的 $X_{\Delta}^{(n)}$ 和 $m^{(n)}$

短路类型 $f^{(n)}$	$X_{\Delta}^{(n)}$	$m^{(n)}$
三相短路 $f^{(3)}$	0	1
两相短路接地 $f^{(1,1)}$	$\dfrac{X_{ff(2)}X_{ff(0)}}{X_{ff(2)}+X_{ff(0)}}$	$\sqrt{3}\sqrt{1-\dfrac{X_{ff(2)}X_{ff(0)}}{(X_{ff(2)}+X_{ff(0)})^2}}$
两相短路 $f^{(2)}$	$X_{ff(2)}$	$\sqrt{3}$
单相接地短路 $f^{(1)}$	$X_{ff(2)}+X_{ff(0)}$	3

课程思政

综上可得：简单不对称短路电流的计算，归根结底，不外乎先求出系统对短路点的负序和零序输入电抗 $X_{ff(2)}$ 和 $X_{ff(0)}$，再根据短路类型计算附加电抗 $X_{\Delta}^{(n)}$，将它接入短路点，然后就像计算三相短路一样，算出短路点的正序电流。所以，前面讲过的三相短路电流的各种计算方法也适用于计算不对称短路。

【例 2-2】 图 2-18 所示的输电系统，在 f 点发生接地短路，试绘出各序网络，并计算电源的等值电势 E_{eq} 和短路点的各序输入电抗 $X_{ff(1)}$、$X_{ff(2)}$ 和 $X_{ff(0)}$。系统各元件参数如下。

发电机：$S_N=120\mathrm{MVA}$，$U_N=10.5\mathrm{kV}$，$E_1=1.67$，$x_{(1)}=0.9$，$x_{(2)}=0.45$；

变压器 T-1：$S_N=60\mathrm{MVA}$，$U_s\%=10.5$，$k_{T1}=10.5/115$；

变压器 T-2：$S_N=60\mathrm{MVA}$，$U_s\%=10.5$，$k_{T2}=115/6.3$；

线路 L 每回路：$l=105\mathrm{km}$，$x_{(1)}=0.4\Omega/\mathrm{km}$，$x_{(0)}=3x_{(1)}$；

负荷 LD-1：$S_N = 60\text{MVA}$，$x_{(1)} = 1.2$，$x_{(2)} = 0.35$；

负荷 LD-2：$S_N = 40\text{MVA}$，$x_{(1)} = 1.2$，$x_{(2)} = 0.35$。

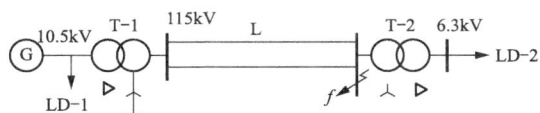

(a) 电力系统接线图

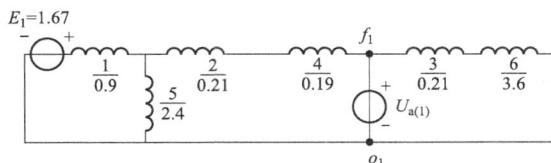

(b) 正序网络

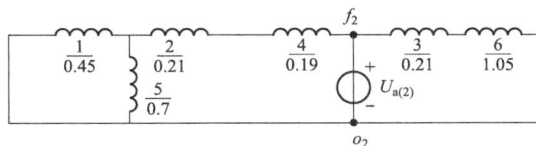

(c) 负序网络

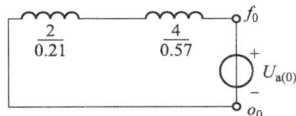

(d) 零序网络

图 2-18　输电系统

解： 1) 各元件的标幺值计算。

选取基准功率 $S_B = 120\text{MVA}$ 和基准电压 $U_B = U_{av}$，计算出各元件的各序电抗的标幺值（计算过程从略），计算的结果标于各序网络图中。

2) 绘制各序网络。

图 2-18 (b) 和图 2-18 (c) 分别为正序和负序网络，包含了图中所有元件。因零序电流仅在线路 L 和变压器 T-1 中流通，所以零序网络只包含这两个元件，如图 2-18 (d) 所示。

3) 网络化简，求正序等值电势和各序输入电抗。

正序和负序网络的化简过程如图 2-19 所示。对于正序网络，先将支路 1 和 5 并联得支路 7，它的电势和电抗分别为：

$$E_7 = \frac{E_1 x_5}{x_1 + x_5} = \frac{1.67 \times 2.4}{0.9 + 2.4} = 1.22, \quad x_7 = \frac{x_1 x_5}{x_1 + x_5} = \frac{0.9 \times 2.4}{0.9 + 2.4} = 0.66$$

将支路 7、2 和 4 相串联得支路 9，其电抗和电势分别为：

$$x_9 = x_7 + x_2 + x_4 = 0.66 + 0.21 + 0.19 = 1.06, \quad E_9 = E_7 = 1.22$$

将支路 3 和支路 6 串联得支路 8，其电抗为：

$$x_8 = x_3 + x_6 = 0.21 + 3.6 = 3.81$$

将支路 8 和支路 9 并联得等值电势和输入电抗分别为：

$$E_{eq} = \frac{E_9 x_8}{x_9 + x_8} = \frac{1.22 \times 3.81}{1.06 + 3.81} = 0.95, \quad X_{ff(1)} = \frac{x_8 x_9}{x_8 + x_9} = \frac{3.81 \times 1.06}{3.81 + 1.06} = 0.83$$

对于负序网络，有：

$$x_7 = \frac{x_1 x_5}{x_1 + x_5} = \frac{0.45 \times 0.7}{0.45 + 0.7} = 0.27, \ x_9 = x_7 + x_2 + x_4 = 0.27 + 0.21 + 0.19 = 0.67$$

$$x_8 = x_3 + x_6 = 0.21 + 1.05 = 1.26, \ X_{ff(2)} = \frac{x_8 x_9}{x_8 + x_9} = \frac{1.26 \times 0.67}{1.26 + 0.67} = 0.44$$

对于零序网络，有：

$$X_{ff(0)} = x_2 + x_4 = 0.21 + 0.57 = 0.78$$

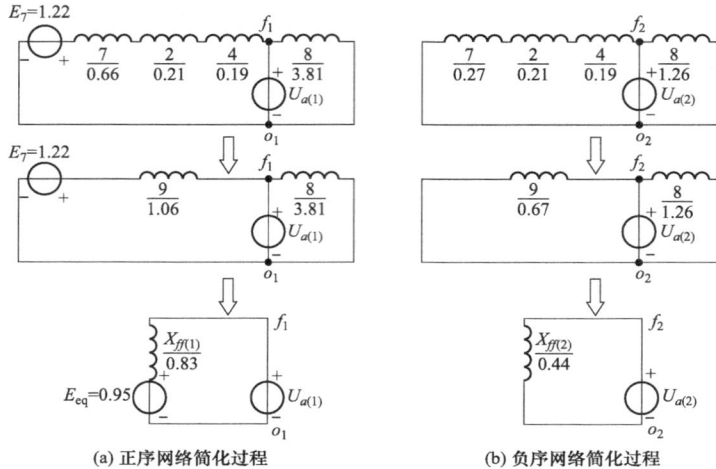

(a) 正序网络简化过程　　　　　　(b) 负序网络简化过程

图 2-19　网络的化简过程

4）计算各种不同类型短路时的附加电抗 $X_{\Delta}^{(n)}$ 和 $m^{(n)}$ 值，即能确定短路电流。

对于单相短路：

$$X_{\Delta}^{(1)} = X_{ff(2)} + X_{ff(0)} = 0.44 + 0.78 = 1.22, \ m^{(1)} = 3$$

115kV 侧的基准电流为：

$$I_B = \frac{120}{\sqrt{3} \times 115} \text{kA} = 0.6\text{kA}$$

因此，单相短路时：

$$I_{fa(1)}^{(1)} = \frac{U_f^{(0)}}{X_{ff(1)} + X_{\Delta}^{(1)}} I_B = \frac{0.95}{0.83 + 1.22} \times 0.6\text{kA} = 0.28\text{kA}$$

$$I_f^{(1)} = m^{(1)} I_{fa(1)}^{(1)} = 3 \times 0.28\text{kA} = 0.84\text{kA}$$

对于两相短路：

$$X_{\Delta}^{(2)} = X_{ff(2)} = 0.44, \ m^{(2)} = \sqrt{3}$$

$$I_{fa(1)}^{(2)} = \frac{U_f^{(0)}}{X_{ff(1)} + X_{\Delta}^{(2)}} I_B = \frac{0.95}{0.83 + 0.44} \times 0.6\text{kA} = 0.45\text{kA}$$

$$I_f^{(2)} = m^{(2)} I_{fa(1)}^{(2)} = \sqrt{3} \times 0.45\text{kA} = 0.78\text{kA}$$

对于两相短路接地：

$$X_{\Delta}^{(1,1)} = X_{ff(2)} // X_{ff(0)} = 0.44 // 0.78 = 0.28$$

三、仿真设置

1. Powergui 设置

仿真类型选择离散形式，可以加快计算速度。Powergui 参数设置如图 2-22 所示。

2. 三相交流电源设置

三相交流电源 EM 电压为 37kV，Y 型连接，内电抗为 0.2Ω，三相电源设置如图 2-23 所示。

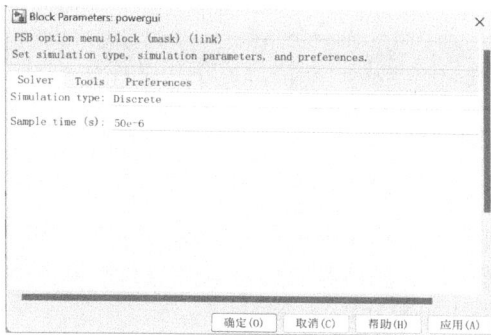

图 2-22　Powergui 设置

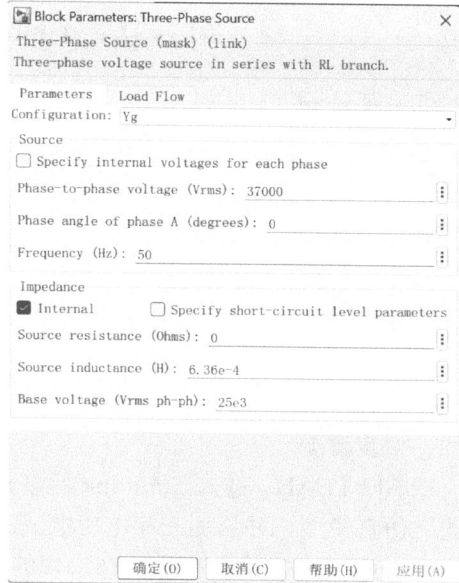

图 2-23　三相电源设置

3. 输电线路设置

输电线路采用三相互感模型建模，输电线路设置如图 2-24 所示。

4. 故障模块设置

短路故障采用三相故障元件来模拟，初始状态（Initial status）为 0 表示没有故障。故障时间段可通过开合时间（Switching times）来设置，设置为 0.1～0.2s。短路故障的类型通过勾选对应的相来实现。故障模块设置如图 2-25 所示。

5. 三相负荷设置

三相负荷为星型接线，有功容量 5×10^6 W，感性无功容量为 5000var，负荷类型设置为阻抗为常量的形式，三相负荷设置如图 2-26 所示。

四、实验内容

1. A 相接地短路故障分析

（1）计算 a 相短路时，故障点 C 的 a 相和 b 相电流值。

（2）在三相短路故障模块中设置 a 相接地故障，故障时间设置为 0.1～0.2s，设置仿真时长为 5s，运行仿真模型，观察并分析 a 相接地短路故障时 C 点的 a 相及 b 相的相电流波形，和理论计算的结果进行对比。

2. 两相短路接地故障分析

（1）计算 a、b 两相接地短路时，故障点 C 的 a 相和 c 相电流值。

$$m^{(1,1)} = \sqrt{3} \times \sqrt{1 - \left[X_{ff(2)} X_{ff(0)} / (X_{ff(2)} + X_{ff(0)})^2 \right]}$$

$$= \sqrt{3} \times \sqrt{1 - \left[0.44 \times 0.78 / (0.44 + 0.78)^2 \right]} = 1.52$$

$$I_{fa(1)}^{(1,1)} = \frac{U_f^{(0)}}{X_{ff(1)} + X_\Delta^{(1,1)}} I_B = \frac{0.95}{0.83 + 0.28} \times 0.6 \text{kA} = 0.51 \text{kA}$$

$$I_f^{(1,1)} = m^{(1,1)} I_{fa(1)}^{(1,1)} = 1.52 \times 0.51 \text{kA} = 0.78 \text{kA}$$

第二节　不同短路类型的电流仿真

一、系统配置

图 2-20 所示的为 35kV 三相供电系统，等值电源的系统阻抗归算到 37kV：$Z_s = 0.2\Omega$；线路单位长度阻抗：正序 $z_1 = 0.4\Omega/\text{km}$；零序 $z_0 = 1.2\Omega/\text{km}$。假设在 C 处发生短路，仿真分析不同短路类型时，C 处的电流变化。

图 2-20　35kV 三相供电系统

二、仿真模型

启动 MATLAB，进入 Simulink 后新建仿真模型，运用 SimPowerSystem 中的各种元件模型建立仿真模型，并添加三相电压电流测量模块、示波器查看各相电流仿真结果，整体模型如图 2-21 所示。双击各模块，在出现的对话框内设置相应的参数。

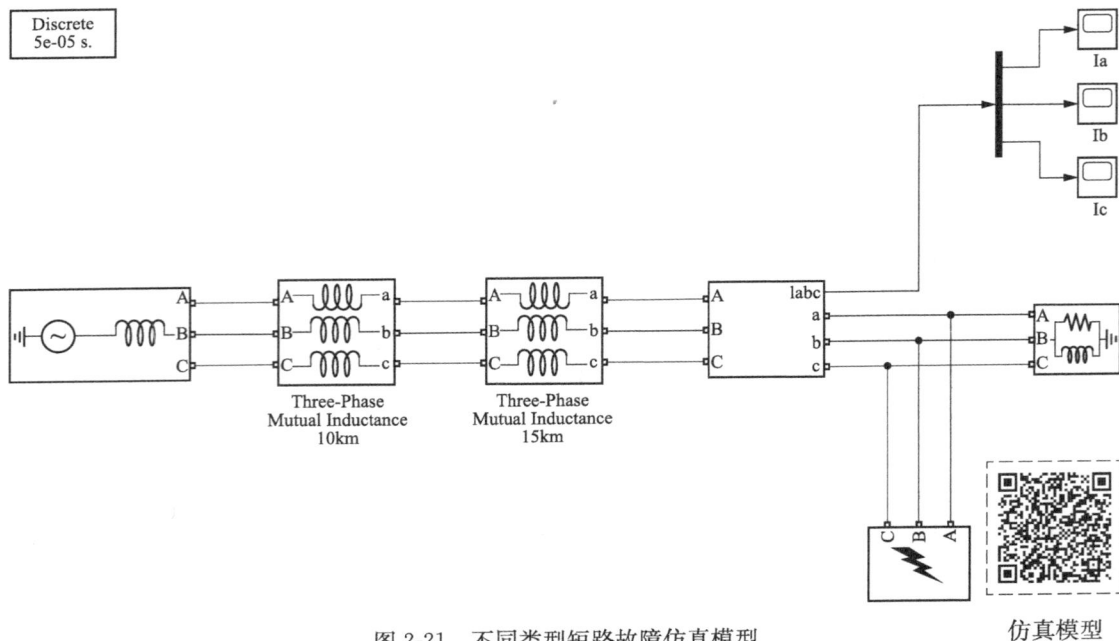

图 2-21　不同类型短路故障仿真模型

$$m^{(1,1)} = \sqrt{3} \times \sqrt{1 - \left[X_{ff(2)} X_{ff(0)} / (X_{ff(2)} \right.}$$

$$= \sqrt{3} \times \sqrt{1 - \left[0.44 \times 0.78 / (0.44 + \right.} = 1.52$$

$$I_{fa(1)}^{(1,1)} = \frac{U_f^{(0)}}{X_{ff(1)} + X_{\Delta}^{(1,1)}} I_B = \frac{0.9}{0.83 +} kA = 0.51 kA$$

$$I_f^{(1,1)} = m^{(1,1)} I_{fa(1)}^{(1,1)} = 1.52 \times 0.51 kA$$

第二节　不同短路类型的电流仿真

一、系统配置

图 2-20 所示的为 35kV 三相供电系统，等值电源的系统阻抗归算到 37kV：$Z_s = 0.2\Omega$；线路单位长度阻抗：正序 $z_1 = 0.4\Omega/km$；零序 $z_0 = 1.2\Omega/km$。假设在 C 处发生短路，仿真分析不同短路类型时，C 处的电流变化。

图 2-20　35kV 三相供电系统

二、仿真模型

启动 MATLAB，进入 Simulink 后新建仿真模型，运用 SimPowerSystem 中的各种元件模型建立仿真模型，并添加三相电压电流测量模块、示波器查看各相电流仿真结果，整体模型如图 2-21 所示。双击各模块，在出现的对话框内设置相应的参数。

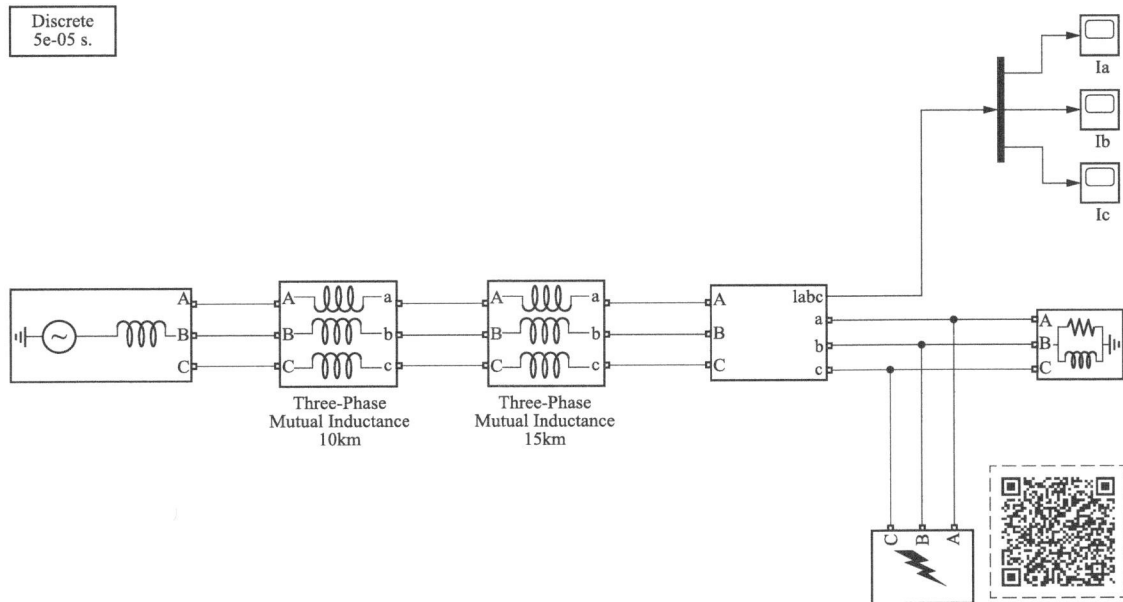

图 2-21　不同类型短路故障仿真模型

仿真模型

三、仿真设置

1. Powergui 设置

仿真类型选择离散形□□□□□□计算速度。Powergui 参数设置如图 2-22 所示。

2. 三相交流电源设置

三相交流电源 EM 电□□□□□Y 型连接，内电抗为 0.2Ω，三相电源设置如图 2-23 所示。

图 2-22　Powergui 设置

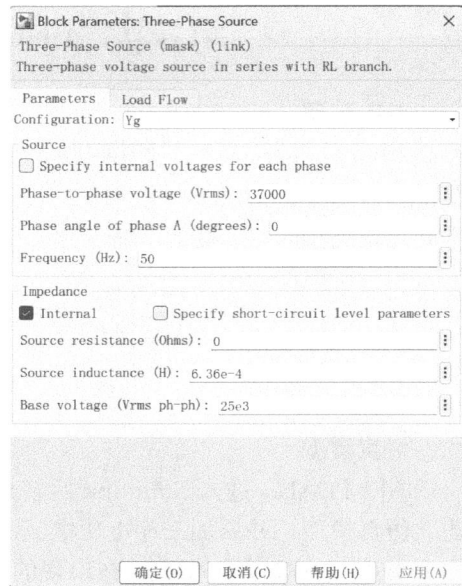

图 2-23　三相电源设置

3. 输电线路设置

输电线路采用三相互感模型建模，输电线路设置如图 2-24 所示。

4. 故障模块设置

短路故障采用三相故障元件来模拟，初始状态（Initial status）为 0 表示没有故障。故障时间段可通过开合时间（Switching times）来设置，设置为 0.1～0.2s。短路故障的类型通过勾选对应的相来实现。故障模块设置如图 2-25 所示。

5. 三相负荷设置

三相负荷为星型接线，有功容量 5×10^6 W，感性无功容量为 5000var，负荷类型设置为阻抗为常量的形式，三相负荷设置如图 2-26 所示。

四、实验内容

1. A 相接地短路故障分析

（1）计算 a 相短路时，故障点 C 的 a 相和 b 相电流值。

（2）在三相短路故障模块中设置 a 相接地故障，故障时间设置为 0.1～0.2s，设置仿真时长为 5s，运行仿真模型，观察并分析 a 相接地短路故障时 C 点的 a 相及 b 相的相电流波形，和理论计算的结果进行对比。

2. 两相短路接地故障分析

（1）计算 a、b 两相接地短路时，故障点 C 的 a 相和 c 相电流值。

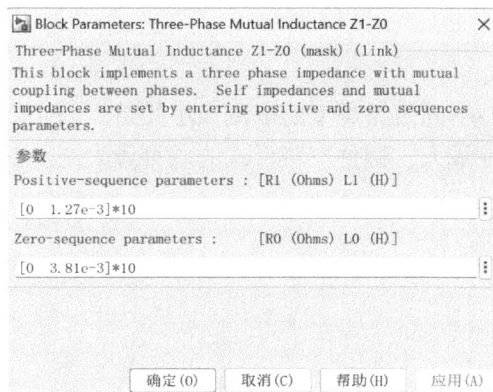

图 2-24　输电线路设置

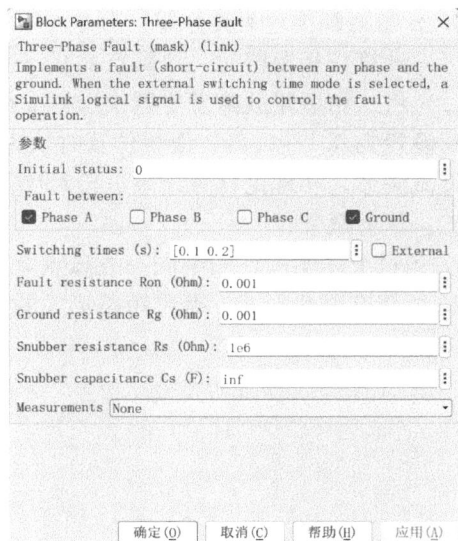

图 2-25　故障模块设置

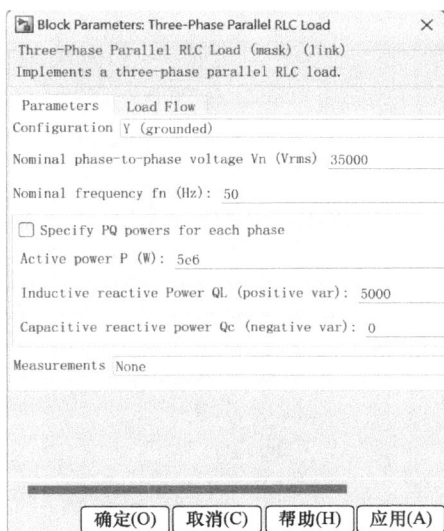

(a) 参数设置

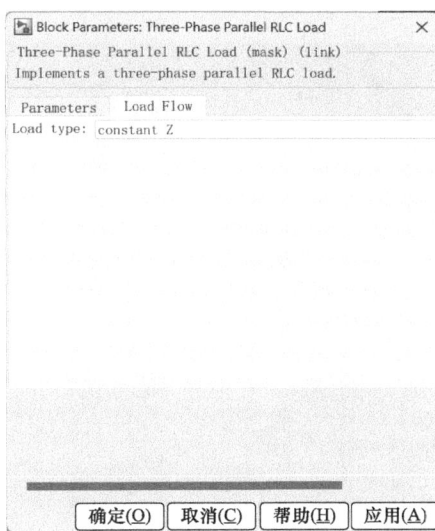

(b) 类型设置

图 2-26　三相负荷设置

（2）将三相短路故障发生器中选择 a 相和 b 相故障，并选择故障相接地选项，故障时间设置为 0.1～0.2s，设置仿真时长为 5s，运行仿真模型，观察并分析 a 相和 c 相接地故障点相电流波形，和理论计算结果进行对比。

3. 两相短路故障分析

（1）计算 a、b 相间短路时，故障点 C 的 a 相和 c 相电流值。

（2）将三相短路故障发生器中选择 a 相和 b 相故障，故障时间设置为 0.1～0.2s，设置仿真时长为 5s，运行仿真模型，观察并分析 a 相和 c 相短路故障点的相电流波形，和理论计算结果进行对比。

4. 三相短路接地故障分析

（1）计算三相短路时，故障点 C 的 a 相电流值。

（2）将三相短路故障发生器中选择 a 相、b 相和 c 项故障，并选择故障相接地选项，故障时间设置为 0.1～0.2s，设置仿真时长为 5s，运行仿真模型，观察并分析 a 相短路故障点的相电流波形，和理论计算结果进行对比。

五、思考题

1. 通过上述实验，归纳同一故障点短路时，不同短路类型的电流大小关系。

2. 短路有哪些形式？哪种短路形式的可能性最大？哪种短路形式的危害最大？

第三章 电网相间短路的阶段式电流保护及仿真

我国 10kV 以下电压等级的电网主要承担供、配电任务，发生单相接地后为保证继续供电，中性点采用非直接接地方式；为了便于继电保护的整定配合和运行管理，通常采用双电源互为备用，正常时单侧电源供电的运行方式。在仅能获得线路一侧电流的条件下，为了实现继电保护四个基本要求的完美协调，经过研究与实践，逐渐设计出阶段式电流保护。在保证可靠性、选择性的前提下，第一段确保速动性；第二段确保本线路的灵敏性；第三段起后备保护作用。三段保护结合使用后，取长补短、相互配合、共同作用，最大可能地满足了继电保护的四个基本要求。

第一节 基本概念及原理

一、单侧电源网络相间短路时电流量值特征

对于如图 3-1 所示的单侧电源供电的网络，正常运行时，各条线路中流过所供的负荷电流，越是靠近电源侧的线路，流过的电流越大。负荷电流的大小，取决于用户负荷接入的多少，当用户的负荷同时都接入时，形成最大负荷电流。负荷电流与供电电压之间的相位角就是通常所说的功率因数角，一般小于 30°。各条线路中流过的最大负荷电流幅值如图 3-1 中折线 1 所示。

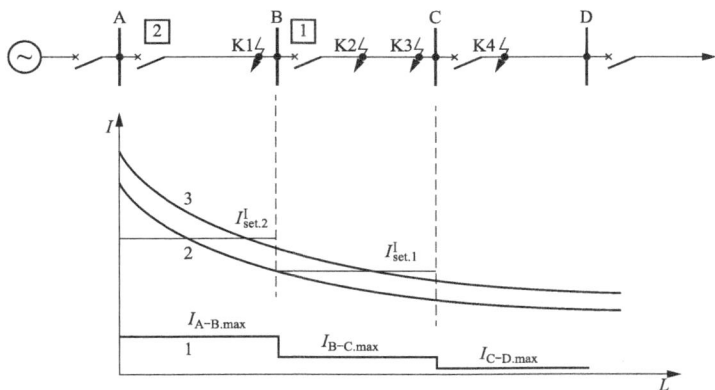

图 3-1 电流曲线

当供电网络中任意点发生三相或两相短路时，流过短路点与电源间线路中的短路电流周期分量近似计算式为：

$$I_k = \frac{E_\varphi}{Z_\Sigma} = K_\varphi \frac{E_\varphi}{Z_s + Z_k} \tag{3-1}$$

式中，E_φ 为系统等效电源的相电动势；Z_k 为短路点至保护安装处之间的阻抗；Z_s 为保护安装处到系统等效电源之间的阻抗；K_φ 为短路类型系数，三相短路取 1，两相短路取 $\frac{\sqrt{3}}{2}$。

电力系统的运行方式主要包括发电机的开机方式、电网的拓扑结构以及负荷水平等。随着运行方式的不同，E_φ 和 Z_s 可能会发生变化，进而引起短路电流的变化。短路点离电源的距离和短路类型不同，Z_k 和 K_φ 的值也不同，短路电流也会随之不同。对继电保护而言，我们定义系统最大运行方式为：在相同地点发生相同类型的短路时，短路电流最大的系统运行方式，对应的系统等值阻抗最小，$Z_s = Z_{s.\min}$。同样定义最小运行方式为：在相同地点发生相同类型的短路时，短路电流最小的系统运行方式，对应的系统等值阻抗最大，$Z_s = Z_{s.\max}$。取最大运行方式下三相短路和最小运行方式下两相短路，经计算后绘出线路中短路电流随短路点距离变化的两条曲线，如图 3-1 中曲线 3、2 所示。在系统所有的运行方式下，在相同地点发生不同类型的短路时流过线路的电流都介于这两个短路电流值之间。

比较折线 1 与曲线 2、3，可以发现，同一线路上短路电流的幅值总是大于负荷电流的幅值，而且要大很多。正常运行与短路状态间的差别明显，利用流过线路的电流幅值大小来区分运行状态，保护实现简单可靠、方便易行。

二、阶段式电流保护

（一）电流速断保护（电流 Ⅰ 段保护）

1. 工作原理

电流速断保护是反应于短路电流幅值增大而瞬时动作的电流保护，也称为电流 Ⅰ 段保护。以图 3-1 所示的网络接线为例，假定在每条线路上均装有电流速断保护，当线路 A-B 上发生故障时，希望保护 2 能瞬时动作，而当线路 B-C 上发生故障时，希望保护 1 能瞬时动作，它们的保护范围最好能达到本线路全长的 100%。

但由于线路末端和下一线路出口处短路时，短路电流的大小几乎相等，因此仅通过电流大小无法区分这两类短路。以保护 2 为例，当相邻线路 B-C 的出口处 k2 点短路时，按照选择性的要求，速断保护 2 就不应该动作，因为该处的故障应由速断保护 1 动作切除。而当本线路末端 k1 点短路时，希望速断保护 2 能够瞬时动作切除故障。但是实际上，k1 点和 k2 点短路时，从保护 2 安装处所流过的电流的数值几乎是一样的。因此，希望 k1 短路时速断保护 2 能动作，而 k2 点短路时又不动作的要求就不可能同时得到满足。为了保证其选择性，即从保护装置启动参数的整定上保证下一条线路出口处短路时不启动，这称为按躲开下一条线路出口处短路的条件整定。

电流速断保护中，能使该保护装置启动的最小电流值称为保护装置的整定电流，以 I_{set} 表示，也就是当实际的短路电流 $I_k \geqslant I_{\text{set}}$ 时，保护装置才能动作。保护装置的整定电流用电力系统一次侧的参数表示，代表的意义是：当被保护线路的一次侧电流达到这个数值时，安装在该处的这套保护装置就能够动作。以保护 2 为例，为保证动作的选择性，保护装置的启动电流 $I_{\text{set2}}^{\text{I}}$ 必须大于下一条线路出口处短路时可能的最大短路电流。但是，这样会导致本线路末端短路时保护不能启动，保护不能启动的范围和运行方式、故障类型有关。在各种运行方式下，发生各种短路保护都能动作切除故障的短路点位置对应的范围称为最小保护范围，例如保护 2 的最小的保护范围为图 3-1 中直线 $I_{\text{set2}}^{\text{I}}$ 与曲线 2 的交点前的部分。

2. 电流速断保护的整定计算原则

通常保护的整定计算包括三要素：①整定值；②动作时间；③灵敏性校验。下面依次对电流速断保护的三要素进行整定。

（1）动作电流和动作时间的整定。

为了保证电流速断保护动作的选择性，对保护1来讲，按照躲开下一条线路出口处短路的原则进行整定，整定的动作电流 I_{set1}^{I} 必须大 k4 点短路时可能出现的最大短路电流，即大于在最大运行方式下变电所 C 母线上三相短路时电流 $I_{k.C.max}$。

$$I_{set1}^{I} > I_{k.C.max} = \frac{E_\varphi}{Z_{s.min} + Z_{A-C}} \tag{3-2}$$

动作电流为

$$I_{set1}^{I} = K_{rel}^{I} I_{k.C.max} \tag{3-3}$$

引入可靠系数 $K_{rel}^{I} = 1.2 \sim 1.3$ 是考虑非周期分量的影响、实际的短路电流可能大于计算值、保护装置的实际动作值可能小于整定值和一定的裕度等因素。

同样对保护2来讲，其动作电流应整定得大于变电所 B 母线上短路时的最大短路电流 $I_{k.B.max}$，即

$$I_{set2}^{I} = K_{rel}^{I} I_{k.B.max} \tag{3-4}$$

计算出保护的一次动作电流后，还需要求出继电器的二次动作电流：

$$I_{op}^{I} = \frac{I_{set}^{I}}{n_{TA}} K_w \tag{3-5}$$

式中，n_{TA} 为电流互感器的变比；K_w 为电流互感器的接线系数，其值与电流互感器的接线方式有关，当电流互感器的二次侧为三相星形或两相星形接线时，其值为1，当二次侧为三角形接线时，其值为 $\sqrt{3}$。

电流速断保护的动作时间取决于继电器本身固有的动作时间，一般小于 10ms。

（2）保护范围的校验。

在已知保护的动作电流后，大于一次动作电流的短路电流对应的短路区域，就是保护范围。保护范围随运行方式、故障类型的变化而变化，最小保护范围在系统最小运行方式下两相短路时出现。一般情况下，应按这种运行方式和故障类型来校验保护的最小范围，要求大于被保护线路全长的 15%～20%。最小保护范围计算式为

$$I_{set}^{I} = I_{k.L.min} = \frac{\sqrt{3}}{2} \frac{E_\varphi}{Z_{s.max} + z_1 L_{min}} \tag{3-6}$$

式中，L_{min} 是电流速断保护的最小保护范围长度；z_1 是线路单位长度的正序阻抗。电流速断保护使用最小保护范围评价灵敏性。

3. 电流速断保护的构成

电流速断保护的单相原理接线如图 3-2 所示。过电流继电器 KA 接于电流互感器 TA 的二次侧，当流过它的电流大于它的动作电流后，KA 有输出。在某些特殊情况下需要闭锁跳闸回路，设置闭锁环节。闭锁环节在不需要保护时闭锁输出为1，在需要保护时闭锁输出为0。当 KA 有输出并且不被闭锁时，与门有输出，发出跳闸命令的同时，启动信号回路 KS。

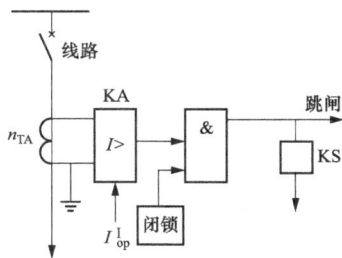

图 3-2　电流速断保护的单相原理接线

4. 电流速断保护的主要优、缺点

电流速断保护保证了选择性和可靠性，牺牲了一定的灵敏性，以获得速动性。电流速断保护的优点是简单可靠、动作迅速，因而获得了广泛的应用；缺点是不可能保护线路的全长，并且保护范围直接受运行方式变化的影响。当系统运行方式变化很多，或者被保护线路的长度很短时，速断保护就可能没有保护范围，此时不能使用电流速断保护。

（二）限时电流速断保护（电流Ⅱ段保护）

1. 工作原理

由于电流速断保护不能保护本线路的全长，因此可考虑增设一段带时限动作的保护，用来切除本线路上速断保护范围以外的故障，同时也能作为速断保护的后备，这就是限时电流速断保护，也称为电流Ⅱ段保护。限时电流速断保护需要完成以下 3 个任务：首先是在任何情况下都能保护本线路的全长，并且具有足够的灵敏性；其次是在满足上述要求的前提下，力求具有最小的动作时限；最后，在下级线路短路时，保证下级保护优先切除故障，满足选择性要求。

例如图 3-3 所示的保护 2，由于要求限时电流速断保护必须保护线路的全长，因此它的保护范围必然要延伸到下级线路中去，这样当下级线路出口处发生短路时，它就会启动。在这种情况下，为了保证动作的选择性，可以使保护的动作带有一定的时限，此时限的大小与其延伸的范围有关。为了尽量缩短这一时限，首先考虑它的保护范围不超过下级线路速断保护的范围，此时动作时限可以只比下级线路的速断保护高出一个时间阶梯 Δt。如果与下级线路的速断保护配合后，在本线路末端短路灵敏性不足，则此限时电流速断保护应与下级线路的限时电流速断保护配合，动作时限要比下级的限时速断保护高出一个时间阶梯。通过上下级保护间保护定值与动作时间的配合，使全线路的故障都可以在一个 Δt（少数与限时电流速断保护配合时为 2 个 Δt）内切除。

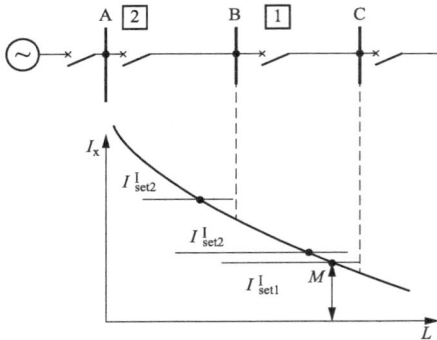

图 3-3 限时电流速断动作特性的分析

2. 限时电流速断保护的整定

（1）动作电流的整定。

假设图 3-3 所示系统保护 1 装有电流速断保护，其动作电流为 I_{set1}^{I}，它与短路电流变化曲线的交点 M 即为保护 1 处电流速断的保护范围，当在此点发生短路时，短路电流即为 I_{set1}^{I}，速断保护刚好能动作。保护 2 的限时电流速断范围不应超出保护 1 处电流速断的范围。因此在单侧电源供电的情况下，动作电流就整定为：

$$I_{set2}^{II} > I_{set1}^{I} \tag{3-7}$$

引入可靠性配合系数 K_{rel}^{II}，一般取为 1.1～1.2，则得

$$I_{set2}^{II} = K_{rel}^{II} I_{set1}^{I} \tag{3-8}$$

（2）动作时间的选择。

从时间已经得出，限时速断的动作时间 t_2^{II}，应选择比下级线路速断保护的动作时间 t_1^{I} 高出一个时间阶梯 Δt，即

$$t_2^{\mathrm{II}} = t_1^{\mathrm{I}} + \Delta t \tag{3-9}$$

从尽快切除故障的观点来看，Δt 应越小越好，但是为了保证两个保护之间动作的选择性，其值又不能选得太小。现以图 3-3 中线路 B-C 上发生故障时，保护 2 与保护 1 的配合关系为例，说明确定 Δt 的原则：

① 应包括故障线路断路器 QF 的跳闸时间、灭弧时间，因为在此段时间内，故障电流并未消失，保护 2 仍处于启动状态；

② 应包括故障线路保护 1 中时间继电器的实际动作时间比整定时间大的正误差；

③ 应包括保护 2 中时间继电器可能比预定时间提早动作的负误差；

④ 应包括保护 2 中的测量元件（电流继电器）在外部故障切除后，由于惯性的影响而不能立即返回的延时；

⑤ 考虑一定的裕度。

综合考虑上述原则，Δt 的数值取 0.3～0.5s，通常取为 0.5s。

按照上述原则整定的时限特性如图 3-4（b）所示。由图 3-4（b）可见，在保护 1 电流速断范围以内的故障，将以 t_1^{I} 的时间被切除，当 II 段灵敏度不满足要求时，需要改为和下一级线路的 II 保护进行配合，这时候整定的时限特性如图 3-4（c）所示。此时保护 2 的限时电流速断虽然可能启动，但由于 t_2^{II} 较 t_1^{I} 大一个 Δt，保护 1 电流速断动作切除故障后，保护 2 返回，因而从时间上保证了选择性。又如当故障发生在保护 2 电流速断范围内时，则将以 t_2^{I} 的时间被切除，而当故障发生在速断范围以外同时又在线路 A-B 以内时，则将以 t_2^{II} 的时间被切除。

由此可见，当线路上装设了电流速断和限时电流速断保护以后，它们联合工作就可以保证全线路范围内的故障都能够在 0.5s 的时间内予以切除，在一般情况下都能够满足速动性的要求。这种快速切除全线路各种故障能力的保护称为该线路的"主保护"。

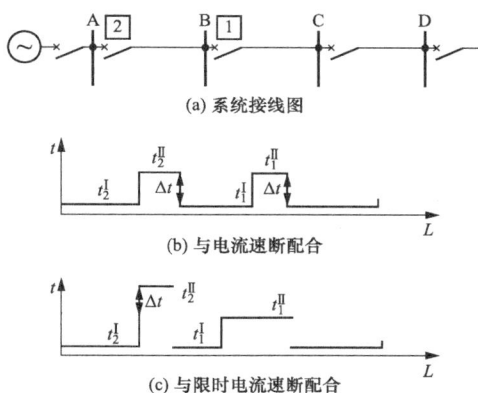

图 3-4　限时电流速断动作时限的配合关系

（3）保护装置灵敏性的校验。

为了能够保护本线路的全长，在系统最小运行方式下，线路末端发生两相短路时，限时电流速断保护有足够的反应能力，这个能力通常用灵敏系数 K_{sen} 来衡量。对保护 2 的限时电流速断而言，应选择系统最小运行方式下线路 A-B 末端发生两相短路时短路电流 $I_{k.\mathrm{B.min}}$ 进行灵敏性校验，则灵敏系数为：

$$K_{\mathrm{sen}} = \frac{I_{k.\mathrm{B.min}}}{I_{\mathrm{set2}}^{\mathrm{II}}} \tag{3-10}$$

为了保证在线路末端短路时，保护装置一定能够动作，要求 $K_{\mathrm{sen}} \geqslant 1.3～1.5$。要求灵敏系数大于 1 的原因是考虑可能会出现一些不利于保护启动的因素，以保证在实际上存在这些因素时，保护仍然能够动作。通常考虑的不利于保护启动的因素如下：

① 故障点一般都不是金属性短路，通常存在过渡电阻，它将使得短路电流减小，因而不利于保护装置动作；

② 实际的短路电流由于计算误差或其他原因小于计算值；

③ 保护装置所使用的电流互感器，在短路电流通过的情况下，一般都具有负误差，因此使实际流入保护装置的电流小于按额定变比折合的数值；

④ 保护装置中的继电器，其实际启动数值可能具有正误差；

⑤ 考虑一定的裕度。

当灵敏系数不能满足要求时，就意味着将来真正发生内部故障时，由于上述不利因素的影响保护可能启动不了，达不到保护线路全长的目的，这是不允许的。为了解决这个问题，通常都是考虑降低限时电流速断的整定值，使之与下级线路的限时电流速断相配合，这样其动作时限就应该选择得比下级线路限时速断的时限再高一个 Δt，此时限时电流速断的动作时限为 $1\sim1.2$s。按照这个原则整定的时限特性如图 3-4（c）所示，此时：

$$t_2^{\mathrm{II}} = t_1^{\mathrm{II}} + \Delta t \tag{3-11}$$

可见，保护范围的伸长，必然导致动作时间的升高。

3. 限时电流速断保护的单相原理接线

限时电流速断保护的单相原理接线如图 3-5 所示。它与电流速断保护接线的主要区别是增加了时间继电器 KT，这样当电流继电器 KA 启动后，还必须经过时间继电器 KT 的延时 t_2^{II} 才能动作于跳闸。而如果在 t_1^{I} 以前故障已经切除，则电流继电器 KA 立即返回，整个保护随即复归原状，而不会形成误动作。

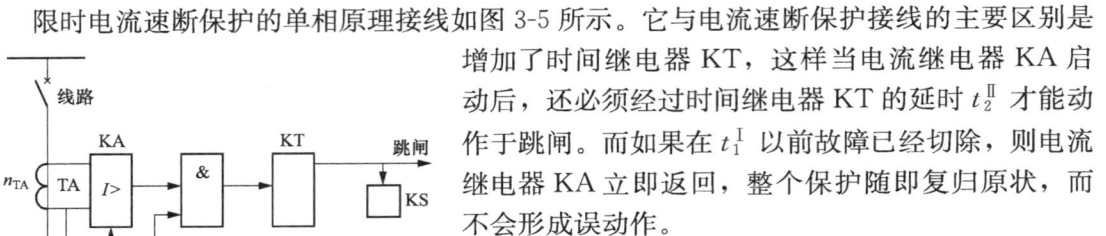

图 3-5　限时电流速断保护的单相原理接线

（三）定时限过电流保护（电流Ⅲ段保护）

过电流保护是指其启动电流按照躲开最大负荷电流来整定的保护，即当电流的幅值超过最大负荷电流值时启动，也称为电流Ⅲ段保护。一般情况下，它不仅能保护本线路的全长，而且能保护相邻线路的全长，可以起到远后备保护的作用。过电流保护有两种：一种是保护启动后出口动作时间是固定的整定时间，称为定时限过电流保护；另一种是出口动作时间与过电流的倍数相关，电流越大，出口动作越快，称为反时限过电流保护。我们这里只介绍定时限过电流保护。

1. 工作原理和启动电流计算

为保证在正常情况下各条线路上的过电流保护绝对不动作，保护装置的启动电流必须大于该线路上可能出现的最大负荷电流 $I_{L.\max}$。同时还必须考虑在外部故障切除电压恢复后，负荷自启动电流作用下保护装置必须能够返回，其返回电流应大于负荷自启动电流。后一种情况对应的启动电流大于前一种情况，通常用于决定启动电流。例如在如图 3-6 所示的系统接线中，当 K2 点短路时，短路电流将通过保护 5、4、3、2，这些保护都要启动，但是按照选择性的要求应由保护 2 动作切除故障，然后保护 3、4、5 由于电流已经减小而立即返回原状。

实际上当 K2 点故障切除后，流经保护 3、4、5 的电流是仍然是负荷电流。还必须考虑到，由于短路时电压降低，变电所 A、B、C 母线上所接的电动机将被制动。在故障切除后电压恢复时，电动机要有一个自启动的过程。电动机的自启动电流大于它正常工作的电流，引入自启动系数 K_{Ms} 来表示自启动时最大电流 $I_{\mathrm{Ms.\max}}$ 与正常运行时最大负荷电流 $I_{L.\max}$ 之比，即：

$$I_{\mathrm{Ms. max}} = K_{\mathrm{Ms}} I_{L.\,\mathrm{max}} \tag{3-12}$$

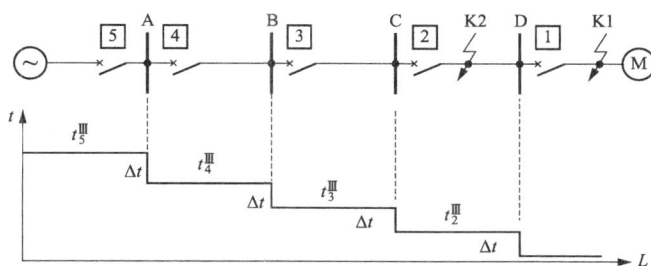

图 3-6　单侧电源放射形网络中过电流保护动作时限选择说明

保护 3、4、5 在各自启动电流的作用下必须立即返回，为此应使保护装置的返回电流 I'_{re}（一次值）大于 $I_{\mathrm{Ms. max}}$。引入可靠系数 $K_{\mathrm{rel}}^{\mathrm{III}}$，则：

$$I'_{\mathrm{re}} = K_{\mathrm{rel}}^{\mathrm{III}} I_{\mathrm{Ms. max}} = K_{\mathrm{rel}}^{\mathrm{III}} K_{\mathrm{Ms}} I_{L.\,\mathrm{max}} \tag{3-13}$$

由于保护装置的启动和返回是通过电流继电器来实现的，因此继电器返回电流与启动电流之间的关系也就代表着保护装置返回电流与启动电流之间的关系。启动电流是使电流继电器动作的最小电流，返回电流为使电流继电器返回的最大电流。引入继电器的返回系数 K_{re} 表示两者之间的关联，则有：

$$K_{\mathrm{re}} = \frac{I_{\mathrm{re}}}{I_{\mathrm{op}}} \tag{3-14}$$

式中，I_{re} 为继电器返回电流；I_{op} 为继电器启动电流。

则保护装置的启动电流即为：

$$I_{\mathrm{set}}^{\mathrm{III}} = \frac{1}{K_{\mathrm{re}}} I_{\mathrm{re}} = \frac{K_{\mathrm{rel}}^{\mathrm{III}} K_{\mathrm{Ms}}}{K_{\mathrm{re}}} I_{L.\,\mathrm{max}} \tag{3-15}$$

式中，$K_{\mathrm{rel}}^{\mathrm{III}}$ 为可靠系数，一般采用 1.15～1.25；K_{Ms} 为自启动系数，数值大于 1，应由网络具体接线和负荷性质确定；K_{re} 为电流继电器的返回系数，一般取 0.85～0.95。

由这一关系可见，K_{re} 越小则保护装置的启动电流越大，因而其灵敏性就越差，这是不利的，这就是为什么要求电流继电器应有较高的返回系数的原因。

2. 按选择性的要求整定过电流保护的动作时限

如图 3-6 所示，假定在每个电力元件上均装有过电流保护，各保护的启动电流均按照躲开被保护元件上各自的最大负荷电流来整定。这样当 K1 点短路时，保护 1～5 在短路电流的作用下都可能启动，为满足选择性要求，应该只有保护 1 动作切除故障，而保护 2～5 在故障切除之后应立即返回。这个要求同样是依靠使各保护装置设置不同的时限来满足的。

保护 1 位于电力系统的最末端，只要电动机内部故障，它就可以瞬时动作予以切除，即它的动作时间为保护装置本身的固有动作时间。对保护 2 来讲，为了保证 K1 点短路时动作的选择性，则应整定其动作时限 $t_2^{\mathrm{III}} > t_1^{\mathrm{III}}$。引入时间阶梯 Δt，则保护 2 的动作时限为：

$$t_2^{\mathrm{III}} = t_1^{\mathrm{III}} + \Delta t \tag{3-16}$$

依次类推，保护 3、4、5 的动作时限均应比相邻各元件保护的动作时限高出至少一个 Δt，只有这样才能充分保证动作的选择性。实现保护的单相式原理接线与图 3-5 相同，只是时间继电器的动作时限不一样而已。

3. 过电流保护灵敏系数的校验

过电流保护的灵敏系数计算式为：

$$K_{sen} = \frac{I_{k.min}}{I_{set}^{III}} \tag{3-17}$$

当过电流保护作为本线路的近后备保护时，应采用最小运行方式下本线路末端两相短路时的电流进行校验，要求 $K_{sen} > 1.3 \sim 1.5$。例如，如图3-6所示，进行保护4过电流保护的近后备保护灵敏度校验，应选择B点短路时的最小短路进行校验。

当作为相邻线路的远后备保护时，则应采用最小运行方式下相邻线路末端两相短路时的电流进行校验，此时要求 $K_{sen} \geq 1.2$。例如，如图3-6所示，进行保护4过电流保护的远后备保护灵敏度校验，应选择C点短路时的最小短路进行校验。

此外，在各个过电流保护之间，还必须要求灵敏系数互相配合，即对同一故障点而言，要求越靠近故障点的保护应具有越高的灵敏系数。例如在如图3-6所示的网络中，当K1点短路时，应要求各保护的灵敏系数之间具有以下关系：

$$K_{sen1} > K_{sen2} > K_{sen3} > K_{sen4} > K_{sen5} \tag{3-18}$$

在后备保护之间，只有当灵敏系数和动作时限都互相配合时，才能切实保证动作的选择性。

（四）阶段式电流保护的配合及应用

电流速断保护、限时电流速断保护和过电流保护都是反应于电流升高而动作的保护。它们之间的区别主要在于按照不同的原则来选择启动电流。速断是按照躲开本线路末端的最大短路电流来整定；限时速断是按照躲开下级各相邻元件电流速断保护的最大动作范围来整定；而过电流保护则是按照躲开本线路最大负荷电流来整定。

由于电流速断不能保护线路全长，限时电流速断又不能作为相邻元件的后备保护，因此为保证迅速而有选择性地切除故障，常常将电流速断保护、限时电流速断保护和过电流保护组合在一起，构成阶段式电流保护，也称为三段式电流保护。具体应用时，可以只采用速断保护加过电流保护，或限时速断保护加过电流保护，也可以三者同时采用。

具有电流速断保护、限时电流速断保护和过电流保护的三段式电流保护的单相原理框图如图3-7所示。电流速断部分由电流元件 KA^I 和信号元件 KS^I 组成；限时电流速断部分由电流元件 KA^{II}、时间元件 KT^{II} 和信号元件 KS^{II} 组成；过电流部分则由电流元件 KA^{III}、时间元件 KT^{III} 和信号元件 KS^{III} 组成。由于三段的启动电流不同，动作时间整定的也不相同，因此必须分别使用3个串联的电流元件和2个不同时限的时间元件，而信号元件则分别用以发出Ⅰ、Ⅱ、Ⅲ段动作的信号。

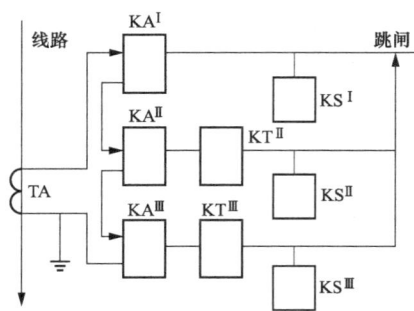

图3-7　具有三段式电流保护的单相原理框图

使用Ⅰ段、Ⅱ段或Ⅲ段组成的阶段式电流保护，其主要的优点就是简单、可靠，并且在一般情况下也能够满足快速切除故障的要求，因此在电网中特别是在35kV及以下的较低电压的网络中获得广泛的应用。阶段式电流保护的缺点是它直接受电网的接线以及电力系统的运行方式变化的影响，例如整定值必须按系统最大运行方式来选择，而灵敏性则必须用系统最小运行方式来校验，这就使它往往不能满足灵敏系数或保护范围的要求。

【例 3-1】 图 3-8 所示为 35kV 系统，断路器 1QF、2QF 均装有三段式电流保护 P1、P2，等值电源的系统阻抗归算到 37kV：$Z_{S.\,min}=0.2\Omega$，$Z_{S.\,max}=0.25\Omega$；线路正序阻抗 $z_1=0.4\Omega/\mathrm{km}$。1QF 通过的最大负荷电流为 $I_{L\max}=140\mathrm{A}$，保护 P2 过流保护的动作时间为 1s，各段的可靠系数 $K_{rel}^{I}=1.25$，$K_{rel}^{II}=1.1$，$K_{rel}^{II}=1.2$，电机的自启动系数 $K_{Ms}=1.5$，继电器的返回系数 $K_{re}=0.85$。

课程思政

（1）求保护 1 的 I、II 段的一次整定值，并校验灵敏度。

（2）求第 III 段的一次整定值，并校验近后备和远后备的灵敏度。

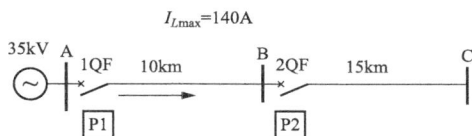

$$I_{L\max}=140\mathrm{A}$$

图 3-8　35kV 系统

解：（1）发电机出口电压 $1.05U_N=37\mathrm{kV}$，$E_\varphi=37/\sqrt{3}\,\mathrm{kV}$。

$$I_{KB\max}=\frac{E_\varphi}{X_{s\min}+Z_{AB}}=\frac{37/\sqrt{3}}{0.2+4}=5.086\mathrm{kA}$$

$$I_{KB\min}=\frac{\sqrt{3}}{2}\frac{E_\varphi}{X_{s\max}+Z_{AB}}=\frac{\sqrt{3}}{2}\times\frac{37/\sqrt{3}}{0.25+4}=4.353\mathrm{kA}$$

$$I_{KC\max}=\frac{E_\varphi}{X_{s\min}+Z_{AB}+Z_{BC}}=\frac{37/\sqrt{3}}{0.2+4+6}=2.094\mathrm{kA}$$

$$I_{KC\min}=\frac{\sqrt{3}}{2}\frac{E_\varphi}{X_{s\max}+Z_{AB}+Z_{BC}}=\frac{\sqrt{3}}{2}\times\frac{37/\sqrt{3}}{0.25+4+6}=1.805\mathrm{kA}$$

I 段整定值为：

$$I_{set.\,1}^{I}=K_{rel}^{I}\times I_{KB\max}=1.25\times5.086=6.358\mathrm{kA}$$

I 段动作时间为：

$$t^{I}=0\mathrm{s}$$

I 段计算最小保护范围为：

$$l_{\min}=\frac{1}{z_1}\left(\frac{\sqrt{3}}{2}\times\frac{E_\varphi}{I_{set.\,1}^{I}}-z_{s\max}\right)=\frac{1}{0.4}\left(\frac{\sqrt{3}}{2}\times\frac{37/\sqrt{3}}{6.358}-0.25\right)=6.650\mathrm{km}$$

$$l_{\min}\%=\frac{l_{\min}}{l_{AB}}\times100\%=66.5\%>15\%（满足要求）$$

保护 2 的 I 段保护整定值为：

$$I_{set.\,2}^{I}=K_{rel}^{I}\times I_{KC\max}=1.25\times2.094=2.618\mathrm{kA}$$

II 段整定值为：

$$I_{set.\,1}^{II}=K_{rel}^{II}\times I_{set.\,2}^{I}=1.1\times2.618=2.880\mathrm{kA}$$

II 段动作时间为：

$$t^{II}=0+0.5=0.5\mathrm{s}$$

Ⅱ段的灵敏度为：

$$K_{\text{sen}}^{\text{II}} = \frac{I_{K\text{Bmin}}}{I_{\text{set.1}}^{\text{II}}} = \frac{4.353}{2.880} = 1.511 > 1.5（满足要求）$$

（2）Ⅲ段整定值为：

$$I_{\text{set.1}}^{\text{III}} = \frac{K_{\text{rel}}^{\text{III}} K_{\text{Ms}} I_{L\text{max}}}{K_{\text{re}}} = \frac{1.2 \times 1.5 \times 140}{0.85} = 296.47\text{A}$$

Ⅲ段动作时间为：

$$t_{\text{set.1}}^{\text{III}} = t_{\text{set.2}}^{\text{III}} + 0.5 = 1\text{s}$$

近后备保护为：

$$K_{\text{sen近}}^{\text{III}} = \frac{I_{K\text{Bmin}}}{I_{\text{set.1}}^{\text{III}}} = \frac{4.353}{0.29647} = 14.683 > 1.5（满足）$$

远后备保护为：

$$K_{\text{sen远}}^{\text{III}} = \frac{I_{K\text{Cmin}}}{I_{\text{set.1}}^{\text{III}}} = \frac{1.805}{0.29647} = 6.088 > 1.2（满足）$$

三、双电源线路相间短路的方向电流保护

（一）问题与特征分析

1.2 节介绍的阶段式电流保护是利用电流与时间的两个条件来共同确定短路发生的区域，从而保证有选择性地尽快切除短路。这种原理的电流保护在双电源、多电源的网络中使用时，会遇到困难。下面以双电源网络为例予以说明。对于如图 3-9 所示的双电源供电网络，必须在线路两端都装设断路器和保护装置，以便当线路上发生短路时，线路两侧的断路器能够跳闸并切除短路。当图 3-9 中的 K1 点短路时，如果由断路器 3、4 跳闸，切除故障线路，那么母线 A、B、C、D 均有电源向其供电，从而提高了各母线供电的可靠性。

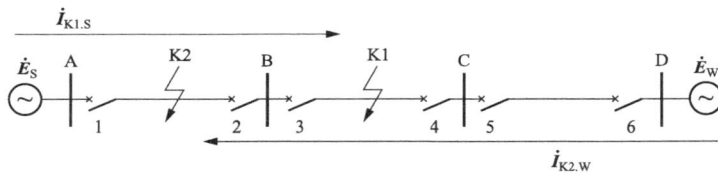

图 3-9 双电源供电网络的短路与保护

在图 3-9 所示的双电源网络中，假设保护 1～6 均按照 1.2 节介绍的方法进行了各保护定值的整定。在此条件下，仅对保护 2、3 的工作情况进行讨论，最终的结论可以推广到其他位置的保护。当 K1 点短路时，依据继电保护选择性的需要，仅要求保护 3、4 应当动作于跳闸，但是，保护 2、3 流过相同的、由 $\dot{E}_S$ 提供的短路电流 $\dot{I}_{K1.S}$，如果此时出现了 $\dot{I}_{K1.S} > I_{\text{set2}}^{\text{I}}$ 的情况，那么保护 2 也会瞬时动作，这属于误动，会导致母线 B 上的用户全部停电，这是不允许的；同样地，当 K2 点短路时，如果出现了 $\dot{I}_{K2.W} > I_{\text{set3}}^{\text{I}}$，则保护 3 也会误动。另外，对于电流Ⅲ段来说，为了保证选择性，当 K1 点短路时，希望 $t_2^{\text{III}} > t_3^{\text{III}}$，以便保护 3 动作跳闸，保护 2 不动作；而当 K2 点短路时，又希望 $t_2^{\text{III}} < t_3^{\text{III}}$，以便保护 2 动作跳闸，保护 3 不动作。显然，这是矛盾的，在所讨论的保护 2、3 之间，无法整定时间的定值。这就是双电源网络带来的"会误动和无法整定时间"的新问题，也是本小节方向性保护要解决的

问题。

通常规定保护的正方向为保护元件指向被保护元件。图 3-10 中保护 2、3 的正方向则为：由母线指向线路，如图 3-10（a）中的 $\dot{I}_{m.2}$、$\dot{I}_{m.3}$ 的箭头所示。K1 点短路位于保护 3 的正方向，按照选择性的要求，保护 3 应当动作；但 K1 点属于保护 2 的反方向短路，保护 2 不应当动作。类似地，在图 3-9 中，K2 点属于保护 2 的正方向短路，但属于保护 3 的反方向短路。

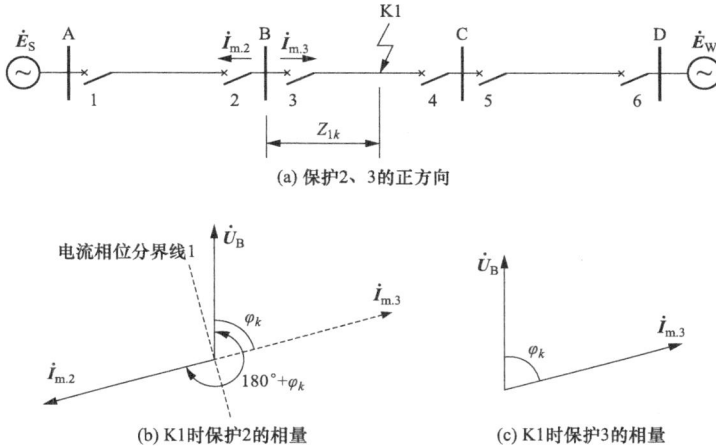

(a) 保护2、3的正方向

(b) K1时保护2的相量　　　　(c) K1时保护3的相量

图 3-10　正方向规定与保护的相量

在确定了保护 2、3 的正方向后，以 K1 点发生三相短路为例，可以得到图 3-10（a）中保护 2、3 的电压、电流相量关系分别为：

$$\dot{U}_B = -Z_{1k}\dot{I}_{m.2} \tag{3-19}$$

$$\dot{U}_B = Z_{1k}\dot{I}_{m.3} \tag{3-20}$$

式中，$\dot{U}_B$ 为母线 B 的测量电压；Z_{1k} 为故障点到母线 B 的线路阻抗；$\dot{I}_{m.2}$、$\dot{I}_{m.3}$ 分别为保护 2、3 按照规定正方向所得到的测量电流。

画出式（3-19）、式（3-20）的相量关系，如图 3-10（b）、（c）所示，可以发现：利用母线测量电压 $\dot{U}_B$ 作为参考相量时，在同一个 K1 点短路情况下，按照规定正方向所绘制的电流与电压相位关系存在极大的差异，$\dot{I}_{m.2}$ 与 $\dot{I}_{m.3}$ 的相位相反。因此，可以在差异的中间划定一条特征分界线，如图 3-10（b）中的电流相位分界线 1 所示，用于区分正方向短路、反方向短路。功率方向元件就是一类可以实现保护方向判断，并在正方向短路时才动作的元件，一般用符号 P 表示。

由方向元件 P 和电流测量元件 I 构成的"与"逻辑关系如图 3-11 所示，正方向短路时 $P=1$，允许电流元件动作；反方向短路时 $P=0$，不允许电流元件动作。这种通过加装方向元件构成的电流保护称为方向性电流保护。

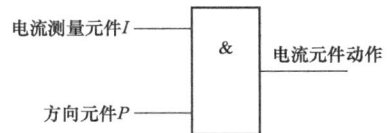

图 3-11　方向性电流保护的逻辑

这样，当图 3-10 的 K1 点短路时，保护 1、3、4、6 的方向元件均为正方向（$P=1$），允许电流保护投入工作；而保护 2、5 的方向元件确定为反方向（$P=0$），闭锁电流保护。于是，在正方向的保护 1 与 3 之间、4 与 6 之间，通过配合关系实现靠近短路点的保护动作跳闸，从而满足了选择性的要求。

　　假设图 3-12（a）所示的双电源网络中每一个保护都使用了方向性保护，则在进行保护配置的时候，可以将双电源网络拆成如图 3-12（b）、（c）所示的两个单电源网络，两组单电源网络的方向保护之间不要求有配合关系，直接对每个单电源网络按照 1.2 节介绍的电流保护配合方式整定配合，即可满足选择性要求。

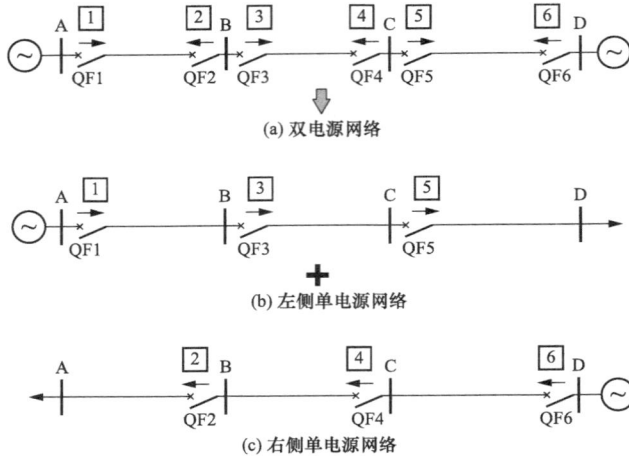

(a) 双电源网络

(b) 左侧单电源网络

(c) 右侧单电源网络

图 3-12　双电源网络的分解

（二）方向元件的实现

　　方向性保护的关键是如何实现短路方向的识别，即如何设计方向元件 P。从图 3-10（b）中可以归纳短路方向的识别方法，即采用保护安装处的测量电压相量作为参考，再根据测量电流相量的相对关系，从而实现短路方向的识别。为了保证在短路点有过渡电阻及线路阻抗角 φ_k 在 $0°\sim 90°$ 范围内变化情况下正方向故障时，继电器都能可靠动作，功率方向元件动作的角度应该是一个范围。考虑实现的方便性，这个范围通常取 $\pm 90°$。图 3-13 所示是将图 3-10（b）、（c）归纳为具有普遍意义的方向元件相位关系及其动作区域，阴影部分的那一侧为正方向动作区域。根据图 3-13 的相位关系，可以写出如下方向元件的相位比较动作方程：

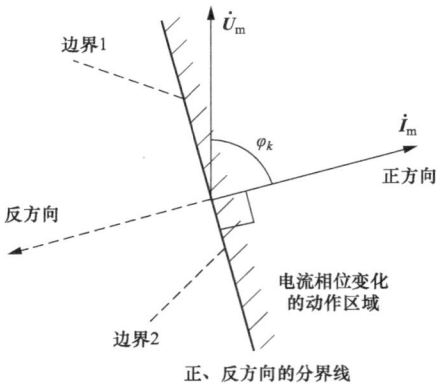

图 3-13　分界线及动作区

$$-(90°-\varphi_k)<\arg\frac{\dot{U}_m}{\dot{I}_m}<(90°+\varphi_k) \tag{3-21}$$

式中，$\dot{U}_m$、$\dot{I}_m$ 分别为保护的测量电压、测量电流；φ_k 为线路的正序阻抗角，小电流接地系统的阻抗角为 $60°\sim 75°$；$\arg\dfrac{\dot{U}_m}{\dot{I}_m}$ 取相量 $\dfrac{\dot{U}_m}{\dot{I}_m}$ 的相位，也就是 $\dot{U}_m$ 超前 $\dot{I}_m$ 的角度。

在式（3-21）中，$-(90°-\varphi_k)$ 对应于边界 1，$(90°+\varphi_k)$ 对应于边界 2。由于式（3-21）

与 $P=U_mI_m\cos\left(\arg\dfrac{\dot{U}_m}{\dot{I}_m}-\varphi_k\right)>0$（有功功率为正）的条件相对应，因此，这类方向元件称

为功率方向元件。当 $\dot{U}_m$ 和 $\dot{I}_m$ 幅值不变时，方向元件输出的动作功率随两者相位差的大小
变化。当方向元件输出动作功率最大时，即 $\dot{U}_m$ 超前 $\dot{I}_m$ 的角度等于 φ_k 时，方向元件最灵
敏，动作最可靠，性能最好。定义此时的 $\dot{U}_m$ 和 $\dot{I}_m$ 相角差为最大灵敏角 φ_{sen}。为了在最常
见的短路情况下使方向元件动作最灵敏，采用此接线的功率方向元件通常设置 $\varphi_{sen}=\varphi_k$。对
应的方向元件输出动作功率变成 $P=U_mI_m\cos(\varphi_m-\varphi_{sen})$。

为了避免功率方向元件对电流保护的整定值、灵敏度产生不利的影响，功率方向元件需
要满足以下 2 个基本要求：

（1）具有明确的正方向识别能力；

（2）正方向短路时应可靠动作，并有足够的灵敏性。

另外，在式（3-21）中，任何一个电气量为 0 时，均无法进行相位的正确比较。此时，
如果方向元件出现了动作的情况，则称发生潜动。一般情况下，方向元件出现潜动时，无法
识别短路的方向，属于误动的范畴。因此，为了获得相量的角度，必须给电压、电流设定一
个最小的工作门槛。工程中，微机保护设计的一般门槛是：电压 0.5～1V，电流 $0.05I_N$，
其中，I_N 为二次侧额定电流。

（三）方向元件的接线方式

系统最小的短路电流通常都大于 $0.05I_N$，方向元件的电流门槛一般不会影响电流保护
的灵敏度。但是，出口短路时电压为 0，将导致方向元件不动作（$P=0$），从而闭锁了电流
保护，造成保护拒动。实际上，当测量电压小于电压门槛（0.5～1V）时，方向元件都无法
工作，称为电压死区现象。为了尽可能减少电压死区的影响，并尽可能地使方向元件处于最
灵敏的工作条件，需要选择合理的接线方式，即接入什么电压、电流才能使方向元件的工作
性能达到最优、动作最灵敏。

考虑到当两相相间出口短路时，非故障相电压不为 0，可以在参考电压信号中设法引入
非故障相电压。广泛采用 90°接线方式，三个相别的方向元件接入的电流、电压如表 3-1 所
示。所谓 90°接线方式是指，在三相对称且 $\cos\varphi=1$ 时，接入的电流和电压相位相差 90°，称
谓参考如图 3-14 所示。这个称谓仅仅是为了交流方便，没有实际物理意义。

表 3-1　　　　　　　　　　　　　**90°接线方式接入的电流、电压**

方向元件	A 相 P_A	B 相 P_B	C 相 P_C
接入电流 $\dot{I}_m$	$\dot{I}_A$	$\dot{I}_B$	$\dot{I}_C$
接入电压 $\dot{U}_m$	$\dot{U}_{BC}$	$\dot{U}_{CA}$	$\dot{U}_{AB}$

图 3-15 即为采用 90°接线方式，将 3 个继电器分别接于 $\dot{I}_A$、$\dot{U}_{BC}$、$\dot{I}_B$、$\dot{U}_{CA}$ 和 $\dot{I}_C$、$\dot{U}_{AB}$，
并且与对应相的电流继电器按相连接而构成的三相式方向过电流保护的原理接线图。在此顺
便指出，对功率方向继电器的接线，必须十分注意继电器电流线圈和电压线圈的极性问题，
如果有一个线圈的极性接错，就会出现正方向短路时拒绝动作，而反方向短路时误动作的现
象，从而造成严重事故。

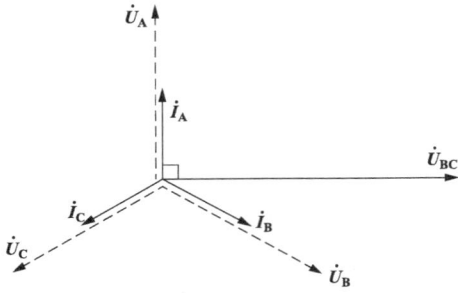

图 3-14　90°接线称谓参考

采用表 3-1 所示的 90°接线方式后，同时计及短路点存在过渡电阻时 φ_k 的变化范围为 $45°\sim 75°$，式（3-21）的动作方程变成：

$$-120° \leqslant \arg \frac{\dot{U}_{\mathrm{m}}}{\dot{I}_{\mathrm{m}}} \leqslant 60° \qquad (3-22)$$

在工程应用的事故分析中，经常要分析实际的测量电压 $\dot{U}_{\mathrm{m}}$ 与测量电流 $\dot{I}_{\mathrm{m}}$ 是否满足方向元件的动作条件。为此，按照装置提供的方向元件的最大灵敏角 φ_{sen}，通常先确定在最灵敏条件下的 $\dot{U}_{\mathrm{m}}$ 和 $\dot{I}_{\mathrm{m}}$ 相量关系，再选定一个相量作为参考（即该相量固定不变），然后分析另一个变化相量的动作区域，就可以判断是否满足方向元件的动作条件了。

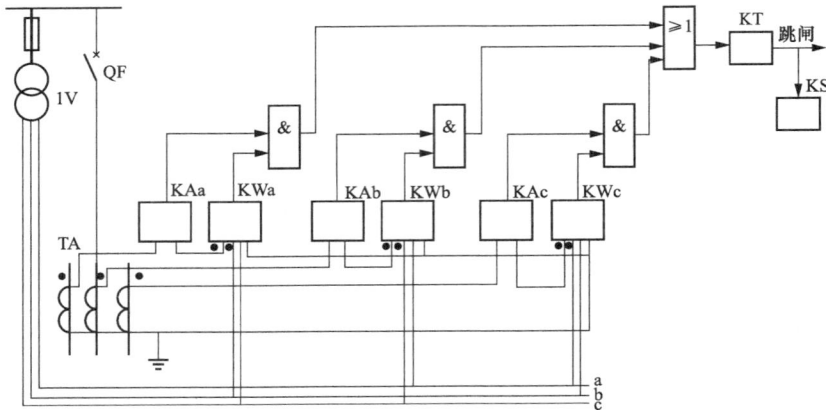

图 3-15　功率方向继电器采用 90°接线方式时，三相式方向过电流保护的原理接线图

四、分支电流对电流Ⅱ、Ⅲ段的影响

对应用于双侧电源网络中的限时电流速断保护，其基本的整定原则仍应与下一级保护的电流速断保护相配合，但需要考虑保护安装地点与短路点之间的电源或线路（通称为分支电路）的影响。对此可归纳为如下两种典型情况。

1. 助增电流的影响

如图 3-16 所示，当在 k 点短路时，故障线路中的短路电流 $\dot{I}_{\mathrm{B-C}}$ 由两个电源供给，其值为 $\dot{I}_{\mathrm{B-C}}=\dot{I}_{\mathrm{A-B}}+\dot{I}'_{\mathrm{AB}}$，将大于 $\dot{I}_{\mathrm{A-B}}$。通常称 A′为分支电源，这种分支电源使故障线路电流增大的现象，称为助增。有助增电流时，限时电流速断保护的整定如图 3-16 所示。

此时保护 1 电流速断的整定值仍按躲开相邻线路出口短路整定为 $I_{\mathrm{set1}}^{\mathrm{I}}$，其保护范围末端位于 M 点，该点为保护的配合点。保护 2 限时速断的动作电流应大于当 M 点短路时流过

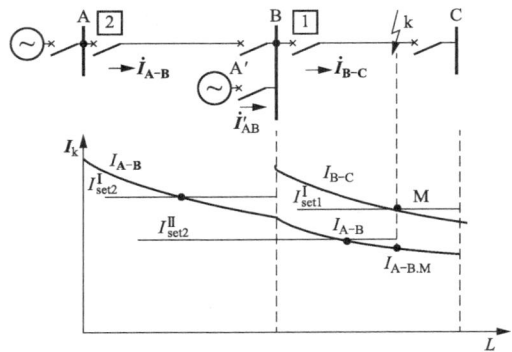

图 3-16　有助增电流时，限时
电流速断保护的整定

保护 2 的短路电流 $I_{A-B.M}$，因此保护 2 限时电流速断的整定值应为：

$$I_{set2}^{II} = K_{rel}^{II} I_{A-B.M} \tag{3-23}$$

流过保护 2 的短路电流 $I_{A-B.M}$ 小于流过保护 1 电流速断的动作电流 $I_{set1}^{I} = I_{B-C.M}$。如何在已知下级电流速断的整定值时，求得上级限时电流速断的整定值？这里需要引入分支系数 K_b，定义为：

$$K_b = \frac{\text{故障线路流过的短路电流}}{\text{前一级保护所在线路上流过的短路电流}} \tag{3-24}$$

在图 3-16 中，整定配合点 M 处的分支系数为：

$$K_b = \frac{I_{B-C.M}}{I_{A-B.M}} = \frac{I_{set1}^{I}}{I_{A-B.M}} \tag{3-25}$$

代入式（3-23），则得：

$$I_{set2}^{II} = \frac{K_{rel}^{II}}{K_b} I_{set1}^{I} \tag{3-26}$$

与单侧电源线路的整定式式（3-8）相比，在分母上多了一个大于 1 的分支系数的影响。

2. 外汲电流的影响

如图 3-17 所示，分支电路为一并联的线路，此时故障线路中的电流 $\dot{I}'_{B-C}$ 将小于 $\dot{I}'_{A-B}$，其关系为 $\dot{I}'_{A-B} = \dot{I}'_{B-C} + \dot{I}''_{B-C}$，这种使故障线路中电流减小的现象，称为外汲。此时分支系数 $K_b < 1$，有外汲电流时，限时电流速断保护的整定如图 3-17 所示。

有外汲电流影响时的分析方法同于助增电流的情况，限时电流速断的启动电流仍应按式（3-26）整定。当变电所 B 母线上既有电源又有并联的线路时，其分支系数可能大于 1，也可能小于 1，此时应根据实际可能的运行方式，确保选择性，选取分支系数的最小值进行整定计算。对单侧电源供电的单回线路 $K_b = 1$，是一种特殊情况。与单侧电源线路的整定式式（3-8）相比，在分母上多了一个大于 1 的分支系数的影响。

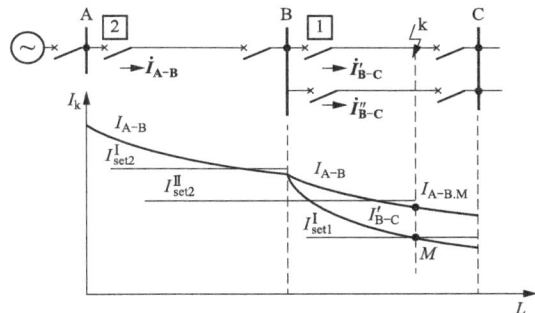

图 3-17　有外汲电流时，限时
电流速断保护的整定

此外，在进行保护 2 电流 III 段的远后备校验时，要求母线 C 短路时，流过保护 2 的最小短路电流仍具有足够的灵敏度，即：

$$K_{sen}^{III} = \frac{I_{A-B.\,min}\,|_{KC}}{I_{set2}^{III}} \tag{3-27}$$

式中，$I_{A-B.\,min}\,|_{KC}$ 为母线 C 短路时，流过保护 2 的最小短路电流，应当取使助增最大、外汲最小的情况下的最小短路电流。

第二节　单侧电源网络阶段式电流保护与仿真

一、系统配置

图 3-18 所示为单侧 35kV 供电系统，等值电源的系统阻抗归算到 37kV，$Z_s = 0.2\Omega$；包

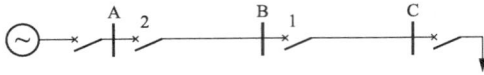

图 3-18　单侧 35kV 供电系统

含 AB 和 BC 两段线路，长度分别为 60km 和 50km，线路单位长度阻抗：正序 $z_1 = 0.4\Omega/\text{km}$；零序 $z_0 = 1.2\Omega/\text{km}$。负荷为纯感性负荷大小为 $5 \times 10^5 \text{Var}$。2 处设置阶段式电流保护，Ⅰ、Ⅱ 和 Ⅲ 段的可靠系数分别为 1.25、1.2 和 1.2，继电器的返回系数为 0.9，不考虑电机自启动。

二、仿真模型

（一）阶段式电流保护模型

阶段式电流保护分电流速断保护（Ⅰ 段保护）、限时电流速断保护（Ⅱ 段保护）和过电流保护（Ⅲ 段保护），其模型可以分为以下 4 个部分。

（1）电流保护 Ⅰ 段。该子系统的主要功能是：当线路在 Ⅰ 段范围内发生故障时，保护立即启动并发出跳闸信号。它将经过傅里叶模块变换的电流与预先设置的继电器电流相比较，若大于预置值则输出 1，反之输出 0，然后经过保护出口将最终的信号输出给断路器的外部控制端。保护出口部分主要由加法器、常数、非门就和能子系统模块构成，其主要功能是将保护模块的动作行为保持。设置 0.2s 的延时时间，电流保护 Ⅰ 段的仿真模型如图 3-19 所示。

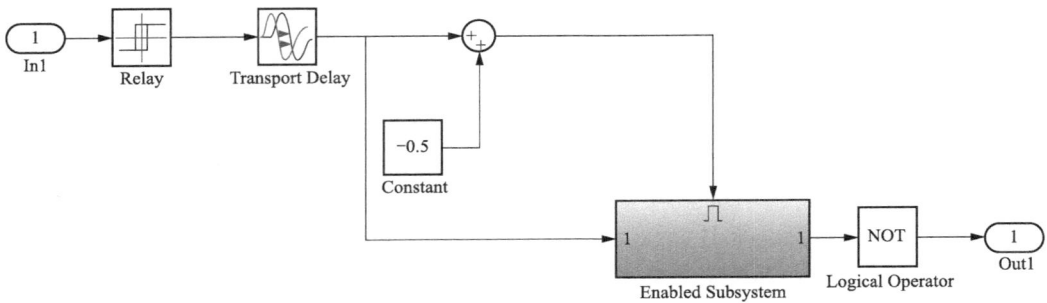

图 3-19　电流保护 Ⅰ 段的仿真模型

（2）电流保护 Ⅱ 段。该子系统的主要功能是：当线路在 Ⅱ 段范围内发生故障时，保护经过一个动作延时启动并发出跳闸信号。其动作原理与电流 Ⅰ 段相同，设置 0.5s 的延时时间。电流保护 Ⅱ 段的仿真模型如图 3-20 所示。

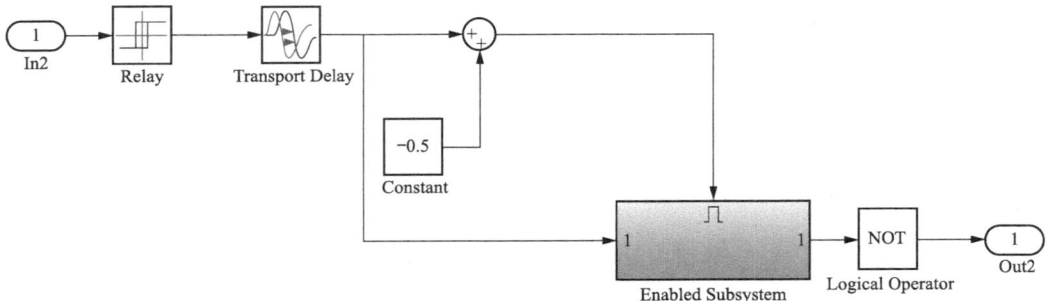

图 3-20　电流保护 Ⅱ 段的仿真模型

（3）电流保护Ⅲ段。该子系统主要功能是：当线路在Ⅲ段范围内发生故障时，保护经过一个动作延时启动并发出跳闸信号。其动作原理与电流保护Ⅱ段相同，只是延迟时间设置为1.5s。电流保护Ⅲ段的仿真模型如图3-21所示。

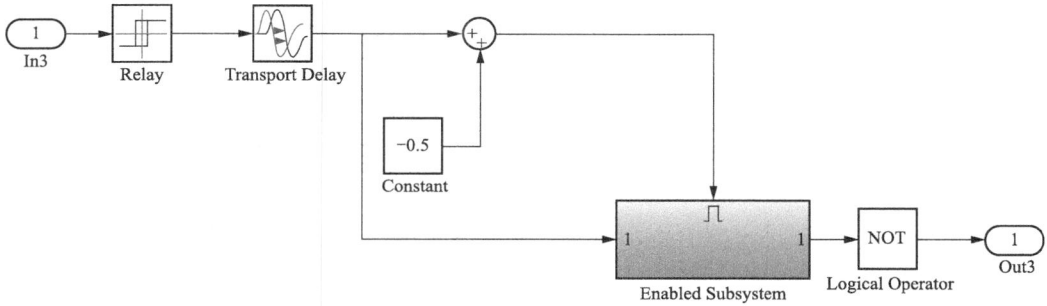

图 3-21　电流保护Ⅲ段的仿真模型

（4）保护出口部分。该部分的功能就是将电流Ⅰ、Ⅱ和Ⅲ段的输出信号相与。

（二）系统仿真模型

单侧电源阶段式电流保护仿真模型如图3-22所示。模型的基本元件有：电源、断路器、三相线路、继电器、三相负载、故障模型、傅里叶计算元件、测量元件、示波器等。实验用2个三相线路模拟 AB 线路，便于设置 AB 线路上任意点短路，以验证三段保护能否正确动作。

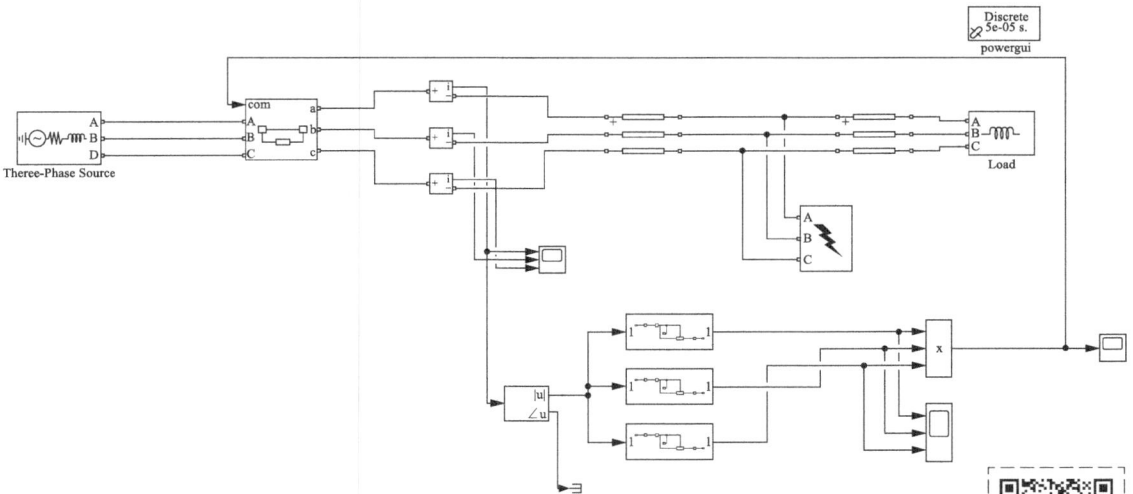

图 3-22　单侧电源阶段式电流保护仿真模型

仿真模型

三、仿真设置

1. 电源模块

线电压设置为37kV；A 相的相位角设置为0；频率设置为50Hz，内部连接方式设置为Yg，星形连接；电源的内部电阻设置为 0.2Ω；电源内部电感设置为 0.00014H。采用交流电压源模块，电源参数设置如图3-23所示。

2. 断路器模块

断路器的起始状态设置为 closed（闭合），开、断时间的外部控制需要用到，在 External 复选框前面打勾。断路器参数设置如图 3-24 所示。

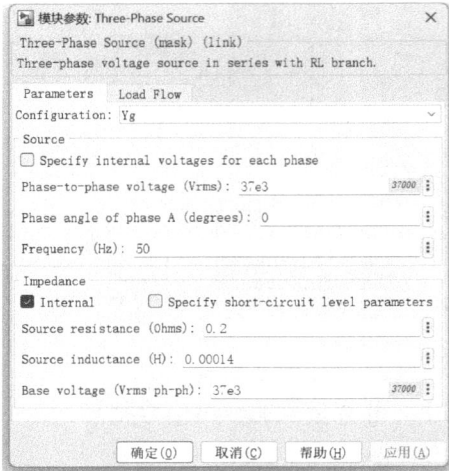

图 3-23　电源参数设置

图 3-24　断路器参数设置

3. 故障模块

在此模块中通过对参数的设置，可以选择故障类型、控制信号、开关状态等。设置起始状态为闭合，故障时间为 0.4~5s，故障模块参数设置如图 3-25 所示。

4. 傅里叶滤波模块

此模块应用全波傅里叶算法提取幅值和相角，采集的是工频分量，傅里叶滤波模块参数设置如图 3-26 所示。

图 3-25　故障模块参数设置

图 3-26　傅里叶滤波模块参数设置

5. 继电器模块

当输入信号达到动作值时，开关断开，输出高电平信号 1；当输入值小于返回值时，开关关闭，输出低电平信号 0。用于模拟电流继电器时，需要根据整定值设置开启点（Switch on point）（动作值）和关闭点（Switch off point）（返回值），分别代表动作值和返回值，继电器模块Ⅰ段保护设置如图 3-27 所示，Ⅱ段Ⅲ段同理。注意不同保护的动作值和返回值需要通过计算得到。

6. 延时模块

此模块用于对输入信号做相应的延时处理，通过修改如图 3-28 所示的时滞（time delay）值设置Ⅰ段延时大小，Ⅱ段和Ⅲ段同理。

图 3-27　继电器模块设置　　　　　图 3-28　延时模块参数设置

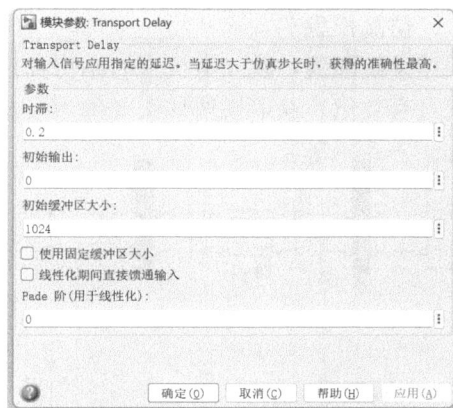

7. 逻辑非操作模块

此模块用于对输入信号进行反处理。

8. 使能子系统模块

当控制信号端输入大于零时，输入信号能够输出；当控制信号端输入小于零时，输入信号不能输出，输出端将保持输出不变。

四、实验内容

（1）根据所给出的系统模型，计算各段保护的整定值，整定各继电器的参数。

（2）根据线路三段式保护的原理，通过改变线路参数来模拟故障位置的变化。分析 AB 线路Ⅰ段保护范围内、AB 线路末端以及 BC 线路末端短路时的电流波形，并观察保护 2 的各段保护是否正确动作。

五、思考题

相间电流保护主要针对何种中性点接地方式？在电流保护的整定计算中，需要考虑什么故障类型？试着改一改中性点接地方式以及故障类型，看设置的保护能不能正确实现故障的切除。

第三节　电机自启动时的电流变化仿真

一、系统配置

电力系统接线如图 3-29 所示，电源电压为 6.3kV，系统阻抗 $Z_s=(0.00529+j0.04396)\Omega$，线路 AB、BC 分别长 10km、7km。线路分布采用模型中的默认参数（其单位阻抗参数见仿真设置），母线 C 上最大负荷为 1MW，功率因数为 1。母线 B 上所有异步电动机的总额定功率为

1000kW，平均功率因数为 0.8，保护 2 的过电流保护动作时间为 0.3s。

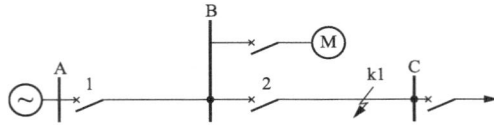

图 3-29　电力系统接线

二、仿真模型

根据系统配置，建立电机自启动仿真模型如图 3-30 所示。母线电压（标幺值），保护 1 处电流（有效值）获取模块如图 3-31 所示。

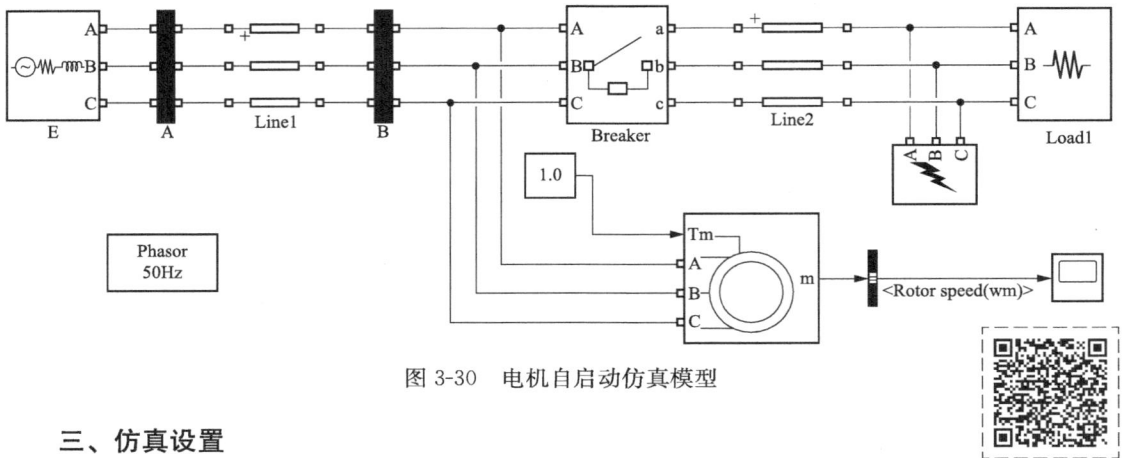

图 3-30　电机自启动仿真模型

三、仿真设置

1. Powergui 设置

仿真类型（Simulation type）选择"Phasor"。Powergui 参数设置如图 3-32 所示。

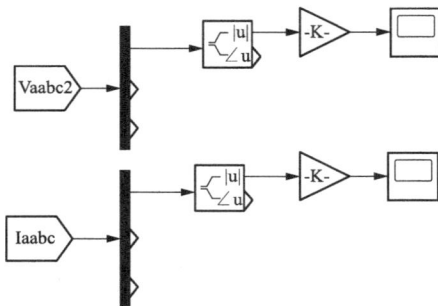

图 3-31　母线电压（标幺值），保护 1 处
电流（有效值）获取模块

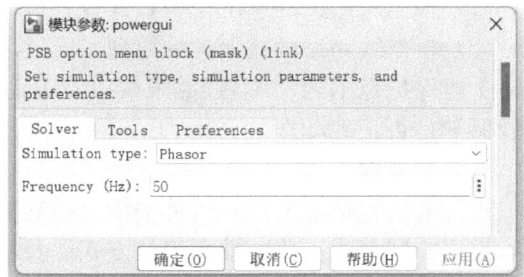

图 3-32　Powergui 参数设置

2. 电源参数设置

电源采用 Three-Phase Source 模型，输出电压为 6.3kV，内部采用 Y 联结方式，电源参数设置如图 3-33 所示。

3. 线路 AB、BC 参数设置

线路 AB、BC 均采用 Distributed Parameters Line 模型，长度分别为 10km、7km。线

路 AB 参数设置如图 3-34 所示。

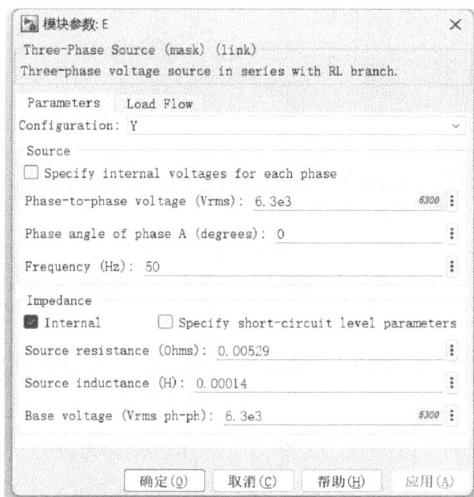

图 3-33　电源参数设置　　　　　　　　　图 3-34　线路 AB 参数设置

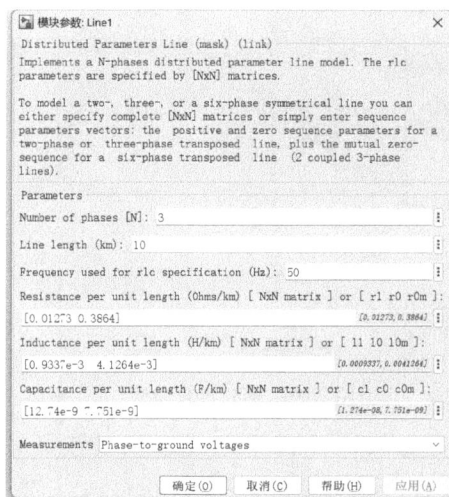

4. 异步电动机参数

异步电动机采用"Asynchronous Machine pu Units"标幺值模型，选择施加于电动机上的转矩（Torque Tm）为仿真输入，转子结构设为笼形（Squirrel-cage）绕组，异步电动机参数设置如图 3-35 所示。

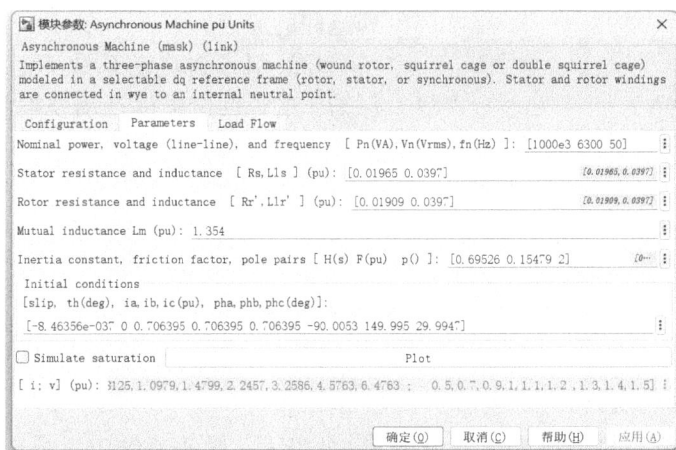

图 3-35　异步电动机参数设置

5. 模块参数

母线电压（标幺值），保护 1 处电流（有效值）获取模块 K1、K2 参数设置。

母线电压（标幺值），保护 1 处电流（有效值）获取模块 K1 和 K2 参数设置如图 3-36、图 3-37 所示。

四、实验内容

（1）过电流保护可靠系数 K_{rel} 取 1.25，返回系数 K_{re} 取 0.9，阶梯时间 Δt 取 0.3s。不

考虑电动机自启动过程，计算保护 1 处过电流保护的返回电流、动作电流以及过电流保护动作时间。

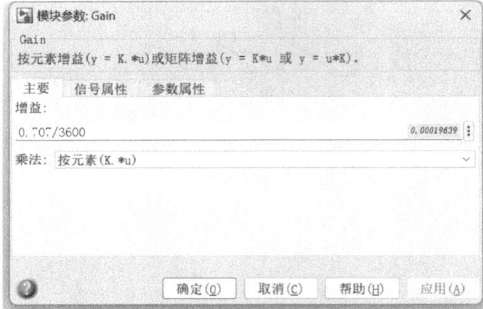

图 3-36　K1 参数设置

图 3-37　K2 参数设置

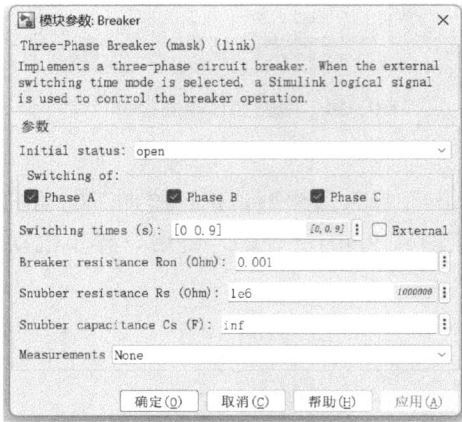

图 3-38　断路器参数设置

（2）仿真时间设置为 2s，故障模块设置为 $t=0.6s$ 时发生三相短路（即在线路 BC 段末端发生三相短路故障）。母线 B 在 $t=0.9s$ 时断开（利用断路器来模拟保护 2 处的过电流保护动作情况）。断路器参数设置如图 3-38 所示。

运行仿真，观察切除故障线路电动机进入自启动过程后，母线 B 处电压、电动机转速及保护 1 处电流（有效值）的结果，分析保护 1 不能立即返回的原因。

（3）引入自启动系数 $K_{Ms}=1.6$，重新计算保护 1 的返回电流以及动作电流，重新仿真验证电动机自启动时，保护 1 能否可靠返回。

五、思考题

为什么电流速断保护和限时电流速断保护整定时不用考虑返回系数？

第四节　分支电流对电流保护的影响

一、系统配置

110kV 电力系统如图 3-39 所示，电源 $\dot{E}_A$ 的最大、最小系统阻抗分别为 $Z_{s.A.max}=20\Omega$，$Z_{s.A.min}=15\Omega$，电源 $\dot{E}_B$ 的最大、最小系统阻抗分别为 $Z_{s.B.max}=25\Omega$，$Z_{s.B.min}=20\Omega$，线路阻抗为 $Z_{AB}=40\Omega$，$Z_{BC}=50\Omega$。

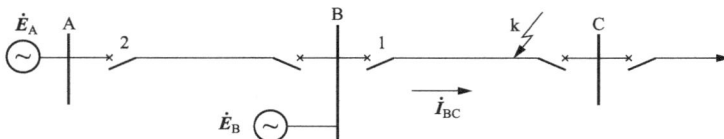

图 3-39　110kV 电力系统

二、仿真模型

启动 MATLAB，进入 Simulink 后新建仿真模型。分支电流对电流保护的影响模型如图 3-40 所示。为了简化仿真模型中参数的设置，电源的系统阻抗和线路的阻抗均用电阻来模拟。双击各模块，在出现的对话框内设置相应的参数。

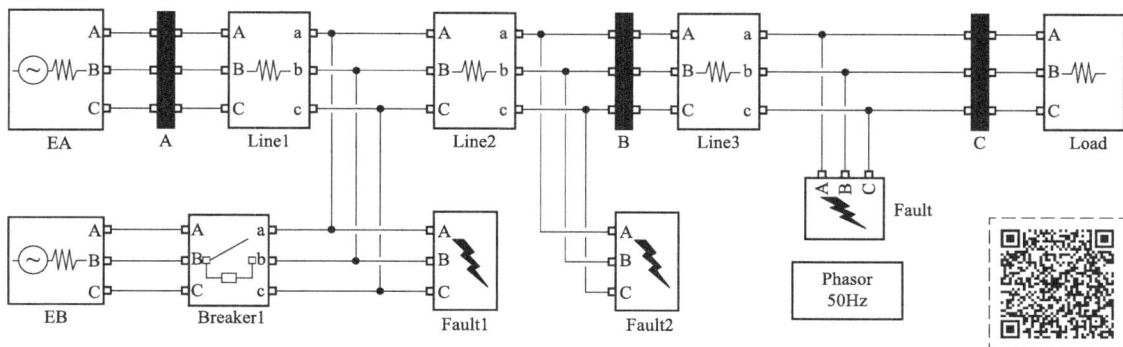

图 3-40　分支电流对电流保护的影响仿真模型

仿真模型

三、仿真设置

1. Powergui 设置

仿真类型（Simulation type）选择"Phasor"形式，Powergui 参数设置如图 3-41 所示。

2. 电源 $\dot{E}_A$、$\dot{E}_B$ 参数设置

电源 E_A、E_B 采用"Three-Phase Resource"模型，输出电压设为系统的平均电压 115kV，电源 $\dot{E}_A$ 参数设置如图 3-42 所示，电源 $\dot{E}_B$ 设置与之相同。

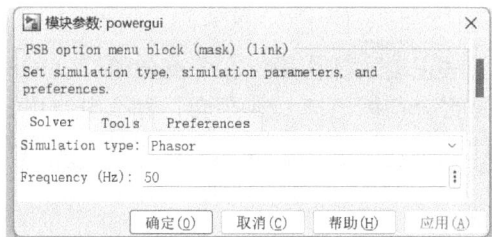

图 3-41　Powergui 参数设置

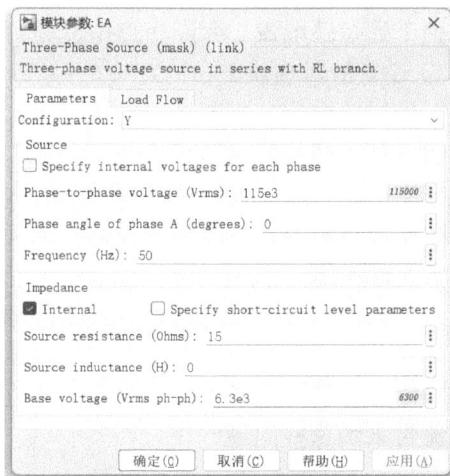

图 3-42　电源 $\dot{E}_A$ 参数设置

3. 输电线路 Line1、Line2、Line3 参数设置

输电线路 Line1 参数设置如图 3-43 所示，电阻值为 40Ω。类似的，可以设置输电线路 Line2 和 Line3 的参数，电阻值分别为 20Ω 和 50Ω。

4. 负载参数设置

负载参数设置如图 3-44 所示。

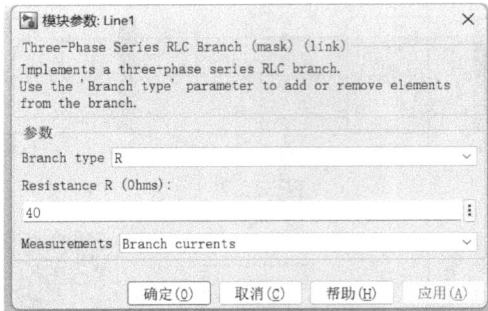

图 3-43　输电线路 Line1 参数设置

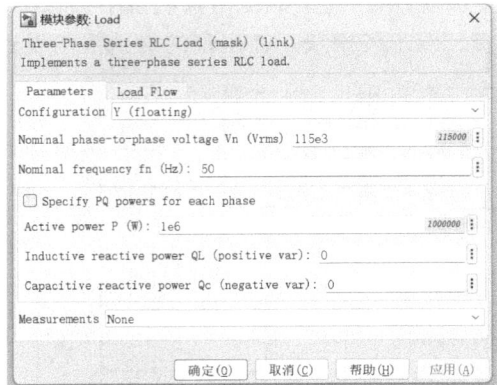

图 3-44　负载参数设置

四、实验内容

（1）$K_{rel}^{I}=1.2$，$K_{rel}^{II}=1.3$，$K_{rel}^{III}=1.1$，$K_{Ms}=1.3$，$K_{re}=0.85$，计算保护 1 处的电流 I 段、电流 II 段和电流 III 段的整定值。

（2）断路器初始状态设置为"open"，开关时间设置为"［5 29］"，即大于仿真时间，断路器断开，即无分支电路：

① 保护 1 处加入电流测量模块，设置故障模块 Fault1 在 0.6～1.5s 三相短路，其他故障模块不动作，运行仿真，观察保护 1 处短路电流，判断短路电流是否大于 I 段整定值；

② 设置故障模块 Fault2 为 0.6～1.5s 三相短路，其他故障模块不动作，运行仿真，观察保护 1 处短路电流，判断短路电流是否大于 II 段整定值；

③ 设置故障模块 Fault 为 0.6～1.5s 三相短路，其他故障模块不动作，运行仿真，观察保护 1 处短路电流，判断短路电流是否大于 III 段整定值。

（3）断路器初始状态设置为"open"，开关时间设置为"［0 29］"，断路器三相闭合，即有分支电路。重复（2）中的所有试验，若有保护的整定值不符合要求，重新计算整定值，使保护 1 能可靠动作（对应的短路电流大于整定值）。

五、思考题

为什么加入分支电流后，保护 1 的部分保护无法正确发挥作用？在分支电流存在的情况下，如果总电流超过电流保护装置的设定值，它是否会切断电流？如果会，那么分支电流如何影响电流保护的灵敏度？如何通过改进电路设计或调整电流保护装置的设定值，来避免分支电流带来的这些问题？

第五节　方向性电流保护仿真

一、系统配置

双侧电源系统如图 3-45 所示，电源 $\dot{E}_M=115\angle10°\text{kV}$，$\dot{E}_N=105\angle0°\text{kV}$，为了简化仿真，设置两个电源的内阻相等，且阻抗角与线路相同，$\dot{Z}_{s.M}=\dot{Z}_{s.N}=0.226\angle73.13°\Omega$；线路

MN 长度为 50km，单位正序阻抗 $\dot{Z}_1 = 0.451\angle 73.13°\Omega/\text{km}$。

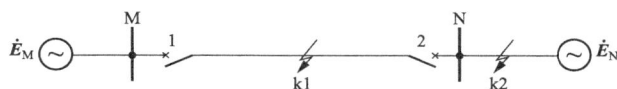

图 3-45　双侧电源系统

二、仿真模型

启动 MATLAB，进入 Simulink 后新建仿真模型。方向性电流保护的仿真模型如图 3-46 所示。

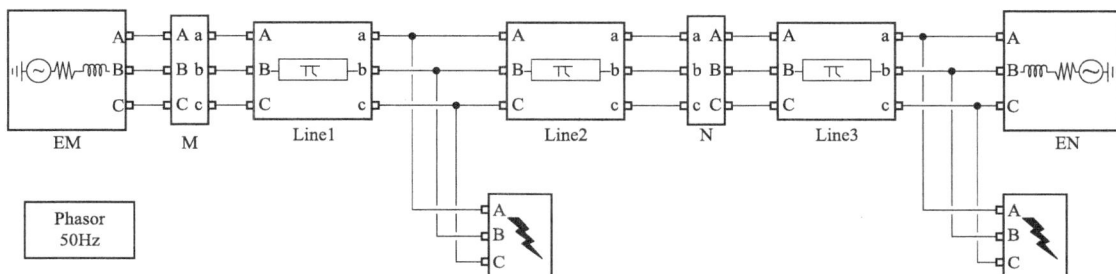

图 3-46　方向性电流保护的仿真模型

保护 1 处的采用 90°接线的功率方向元件仿真模型如图 3-47 所示。

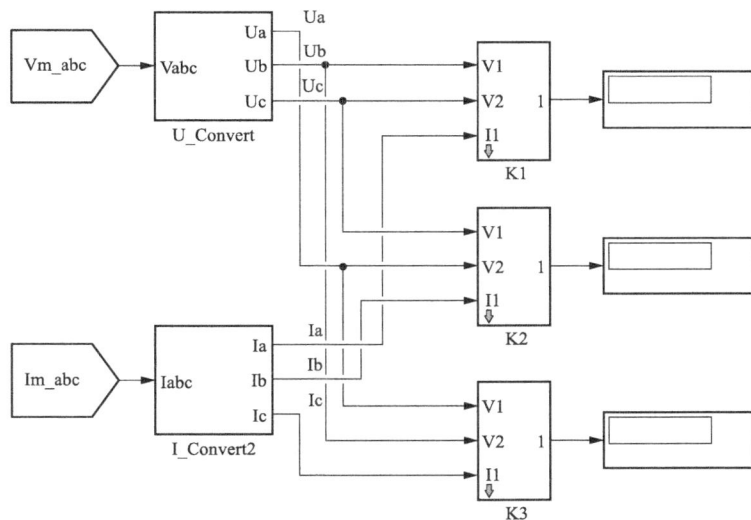

仿真模型

图 3-47　采用 90°接线的功率方向元件仿真模型

采用 3 个已封装成子系统的功率方向元件 K1、K2、K3 按 90°接线方式分别接于三相。90°接线时功率方向元件 K1、K2、K3 组成均如图 3-48 所示。

保护 2 设置同样的功率方向元件。由动作方程可知，若线路阻抗 $\varphi_k = 73.1°$，则功率方向继电器的内角为 $\alpha = 90° - \varphi_k = 16.9°$。可得功率方向元件的动作范围为（$-106.9°$，$73.1°$）。

为了计算方便，在仿真中，所需要的各个电压、电流输出信号应为复数形式输出，然而当 Powergui 模块设置在"相位仿真方式"时，三相电压电流测量模块 UM、UN 的输出信号却为幅值和相角分离的方式，因此特设计了"U_convert""I_convert"子系统来获得复数形式的三相电压和电流。子系统"U_convert"的构成如图 3-49 所示，子系统"I_convert"的结构与其相同。双击各模块，在出现的对话框内设置相应的参数。

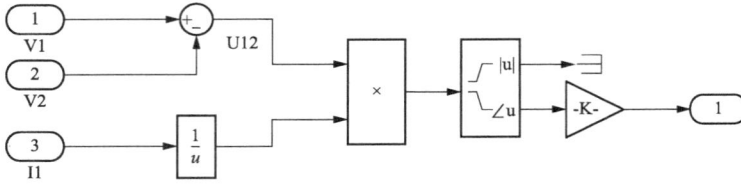

图 3-48 90°接线时功率方向元件组成

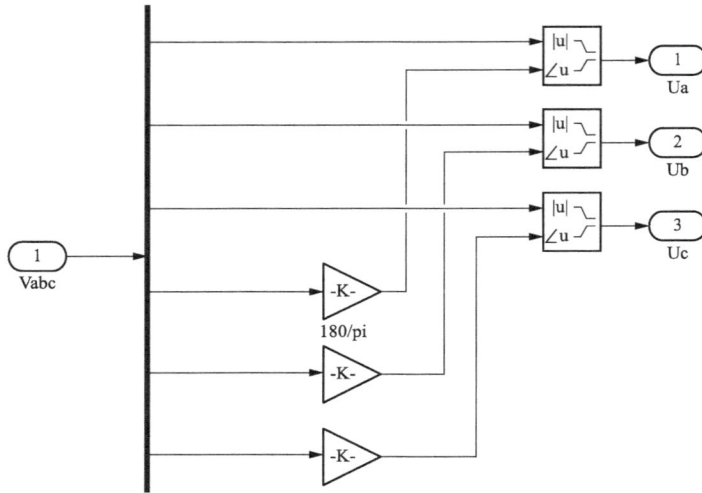

图 3-49 子系统"U_convert"的构成

三、仿真设置

1. Powergui 设置

仿真类型（Simulation type）选择"Phasor"形式，Powergui 参数设置如图 3-50 所示。

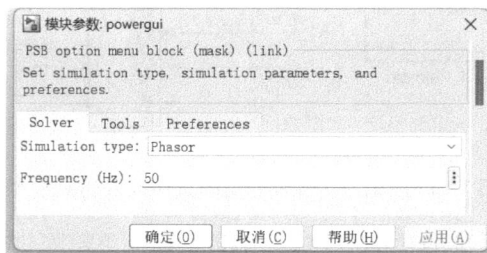

图 3-50 Powergui 参数设置

2. 电源 EM、EN 参数设置

电源 EM、EN 采用"Three-Phase Source"模型，输出电压设为系统的平均电压 115kV。

电源 EM 参数设置如图 3-51 所示，电源 EN 参数设置如图 3-52 所示。

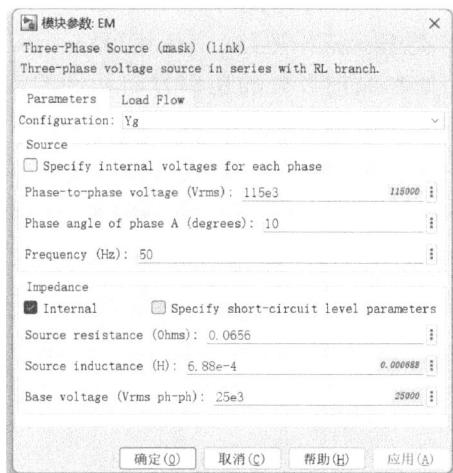

图 3-51　电源 EM 参数设置

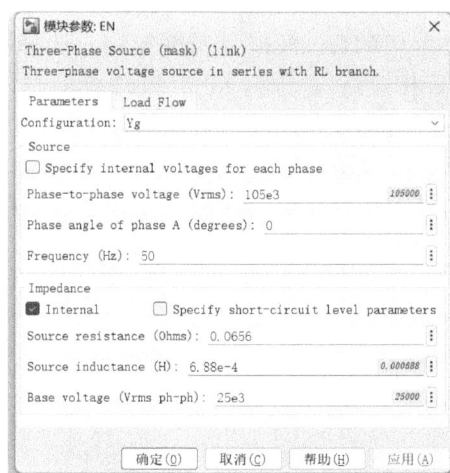

图 3-52　电源 EN 参数设置

3. 输电线路 Line1、Line2、Line3 参数设置

线路 MN 选用 "Three-Phase PI Section Line" 模型。为了设置故障点，将线路 MN 分成两段，在仿真模型中，Line1 = 30km、Line2 = 20km，Line3 = 5km，输电线路 MN（Line1）参数设置如图 3-53 所示。

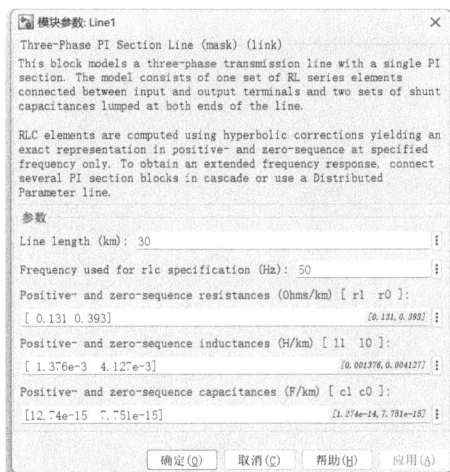

图 3-53　输电线路 MN（Line1）参数设置

四、实验内容

（1）设置故障模块 Fault 和 Fault1 均不动作，过渡电阻值为 0.01Ω，观察正常运行时，保护 1 处和保护 2 处的功率方向元件的输出结果，判断功率方向元件是否动作。

（2）设置故障模块 Fault1 不动作，故障模块 Fault 的故障时间为 [0.5，2.5] s，过渡电阻值为 0.01Ω，模拟金属性短路。选择不同故障类型（三相短路、AB 相短路、BC 相短路、AC 相短路），分析 k1 点短路故障时，保护 1 处和保护 2 处的功率方向元件的输出结果，判断功率方向元件是否正确动作。

（3）设置故障模块 Fault 不动作，故障模块 Fault1 的故障时间为［0.5，2.5］s，过渡电阻值为 0.01Ω，模拟金属性短路。选择不同故障类型（三相短路、AB 相短路、BC 相短路、AC 相短路），分析 k2 点短路故障时，保护 1 处和保护 2 处的功率方向元件的输出结果，判断功率方向元件是否正确动作。

五、思考题

如果短路为非金属性短路，即短路存在过渡电阻时，方向元件是否能正确动作，试通过仿真进行分析。

第四章　电网接地短路的故障特征、保护及仿真

电网接地短路故障包括单相接地故障和两相接地故障。据统计，单相接地故障占高压线路总故障次数的 70% 以上，占配电线路总故障次数的 80% 以上，而且绝大多数相间故障都是由单相接地故障发展而来的。因此，接地故障保护对电力系统的安全运行是非常重要的。

接地故障与电力系统的中性点运行方式密切相关，这里的中性点运行方式是指电力系统中发电机或变压器的中性点接地的方式。在不同中性点运行方式的电网中，即使相同的接地故障条件，所表现出的故障特征以及后果和危害也完全不同，因而保护策略也不相同。

不对称接地故障时，系统中都会产生零序分量，可以利用零序分量的特征来实现接地故障的保护。大电流接地系统发生不对称接地故障时，会出现零序电压和数值较大的零序电流，可以构成零序电流保护。小电流接地系统发生接地故障时，由于接地回路容抗较大，零序电流数值较小，接地故障特征不如大电流接地系统明显。对于两相接地故障，相间电流保护将动作于切除故障线路；对于单相接地故障，可以通过测量发电厂或变电站母线上的零序电压，形成电网单相接地的监视装置。该装置利用接地后产生的零序电压，带延时动作于信号，不需要跳闸。

第一节　基本概念及原理

一、电力系统中性点运行方式的分类

中性点接地方式通常按单相接地短路时接地电流的大小，分为大电流接地方式和小电流接地方式两类。大电流接地方式（有效接地方式）包括中性点直接接地和中性点经小电阻接地两种方式；小电流接地方式（非有效接地方式）分为中性点不接地和中性点经消弧线圈接地两种方式。大电流接地方式和小电流接地方式的区分，由零序综合电抗与正序综合电抗之比确定。对于接地点，零序综合电抗 $X_{0\Sigma}$ 比正序综合电抗 $X_{1\Sigma}$ 大得越多，接地点电流就越小。我国规定，当 $X_{0\Sigma}/X_{1\Sigma} \geqslant 4 \sim 5$ 时，属于小电流接地系统，否则属于大电流接地系统，有的国家把该比例定为 3。

中性点采用哪种接地方式主要取决于供电可靠性（是否允许带单相接地故障时继续运行）和限制过电压两个因素。我国规定 110kV 及以上电压等级的系统采用中性点直接接地方式，35kV 及以下的系统采用中性点不接地或经消弧线圈接地方式，对城市电流供电网络可采用小电阻接地方式。

二、大电流接地电网发生接地短路时的故障特征

中性点直接接地系统如图 4-1 所示。当发生接地故障时，接地点与大地、中性点 N 及相导线形成短路通路，因此故障相将有大短路电流流过。为了保证故障设备不损坏，断路器必须动作切除故障线路。

中性点经小电阻接地系统如图 4-2 所示。当发生接地故障时，接于中性点 N 与大地之间的电阻 R 限制了接地故障电流的大小，也限制了故障后过电压的水平。这种接地方式主要

用于大城市电缆供电网络规模很大，接地时电容电流太大，难以补偿的系统。

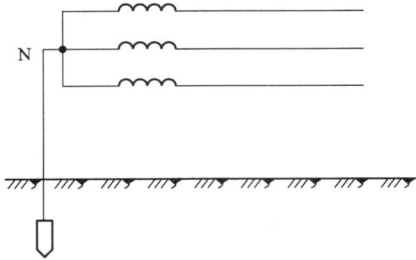

图 4-1　中性点直接接地系统　　　　图 4-2　中性点经小电阻接地系统

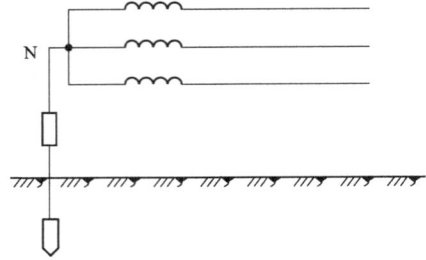

中性点直接接地系统发生接地故障时，可以利用对称分量法将电流和电压分解为正序、负序和零序分量，并利用复合序网来表示它们之间的关系。如图 4-3（a）所示的系统图，其零序等效网络如图 4-3（b）所示。零序电流可以看成是在故障点出现的一个零序电压 $\dot{U}_{k0}$ 而产生的，它必须经过变压器接地的中性点构成回路。对零序电流的方向仍然采用母线流向被保护线路为正，而对零序电压的方向是线路高于大地的电压为正。

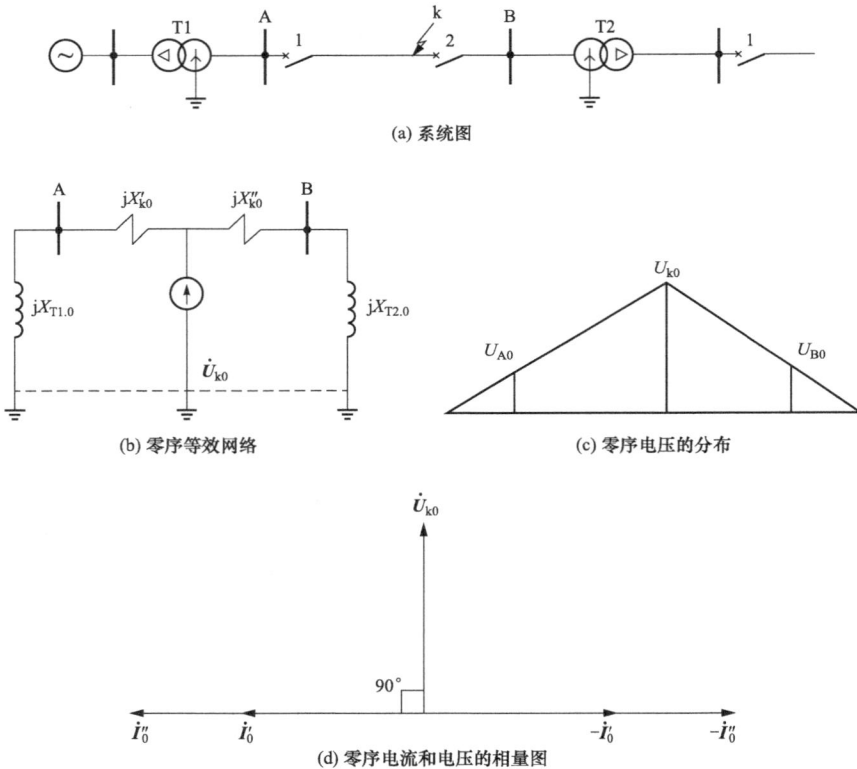

(a) 系统图

(b) 零序等效网络　　　　　　(c) 零序电压的分布

(d) 零序电流和电压的相量图

图 4-3　中性点直接接地系统发生接地故障时的零序等效网络

分析可知，在图 4-3（b）的等效网络中，零序分量的参数具有如下特点。

（1）故障点的零序电压最高，系统中距离故障点越远处的零序电压越低，变压器中性点接地处的零序电压为零。零序电压的分布如图 4-3（c）所示，在变电站 A 母线上零序电压

为 $\dot{U}_{A0}$，变电站 B 母线上零序电压为 $\dot{U}_{B0}$。

（2）由于零序电流是由 $\dot{U}_{k0}$ 产生的，当忽略回路电阻时，按照规定的正方向画出的零序电流和电压的相量图如图 4-3（d）所示。由图可知 $\dot{I}'_0$ 和 $\dot{I}''_0$ 将超前 $\dot{U}_{k0}$ 90°。

零序电流的分布，主要取决于输电线路的零序阻抗和中性点接地变压器的零序阻抗，而与电源的数目和位置无关，例如在图 4-3（a）中，当变压器 T2 的中性点不接地时，$\dot{I}''_0=0$。

（3）对于发生故障的线路，两端零序功率的方向与正序功率的方向相反。零序功率方向实际上都是由线路流向母线的。

（4）保护安装处母线上的零序电压与零序电流之间的关系决定于该处背后的零序阻抗。例如图 4-3（a）中 A 母线上的零序电压，实际上是从该点到零序网络中性点之间零序阻抗上的电压降，即：

$$\dot{U}_{A0}=-\dot{I}'_0 Z_0 \tag{4-1}$$

式中，Z_0 为变压器 T1 的零序阻抗，$Z_0=\mathrm{j}X_{T1.0}$。

该处零序电流与零序电压之间的相位差也将由 Z_0 的阻抗角决定，而与被保护线路的零序阻抗及故障点的位置无关。

如果电网中性点采用经小电阻接地，只会影响零序电流大小和电压、电流相位关系，但是总体上不影响零序电压的分布规律。

三、小电流接地电网发生单相接地短路时的故障特征

中性点不接地系统如图 4-4 所示，单相接地故障发生后，由于中性点 N 不接地，所以没有形成短路电流通路，故障相和非故障相都将流过正常负荷电流，线电压仍然保持对称，系统可以带故障运行 1～2 小时，因此该中性点不接地方式对于用户的供电可靠性高。但是此时接地相电压将降低，非接地相电压将升高至线电压，将对电气设备绝缘造成威胁。因此，单相接地发生后不能长期运行，需要尽快定位并排除故障。在实际运行中，由于线路存在分布电容（电容数值不大，但容抗很大），故中性点不接地系统接地故障时可以通过对地电容形成电流通路，导线和大地之间有数值不大的容性电流流通。一般情况下，这个容性电流在接地故障点将以电弧形式存在，严重时高温电弧会损毁设备，甚至引起附近建筑物燃烧起火，不稳定的电弧燃烧还会引起弧光过电压，造成非接地

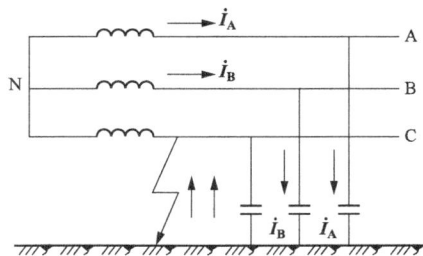

图 4-4　中性点不接地系统

相绝缘击穿，进而发展成为相间故障，导致断路器动作跳闸，中断用户的供电。

对于图 4-5（a）所示的网络接线，在正常运行情况下，其三相对地有相同的电容，均为 C_0，在相电压的作用下，每相都有一超前于相电压 90°的电容电流流入地中，而三相电流之和等于零。假设在 A 相发生了单相接地，则 A 相对地电压变为零，对地电容被短接并放电，而其他两相的对地电压则升高 $\sqrt{3}$ 倍，对地电容充电电流也相应地增大 $\sqrt{3}$ 倍，其相量图如图 4-5（b）所示。在单相接地时，由于三相中的负荷电流和线电压仍然是对称的，因此下面的分析不予考虑，而只分析对地关系的变化。

在 A 相接地以后，各相对地的电压为：

$$\begin{cases} \dot{U}_{AD} = 0 \\ \dot{U}_{BD} = \dot{E}_B - \dot{E}_A = \sqrt{3}\dot{E}_A e^{-j150°} \\ \dot{U}_{CD} = \dot{E}_C - \dot{E}_A = \sqrt{3}\dot{E}_A e^{j150°} \end{cases} \tag{4-2}$$

故障点 k 的零序电压为：

$$\dot{U}_{0k} = \frac{1}{3}(\dot{U}_{AD} + \dot{U}_{BD} + \dot{U}_{CD}) = -\dot{E}_A \tag{4-3}$$

在非故障相中流向故障点的电容电流为：

$$\begin{cases} \dot{I}_B = \dot{U}_{BD} j\omega C_0 \\ \dot{I}_C = \dot{U}_{CD} j\omega C_0 \end{cases} \tag{4-4}$$

其有效值为：

$$I_B = I_C = \sqrt{3}U_\varphi \omega C_0 \tag{4-5}$$

式中，U_φ 为相电压有效值。

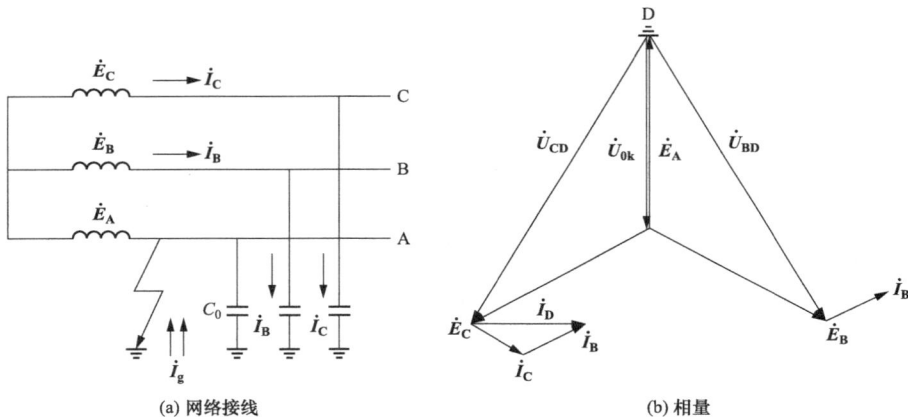

图 4-5　A 相发生接地的简单网络

此时，从接地点流回的电流为 $\dot{I}_D = \dot{I}_B + \dot{I}_C$，由图 4-5 可见，其有效值为 $I_D = 3U_\varphi \omega C_0$，即正常运行时三相对地电容电流的 3 倍。

如图 4-6 所示，当网络中有发电机 G 和多条线路存在时，每台发电机和每条线路对地均有电容存在，设以 C_{0G}、C_{0I}、C_{0II}、C_{0III} 等集中的电容来表示，当线路Ⅲ发生 A 相接地后，如果忽略负荷电流和电容电流在线路阻抗上的电压降，则全系统 A 相对地的电压均等于零，因而各元件 A 相对地的电容电流也等于零，同时 B 相和 C 相的对地电压和电容电流也都升高 $\sqrt{3}$ 倍，仍可用式（4-2）～式（4-5）的关系来表示。该情况下的电容电流分布在图 4-6 中用"→"表示。

由图 4-6 可见，在非故障的线路Ⅰ、Ⅱ上，A 相电流为零，B 相和 C 相中流过本身的电容电流，因此在线路始端所反应的零序电流为：

$$3\dot{I}_{0I} = \dot{I}_{BI} + \dot{I}_{CI} \tag{4-6}$$

$$3\dot{I}_{0II} = \dot{I}_{BII} + \dot{I}_{CII}$$

其有效值为：

$$3I_{0I} = 3U_\varphi \omega C_{0I}$$
$$3I_{0II} = 3U_\varphi \omega C_{0II}$$

$$(4-7)$$

即零序电流为线路Ⅰ、Ⅱ本身的电容电流，电容性无功功率的方向为由母线流向线路。

当电网中的线路很多时，上述结论可适用于每一条非故障的线路。

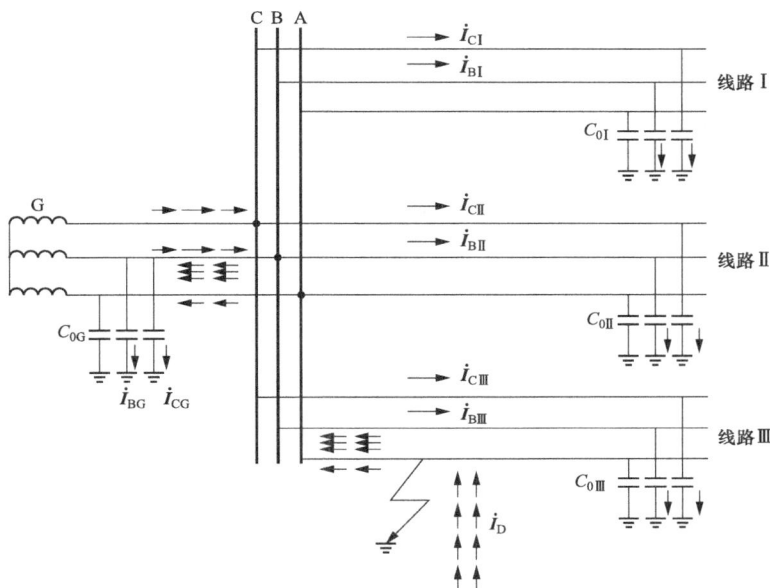

图 4-6　A 相发生接地时系统的电容电流分布

在发电机 G 上，首先流过它本身的 B 相和 C 相的对地电容电流为 $\dot{I}_{BG}$ 和 $\dot{I}_{CG}$，但是，由于它还是产生其他电容电流的电源，因此从 A 相中要流回从故障点流上来的全部电容电流，而在 B 相和 C 相中又要分别流出各线路上同名相的对地电容电流，因此，此时从发电机出线端所反映的零序电流仍应为三相电流之和。由图 4-6 可见，各线路的电容电流由于从 A 相流入后又分别从 B 相和 C 相流出了，相加后互相抵消，只剩下发电机本身的电容电流，故：

$$3\dot{I}_{0G} = \dot{I}_{BG} + \dot{I}_{CG}$$

$$(4-8)$$

有效值为 $3I_{0G} = 3U_\varphi \omega C_{0G}$，即零序电流为发电机本身的电容电流，其电容性无功功率的方向是由母线流向发电机，这个特点与非故障线路是一样的。

对于故障线路Ⅲ，其 B 相和 C 相与非故障线路一样流过它本身的电容电流 $\dot{I}_{BIII}$ 和 $\dot{I}_{CIII}$，而且在接地点要流回全系统 B 相和 C 相对地电容电流的总和，其值为：

$$\dot{I}_D = (\dot{I}_{BI} + \dot{I}_{CI}) + (\dot{I}_{BII} + \dot{I}_{CII}) + (\dot{I}_{BIII} + \dot{I}_{CIII}) + (\dot{I}_{BG} + \dot{I}_{CG})$$

$$(4-9)$$

其有效值为：

$$I_D = 3U_\varphi \omega (C_{0I} + C_{0II} + C_{0III} + C_{0G}) = 3U_\varphi \omega C_{0\Sigma}$$

$$(4-10)$$

式中，$C_{0\Sigma}$ 为全系统每相对地电容的总和。

此电流要从 A 相流回电源，因此从 A 相流出的电流可表示为 $\dot{I}_{AIII} = -\dot{I}_D$，这样在线路Ⅲ始端所流过的零序电流则为：

$$3\dot{I}_{0\text{III}} = \dot{I}_{A\text{III}} + \dot{I}_{B\text{III}} + \dot{I}_{C\text{III}} = -(\dot{I}_{BI} + \dot{I}_{CI} + \dot{I}_{BII} + \dot{I}_{CII} + \dot{I}_{BG} + \dot{I}_{CG}) \tag{4-11}$$

其有效值为：

$$3I_{0\text{III}} = 3U_\varphi \omega (C_{0\Sigma} - C_{0\text{III}}) \tag{4-12}$$

由此可见，由故障线路流向母线的零序电流，其数值等于全系统非故障元件对地电容电流的总和（但不包括故障线路本身），其电容性无功功率的方向为由线路流向母线，恰好与非故障线路上的相反。

根据上述分析结果可以做出单相接地时的零序等效网络，如图 4-7（a）所示。图中，在接地点有一个零序电压 $\dot{U}_{k0}$，而零序电流的回路是通过各个元件的对地电容构成的，由于送电线路的零序阻抗远小于电容的容抗，因此可以忽略不计，在中性点不接地系统中的零序电流就是各元件的对地电容电流。其相量图如图 4-7（b）所示（图中 $\dot{I}'_{0\text{III}}$ 表示线路Ⅲ本身的零序电容电流），这与直接接地系统是完全不同的。

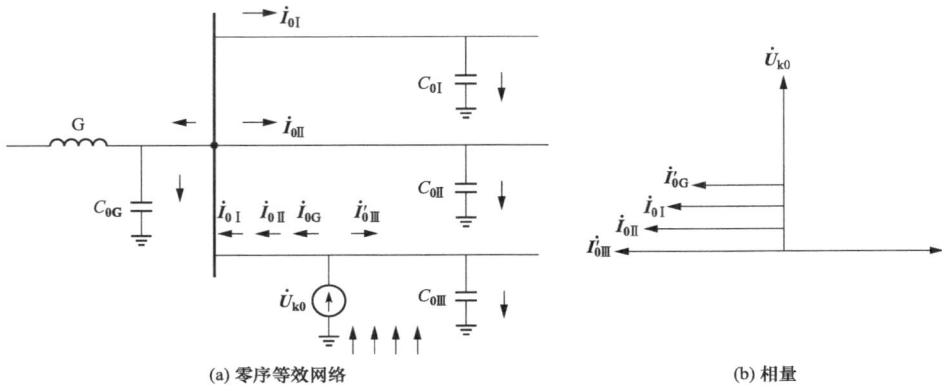

(a) 零序等效网络　　　　　　　　　　　　　(b) 相量

图 4-7　对应图 4-6 的零序等效网络及相量图

总结以上分析的结果，当中性点不接地系统中发生单相接地故障时，有如下特点。

（1）当发生单相接地时，全系统都将出现零序电压。

（2）在非故障的元件上有零序电流，其数值等于本身的对地电容电流，电容性无功功率的实际方向为由母线流向线路。

（3）在故障线路上，零序电流为除本线路外全系统非故障元件对地电容电流之和，数值一般较大，电容性无功功率的实际方向为由线路流向母线。

上述特点和区别是构成保护方式的依据。

四、中性点经消弧线圈系统单相接地的故障特征

当中性点不接地系统中发生单相接地时，在接地点要流过全系统的对地电容电流。如果此电流比较大，就会在接地点燃起电弧，引起弧光过电压，从而使非故障相的对地电压进一步升高，并进一步使绝缘损坏，形成两点或多点的接地短路，造成停电事故。为了解决这个问题，通常在中性点接入一个电感线圈，形成的中性点经消弧线圈接地系统如图 4-8 所示。当电网正常运行时，接于中性点 N 与大地之间的消弧线圈中无电流流过，消弧线圈不起作用；当接地故障发生时，中性点将出现零序电压，在这个电压的作用下，将有感性电流流过消弧线圈，并流入发生接地的电力系统中，从而抵消在接地点流过的容性接地电流，消除或者减轻接地电弧的危害。需要说明的是，经消弧线圈补偿后，接地点将不再有容性电弧电流或者只有很小的电感性电流流过，但是接地确实发生了，接地故障可能依然存在，而且接地相电压降低，而非接地相电压还很高，所以依然不允许长期接地运行。

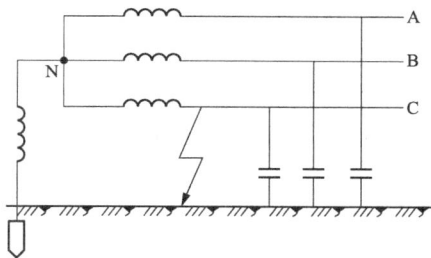

图 4-8　中性点经消弧线圈接地系统

　　如图 4-9（a）所示，当发生单相接地时，在接地点就有一个电感分量的电流通过，此电流和原系统中的电容电流相抵消，就可以减少流经故障点的电流，因此称之为消弧线圈。在各级电压网络中，当全系统的电容电流超过一定数值：3～6kV 电网超过 30A；10kV 电网超过 20A；22～66kV 电网超过 10A 时应装设消弧线圈。

　　当采用消弧线圈以后，单相接地时的电流分布将发生重大的变化。如图 4-9（a）所示，当线路Ⅲ发生 A 相接地以后，在接地点增加了一个电感分量的电流 $\dot{I}_L$，因此从接地点流回的总电流为：

$$\dot{I}_D = \dot{I}_L + \dot{I}_{C\Sigma} \tag{4-13}$$

$$\dot{I}_L = \frac{-\dot{E}_A}{j\omega L} \tag{4-14}$$

式中，$\dot{I}_{C\Sigma}$ 为全系统的对地电容电流，可用式（4-9）计算；$\dot{I}_L$ 为消弧线圈的电流；L 为消弧线圈的电感。

　　由于 $\dot{I}_{C\Sigma}$ 和 $\dot{I}_L$ 的相位大约相差 180°，因此，$\dot{I}_D$ 将因消弧线圈的补偿而减小。相似地，可以做出零序等效网络，如图 4-9（b）所示。

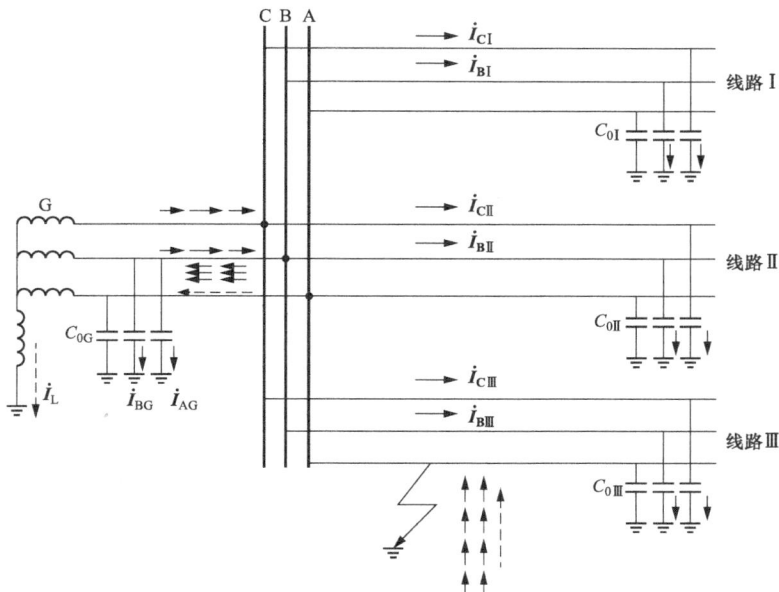

(a) 电流分布

图 4-9　消弧线圈接地网络中发生单相接地时的电流分布（一）

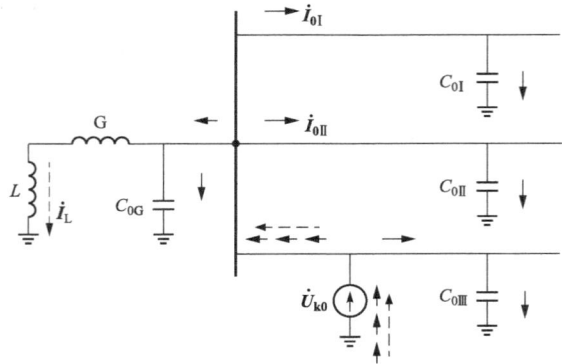

(b) 零序等效网络

图 4-9　消弧线圈接地网络中发生单相接地时的电流分布（二）

根据对地电容电流的补偿程度不同，消弧线圈有完全补偿、欠补偿及过补偿三种补偿方式。

1. 完全补偿

完全补偿就是使 $I_L = I_{C\Sigma}$，接地点的电流近似为 0。从消除故障点的电弧、避免出现弧光过电压的角度来看，这种补偿方式是最好的，但是从其他方面来看，则又存在严重的缺点。因为完全补偿方式时，$\omega L = \dfrac{1}{3\omega C_\Sigma}$，正是电感 L 和三相对地电容 $3C_\Sigma$ 对 50Hz 交流串联谐振的条件。这样在正常情况下，如果架空线路三相的对地电容不完全相等，电源中性点对地之间就会产生电位偏移。此电压将在串联谐振的回路中产生很大的电压降落，从而使电源中性点对地电压严重升高，这是不允许的。因此，在实际上不宜采取完全补偿方式。

2. 欠补偿

欠补偿就是使 $I_L < I_{C\Sigma}$，补偿后的接地点电流仍然是电容性的。采用这种方式仍然不能避免上述问题的发生，因为当系统运行方式发生变化，例如某条线路被切除或因发生故障而跳闸时，则电容电流将减小，这时很有可能会出现类似完全补偿引起的过电压。因此，欠补偿的方式一般也是不采用的。

3. 过补偿

过补偿就是使 $I_L > I_{C\Sigma}$，补偿后的残余电流是电感性的。由于这种方法不会发生串联谐振的过电压问题，因此在实际中获得了广泛的应用。

I_L 大于 $I_{C\Sigma}$ 的程度用过补偿 P 来表示，其关系为：

$$P = \frac{I_L - I_{C\Sigma}}{I_{C\Sigma}} \tag{4-15}$$

一般选择过补偿 $P = 5\% \sim 10\%$，而不大于 10%。

五、零序电压、零序电流的获取

通过前述的分析可知电力系统发生不对称接地故障时，会产生零序分量，因此我们可以采用零序分量的特征来区分判别不对称接地故障，准确获取电压和电流的零序分量尤为重要。

1. 零序电压过滤器

为了获取零序电压，通常采用如图 4-10（a）所示的 3 个单相式电压互感器或如图 4-10（b）所示的三相五柱式电压互感器。其一次绕组接成星形并将中性点接地，其二次绕组接成开口三角形，这样从 m、n 端子得到的输出电压为：

$$\dot{U}_{mn} = \dot{U}_a + \dot{U}_b + \dot{U}_c = 3\dot{U}_0 \tag{4-16}$$

在集成电路式保护和数字式保护中，由电压形成回路取得 3 个相电压后，利用加法器将 3 个相电压相加，如图 4-10（d）所示，也可以从保护装置内部获得零序电压。此外，当发电机的中性点经电压互感器（或消弧线圈）接地时，如图 4-10（c）所示，从它的二次绕组中也能获取零序电压。

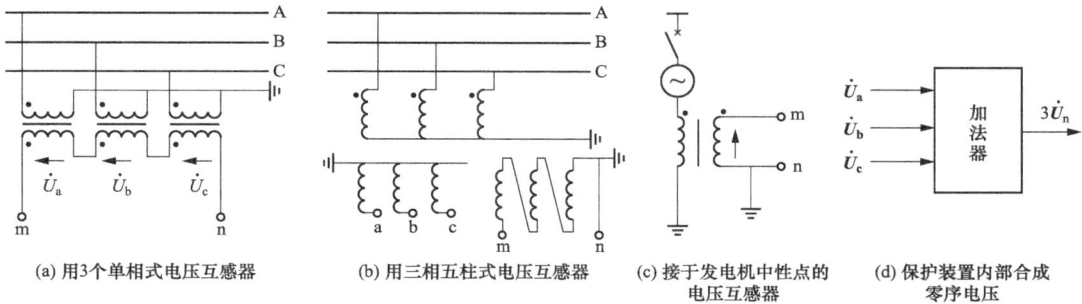

(a) 用3个单相式电压互感器　　(b) 用三相五柱式电压互感器　　(c) 接于发电机中性点的电压互感器　　(d) 保护装置内部合成零序电压

图 4-10　取得零序电压的接线图

实际上在正常运行和电网相间短路时，由于电压互感器的误差以及三相系统对地不完全平衡，在开口三角形侧也可能有数值不大的电压输出，此电压称为不平衡电压，用 $\dot{U}_{unb}$ 来表示。此外，当系统中存在三次谐波分量时，一般三相中的三次谐波电压是同相位的，在零序电压过滤器的输出端也有三次谐波电压输出，对反应于零序电压而动作的保护装置，应该考虑躲开它们的影响。

2. 零序电流过滤器

为了获取零序电流，通常采用三相电流互感器按如图 4-11（a）所示接线，此时流入继电器回路中的电流为：

$$\dot{I}_r = \dot{I}_a + \dot{I}_b + \dot{I}_c = 3\dot{I}_0 \tag{4-17}$$

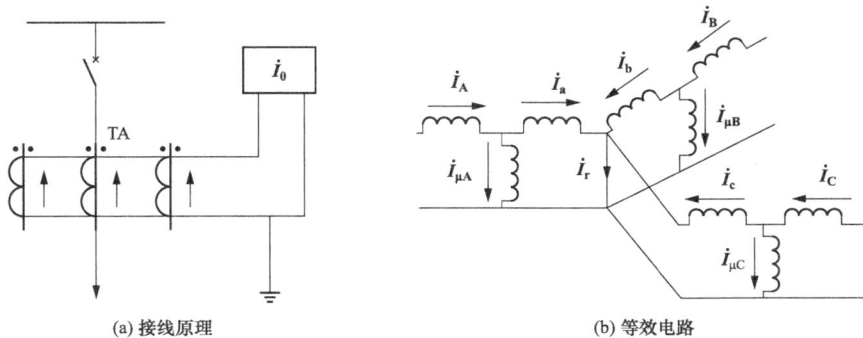

(a) 接线原理　　　　　　　　　　　(b) 等效电路

图 4-11　零序电流过滤器

电流互感器采用三相星形接线方式，在中性线上所流过的电流就是 $3\dot{I}_0$。因此，在实际的使用中，零序电流过滤器并不需要专门的一组电流互感器，而是接入相间保护用的电流互感器的中性线上就可以了。在电子式和数字式保护装置中，也可以在形成 3 个相电流的回路

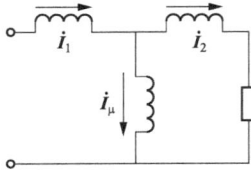

图 4-12　电流互感器等效电路

中将电流相量相加获得零序电流。

零序电流过滤器也会产生不平衡电流，图 4-12 所示为一个电流互感器的等效电路，考虑励磁电流 $\dot{I}_\mu$ 的影响后，二次电流和一次电流的关系应为：

$$\dot{I}_2 = \frac{1}{n_{\mathrm{TA}}}(\dot{I}_1 - \dot{I}_\mu) \tag{4-18}$$

因此，零序电流过滤器的等效电路即可用图 4-11（b）来表示，此时流入继电器的电流为：

$$\dot{I}_r = \dot{I}_a + \dot{I}_b + \dot{I}_c$$

$$= \frac{1}{n_{\mathrm{TA}}}[(\dot{I}_A - \dot{I}_{\mu A}) + (\dot{I}_B - \dot{I}_{\mu B}) + (\dot{I}_C - \dot{I}_{\mu C})]$$

$$= \frac{1}{n_{\mathrm{TA}}}[(\dot{I}_A + \dot{I}_B + \dot{I}_C) - \frac{1}{n_{\mathrm{TA}}}(\dot{I}_{\mu A} + \dot{I}_{\mu B} + \dot{I}_{\mu C})] \tag{4-19}$$

在正常运行和非接地的相间短路时，3 个电流互感器一次侧电流的相量和必然为零，因此流入继电器中的电流为：

$$\dot{I}_r = \frac{1}{n_{\mathrm{TA}}}(\dot{I}_{\mu A} + \dot{I}_{\mu B} + \dot{I}_{\mu C}) = \dot{I}_{\mathrm{unb}} \tag{4-20}$$

式中，$\dot{I}_{\mathrm{unb}}$ 称为零序电流过滤器的不平衡电流，它是由于 3 个互感器励磁电流不相等而产生的。而励磁电流的不相等则是由于铁芯的磁化曲线不完全相同以及制造过程中的某些差别而引起的，从而造成电流互感器的稳态误差。当发生相间短路时，电流互感器一次侧流过的电流最大并且包含非周期分量，因此不平衡电流也达到最大值，以 $\dot{I}_{\mathrm{unb.\,max}}$ 表示。

此外，对于采用电缆引出的送电线路，还广泛采用了零序电流互感器的接线以获得 $3\dot{I}_0$，如图 4-13 所示。此电流互感器就套在三相电缆的外面，互感器的一次侧电流是 $\dot{I}_A + \dot{I}_B + \dot{I}_C$，只当一次侧有零序电流时，在互感器的二次侧才有相应的 $3\dot{I}_0$ 输出，故称它为零序电流互感器。零序电流互感器和零序电流过滤器相比，主要的优点是没有不平衡电流，同时接线也更简单。

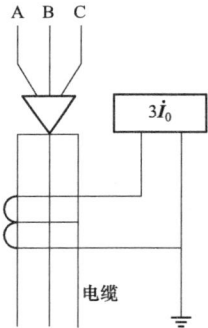

图 4-13　零序电流互感器接线示意图

六、大电流接地电网的零序电流保护

零序电流保护和相间电流保护一样，广泛采用三段式。需要强调的是零序电流保护整定计算使用的是保护安装处的零序电流，注意区分短路点的零序电流和保护安装处的零序电流。零序Ⅰ段为瞬时动作的零序电流速断，只保护线路的一部分；零序Ⅱ段为零序电流限时速断，可保护线路全长，并与相邻线路保护相配合，动作一般带 0.5s 延时；零序Ⅲ段为零序过电流保护，作为本线路及相邻线路的后备保护。

（一）零序电流Ⅰ段保护

在发生非对称接地故障时，可以求出零序电流 $3\dot{I}_0$ 随线路长度 l 变化的关系曲线，然后应用类似于相间短路电流保护的原则进行零序电流保护的整定计算。零序电流速断保护的整定原则如下。

（1）躲开下一条线路出口处单相或两相接地时出现的最大零序电流 $3I_{0.\,\max}$，引入可靠系

数 K_{rel}^{I}（一般取为 $1.2 \sim 1.3$），即：

$$I_{set}^{I} = K_{rel}^{I} 3I_{0.max} = (1.2 \sim 1.3)3I_{0.max} \tag{4-21}$$

（2）躲开断路器三相触头不同期合闸时所出现的最大零序电流 $3I_{0.unb}$，引入可靠系数 K_{rel}^{I}（一般取为 $1.1 \sim 1.2$），即：

$$I_{set}^{I} = K_{rel}^{I} 3I_{0.unb} = (1.1 \sim 1.2)3I_{0.unb} \tag{4-22}$$

（3）按躲开非全相运行状态下又发生系统振荡时所出现的最大零序电流整定。

按照上述 3 个条件计算整定值后，选择最大值为整定值。此时得到的整定值较大，会导致保护灵敏度下降。可以设置 2 个零序电流 I 段保护：一个是按条件（1）和（2）整定，由于其定值较小，保护范围较大，因此，称为灵敏 I 段。它的主要任务是对全相运行状态下的接地故障起作用，具有较大的保护范围，而当单相重合闸启动时，则将其自动闭锁，需待恢复全相运行时才能重新投入。另一个是按条件（3）整定，由于其定值较大，因此称为不灵敏 I 段。装设它的主要目的是为了在单相重合闸过程中，其他两相又发生接地故障时，用来弥补失去灵敏 I 段的缺陷，以尽快地将故障切除，当然，不灵敏 I 段也能反应全相运行状态下的接地故障，只是其保护范围较灵敏 I 段小。

零序电流 I 段保护的灵敏度校验按照保护范围的大小来校验，分别计算单相接地和两相接地短路时的保护范围，要求最小保护范围 $\geqslant 20\%$。

（二）零序电流 II 段保护

零序电流 II 段保护是按躲开下一级线路的 I 段保护的电流整定值来整定的。为了保证动作的选择性，需要设置 Δt 的时延。通常按与相邻下一级线路的零序电流保护 I 段配合整定，即：

$$I_{set.1}^{II} = \frac{K_{rel}^{II}}{K_{0b.min}} I_{set.2}^{I} \tag{4-23}$$

式中，K_{rel}^{II} 为可靠系数，取 $1.15 \sim 1.2$；K_{0b} 为分支系数，按实际情况选取可能的最小值；$I_{set.2}^{I}$ 为相邻下一级线路的零序电流保护 I 段整定值。当按此整定结果达不到规定灵敏度数时，可改为按与相邻下一级线路的零序电流保护 II 段配合来整定。

采用本线路末端接地短路时的最小零序电流 $I_{0k.min}$ 进行灵敏度校验，灵敏系数为：

$$K_{sen}^{II} = \frac{I_{0k.min}}{I_{set.1}^{II}} \tag{4-24}$$

为了保证在线路末端短路时，保护装置一定能够动作，考虑实际短路时存在的过渡电阻以及测量误差等的影响，要求 $K_{sen}^{II} \geqslant 1.5$。当由于线路比较短或运行方式变化比较大，灵敏度不满足要求时，可考虑用下列方式解决。

（1）使零序电流 II 段保护与下一条线路的零序电流 II 段保护配合，时限再抬高一级，可以取为 1s。

（2）保留 0.5s 的零序电流 II 段保护，同时再增设一个与下一条线路的零序电流 II 段保护配合的动作时限为 1s 的零序 II 段。这样保护装置中，就具有两个定值和时限均不相同的零序 II 段，一个定值较大，能在正常运行方式和最大运行方式下，以较短的延时切除本线路上所发生的接地故障；另一个具有较长的延时，能保证在各种运行方式下线路末端接地短路时，保护装置具有足够的灵敏系数。

（3）从电网接线的全局考虑，改用接地距离保护。

（三）零序电流Ⅲ段保护

零序电流Ⅲ段保护一般情况下是作为本线路和相邻线路的后备保护，在中性点直接接地系统中的终端线路上，它也可以作为主保护使用。

零序电流Ⅲ段保护按如下原则整定。

（1）按躲开在下一条线路出口处相间短路时所出现的最大不平衡电流 $I_{unb.max}$ 来整定，引入可靠系数 $K_{rel}^{Ⅲ}$，即：

$$I_{set}^{Ⅲ} = K_{rel}^{Ⅲ} I_{unb.max} = (1.1 \sim 1.2) I_{unb.max} \tag{4-25}$$

（2）与下一条线路零序Ⅲ段相配合，就是本保护零序Ⅲ段的保护范围，不能超出相邻线路上零序Ⅲ段的保护范围。当两个保护之间具有分支电路时（有中性点接地变压器时），启动电流整定为

$$I_{set.1}^{Ⅲ} = \frac{K_{rel}^{Ⅲ}}{K_{0b.min}} I_{set.2}^{Ⅲ} \tag{4-26}$$

式中，$K_{rel}^{Ⅲ}$ 为可靠系数，一般取为 $1.1 \sim 1.2$；K_{0b} 为分支系数，即在相邻的零序Ⅲ段保护范围末端发生接地短路时，故障线路中零序电流与流过本保护装置中零序电流之比。

保护装置的灵敏系数，当作为本条线路近后备保护时，按本线路末端发生接地故障时的最小零序电流来校验，要求 $K_{sen}^{Ⅲ} \geqslant 1.5$；当作为相邻元件的远后备保护时，按相邻元件保护范围末端发生接地故障时，流过本保护的最小零序电流（应考虑分支电路的影响）来校验，要求 $K_{sen}^{Ⅲ} \geqslant 1.2$。

按上述原则整定的零序过电流保护，其启动电流一般都很小（在二次侧约为 $2 \sim 3A$），因此，在本电压级网络中发生接地短路时，它都可能启动。这时，为了保证保护的选择性，各零序过电流保护的动作时限也应按图4-14所示的阶梯原则来选择。

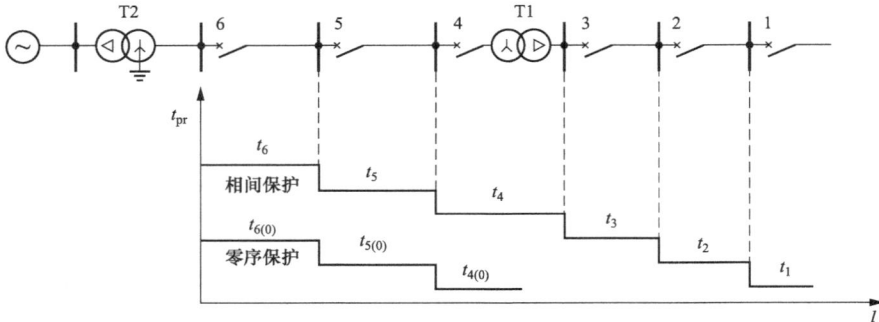

图4-14　零序过电流保护的时限特性

（四）方向性零序电流保护

在双侧或多侧电源网络中，电源处变压器的中性点一般至少有一台要接地，由于零序电流的实际流向是由故障点流向各个中性点接地的变压器，因此在变压器接地数目比较多的复杂网络中，就需要考虑零序电流保护动作的方向性问题。

零序功率方向元件接于零序电压 $3\dot{U}_0$ 和零序电流 $3\dot{I}_0$ 之上，反应于零序功率的方向而动作。当保护范围内部故障时，按规定的电流、电压正方向看，$3\dot{I}_0$ 超前于 $3\dot{U}_0$ $95° \sim 110°$（对应于保护安装地点背后的零序阻抗角为 $85° \sim 70°$ 的情况），此时零序功率方向元件应正确动

作，并工作在最灵敏的条件之下。所以零序功率方向元件的最大灵敏角 $\varphi_{\text{sen}} = -95° \sim -110°$。由于越靠近故障点的零序电压越高，因此零序方向元件没有电压死区。

（五）对零序电流保护的评价

在中性点直接接地系统中，零序电流保护相比电流保护具有以下优点。

（1）相间短路的过电流保护是按躲开最大负荷电流整定，二次启动电流一般为 $5 \sim 7\text{A}$；而零序过电流保护则按躲开不平衡电流整定，其值一般为 $2 \sim 3\text{A}$。由于发生单相接地短路时，故障相的电流与零序电流 $3I_0$ 相等，因此零序过电流保护有较高的灵敏度。

（2）相间短路的电流速断和限时电流速断保护受系统运行方式变化的影响很大，而零序电流保护受系统运行方式变化的影响要小得多。而且，由于线路零序阻抗远较正序阻抗为大，$X_0 = (2 \sim 3.5)X_1$，故线路始端与末端接地短路时，零序电流变化显著，曲线较陡，因此零序 I 段的保护范围较大，也较稳定，零序 II 段的灵敏系统也易于满足要求。

（3）当系统中发生某些不正常运行状态时，如系统振荡、短时过负荷等，三相是对称的，相间短路的电流保护均受它们的影响而可能误动作，需要采取必要的措施予以防止，而零序电流保护则不受它们的影响。

（4）在 110kV 及以上的高压和超高压系统中，单相接地故障约占全部故障的 $70\% \sim 90\%$，而且其他的故障也往往是由单相接地故障发展起来的。因此零序电流保护就为绝大部分故障情况提供了保护，具有重要作用。

但零序电流保护仍存在以下缺点。

（1）对于短线路或运行方式变化很大的情况，零序电流保护往往不能满足系统运行所提出的要求。

（2）零序电流保护受中性点接地数目和分布的影响。因此电力系统实际运行时，应保证零序网络结构的相对稳定。

实际上，在中性点直接接地的电网中，由于零序电流保护简单、经济、可靠，因而获得了广泛的应用。

【例 4-1】　如图 4-15 所示网络中，已知：

（1）电源等值电抗 $X_{1s} = X_{2s} = 5\Omega$，$X_0 = 8\Omega$；

（2）线路 AB、BC 的电抗 $x_1 = 0.4\Omega/\text{km}$，$x_0 = 1.4\Omega/\text{km}$；

（3）变压器 T1 额定参数为：额定容量 31.5MVA，额定电压 110/6.6kV，$U_k = 10.5\%$，其他参数如图 4-15 所示。

试对线路 AB 的保护 1 进行零序保护三段整定计算（动作电流、灵敏度校验以及动作时限）。

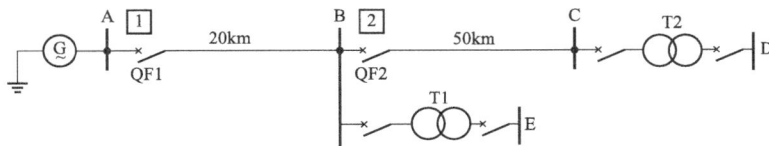

图 4-15　例 4-1 图

（1）计算短路电流

1）计算各线路参数。

线路 AB：

$$X_{1.AB} = X_{2.AB} = x_1 L_{AB} = 0.4 \times 20 = 8\Omega$$

$$X_{0.AB} = x_0 L_{AB} = 1.4 \times 20 = 28\Omega$$

线路 BC：

$$X_{1.BC} = X_{2.BC} = x_1 L_{BC} = 0.4 \times 50 = 20\Omega$$

$$X_{0.BC} = x_0 L_{BC} = 1.4 \times 50 = 70\Omega$$

变压器 T1：

$$X_{1.T1} = X_{2.T2} = \frac{U_k}{100} \times \frac{U_N^2}{S_N} = \frac{10.5}{100} \times \frac{110^2}{31.5} = 40.33\Omega$$

2）短路电流的计算。

① B 母线的短路电流：

$$X_{1\Sigma} = X_{2\Sigma} = X_{1.AB} + X_{1s} = 8 + 5 = 13\Omega$$

$$X_{0\Sigma} = X_{0.AB} + X_0 = 28 + 8 = 36\Omega$$

单相接地短路的复合序网如图 4-16 所示，则 B 母线的单相接地零序电流为：

$$I_{0.B}^{(1)} = \frac{U_N/\sqrt{3}}{X_{1\Sigma} + X_{2\Sigma} + X_{0\Sigma}} = \frac{115000}{\sqrt{3}(13 + 13 + 36)} = 1070\text{A}$$

$$3I_{0.B}^{(1)} = 3 \times 1070 = 3210\text{A}$$

两相接地短路的复合序网如图 4-17 所示，则 B 母线两相接地短路零序电流为：

$$I_{0.B}^{(1,1)} = \frac{E}{X_{1\Sigma} + \dfrac{X_{2\Sigma} X_{0\Sigma}}{X_{2\Sigma} + X_{0\Sigma}}} \times \frac{X_{2\Sigma}}{X_{2\Sigma} + X_{0\Sigma}} = \frac{115000/\sqrt{3}}{13 + \dfrac{13 \times 36}{13 + 36}} \times \frac{13}{13 + 36} = 780\text{A}$$

$$3I_{0.B}^{(1,1)} = 3 \times 780 = 2340\text{A}$$

B 母线的最大三相短路电流为：

$$I_{k.B.max}^{(3)} = \frac{115000}{\sqrt{3} X_{1\Sigma}} = \frac{115000}{\sqrt{3} \times 13} = 5110\text{A}$$

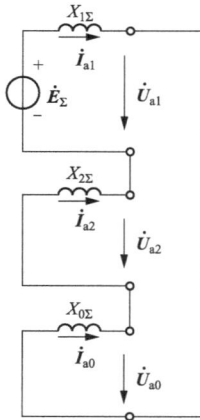

图 4-16　单相接地短路的复合序网

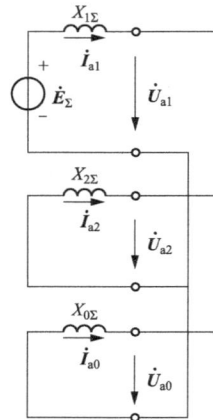

图 4-17　两相接地短路的复合序网

② C 母线的短路电流计算：

$$X_{1\Sigma} = X_{2\Sigma} = X_{1s} + X_{1.AB} + X_{1.BC} = 5 + 8 + 20 = 33\Omega$$

$$X_{0\Sigma} = X_0 + X_{0.AB} + X_{0.BC} = 8 + 28 + 70 = 106\Omega$$

C 母线的两相接地短路零序电流为：

$$3I_{0.C}^{(1,1)} = \frac{3E}{X_{1\Sigma} + \dfrac{X_{2\Sigma}X_{0\Sigma}}{X_{2\Sigma} + X_{0\Sigma}}} \times \frac{X_{2\Sigma}}{X_{2\Sigma} + X_{0\Sigma}} = 3 \times \frac{115000/\sqrt{3}}{33 + \dfrac{33 \times 106}{33 + 106}} \times \frac{33 \times 106}{33 + 106} = 813\text{A}$$

C 母线的单相接地短路零序电流为：

$$3I_{0.C}^{(1)} = \frac{3U_N/\sqrt{3}}{X_{1\Sigma} + X_{2\Sigma} + X_{0\Sigma}} = 3 \times \frac{115000}{\sqrt{3}(33 + 33 + 106)} = 1160\text{A}$$

（2）各段零序保护的整定计算

1）零序Ⅰ段保护。

① 动作电流：

$$I_{\text{set.1}}^{\text{I}} = K_{\text{rel}}^{\text{I}} \cdot \max\{I_{0.B}^{(1)}, I_{0.B}^{(1,1)}\} = 1.25 \times 3210 = 4010\text{A}$$

② 单相接地保护区长度。

$$\frac{3 \times 115000}{\sqrt{3}(X_{1\Sigma.L} + X_{2\Sigma.L} + X_{0\Sigma.L})} = \frac{3 \times 115000}{\sqrt{3}[(0.4L+5) + (0.4L+5) + (8+1.4L)]} = 4010$$

根据上述方程可以解出，单相接地保护区长度为：

$$L = 14.4\text{km} > 50\% \times L_{\text{AB}} = 10\text{km}$$

该长度满足要求。

③ 两相接地保护区长度：

$$\frac{3 \times 115000}{\sqrt{3}\left(X_{1\Sigma.L} + \dfrac{X_{2\Sigma.L}X_{0\Sigma.L}}{X_{2\Sigma.L} + X_{0\Sigma.L}}\right)} \times \frac{X_{2\Sigma.L}}{X_{2\Sigma.L} + X_{0\Sigma.L}} = 4010$$

同理，可以解得两相接地保护区长度为：

$$L = 9\text{km} > 20\% \times L_{\text{AB}} = 4\text{km}$$

该长度满足要求。

2）零序Ⅱ段保护。

① 动作电流：

$$I_{\text{set.1}}^{\text{II}} = K_{\text{rel}}^{\text{II}}I_{\text{set.2}}^{\text{I}} = 1.15 \times (1.25 \times 1160) = 1670\text{A}$$

② 灵敏度校验：

$$K_{\text{sen}}^{\text{II}} = \frac{\min\{3I_{0.B}^{(1)}, 3I_{0.B}^{(1,1)}\}}{I_{\text{set.1}}^{\text{II}}} = \frac{2340}{1670} = 1.4 > 1.3$$

灵敏度满足要求。

③ 动作时限：

$$t_{0.1}^{\text{II}} = 0.5\text{s}$$

3）零序Ⅲ段保护。

① 动作电流：

$$I_{\text{set.1}}^{\text{III}} = K_{\text{rel}}^{\text{III}}I_{\text{unb.max}} = K_{\text{rel}}^{\text{III}}(0.5K_{\text{ap}}K_{\text{cr}}I_{\text{k.B.max}}^{(3)}) = 1.25 \times 0.5 \times 1.5 \times 0.1 \times 5110 = 480\text{A}$$

② 灵敏度校验。

- 作为本线路的近后备保护时：

$$K_{\text{sen近}}^{\text{III}} = \frac{\min\{3I_{0.\text{B}}^{(1)}, 3I_{0.\text{B}}^{(1,1)}\}}{I_{\text{set.1}}^{\text{III}}} = \frac{2340}{480} = 4.9 > 2$$

满足灵敏度要求。

- 作为下一线路的远后备保护时：

$$K_{\text{sen远}}^{\text{III}} = \frac{\min\{3I_{0.\text{C}}^{(1)}, 3I_{0.\text{C}}^{(1,1)}\}}{I_{\text{set.1}}^{\text{III}}} = \frac{813}{480} = 1.69 > 1.5$$

满足灵敏度要求。

③ 动作时限：

$$t_{0.1}^{\text{III}} = t_{0.2}^{\text{III}} + \Delta t$$

大电流接地电网的零序电流保护也采取和阶段式电流保护一样的三段式保护，只要很好地掌握阶段式电流保护的 I、II、III 段保护的配置及相互间的配合，就能很好地理解零序电流保护的设置。所以我们要"知其然，知其所以然"，掌握其中的分析方法，然后举一反三，启发创新思维，以更好地解决新问题和挑战。

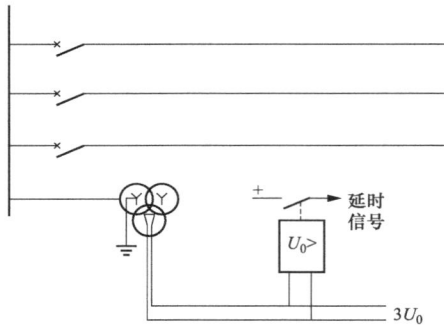

图 4-18 网络单相接地的绝缘
监视装置原理接线

七、小电流接地电网的绝缘监视

网络发生单相接地故障时，在同一电压等级线路上都将出现零序电压，利用该特征可以构建交流绝缘监视装置，安装在发电厂和变电站的母线上，在发生单相接地后，带延时动作于信号。网络单相接地的绝缘监视装置原理接线如图 4-18 所示，由过电压继电器接于电压互感器二次开口三角形侧构成。

绝缘监视装置给出的信号是没有选择性的，要想知道故障是在哪一条线路上，还需要由运行人员依次短时断开每条线路，并继之以自动重合闸将断开线路投入来延时判断，若断开某条线路时零序电压的信号消失，则表明故障是在该线路上。

第二节　中性点不接地电网接地故障实验仿真

一、系统配置

选择图 4-6 所示的网络进行仿真，包括 1 条发电机支路和 3 条线路。假设发电机的电压为 10.5kV，3 条线路长度分别为 130km、175km 和 151km。线路 I、II、III 上的负荷有功功率分别为 1MW、0.2MW 和 2MW，感性无功功率均为 0.4MVar。发电机支路的负荷有功功率为 5MW。假设线路 III 出线的 1km 处 A 相发生金属性接地故障，运行仿真模型，得到电网三相对地电压和线电压波形图、电网零序电压、零序电流以及故障点的接地电流。

二、仿真模型

利用 Simulink 建立一个 10kV 中性点不接地系统的仿真模型，如图 4-19 所示。每一条线路的始端都设三相电压电流测量模块 "Three-Phase V-I Measurement" 将测量到的电压、电流信号转变成 Simulink 信号，相当于电压、电流互感器的作用。系统零序电压 $3U_0$ 及每条线路始端零序电流 $3I_0$ 采用如图 4-20 所示方式得到（以 Line1 为例）。

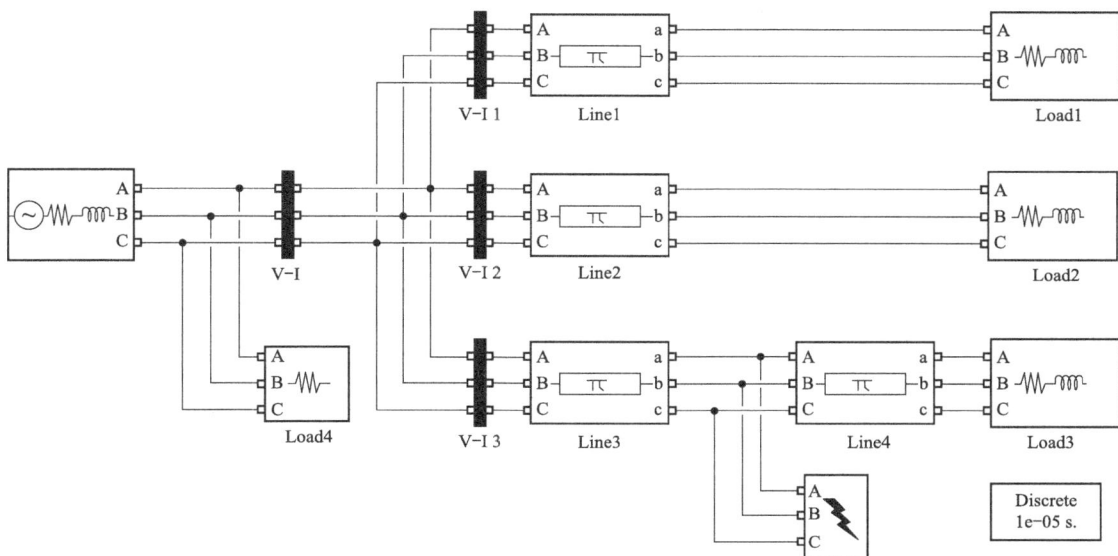

图 4-19 10kV 中性点不接地系统的仿真模型

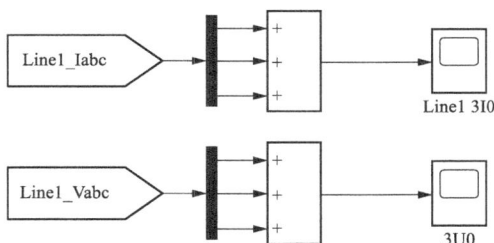

图 4-20 系统零序电压 $3U_0$ 及每条线路始端零序电流 $3I_0$ 的获取方法

三、仿真设置

1. Powergui 设置

仿真类型选择离散形式，可以加快计算速度。Powergui 参数设置如图 4-21 所示。

2. 电源参数设置

电源采用 "Three-Phase Source" 模型，输出电压为 10.5kV，内部采用 Y 联结方式，电源参数设置如图 4-22 所示。

3. 输电线路 Line1～Line4 参数设置

为了便于模拟 1km 处的故障，设置 4 条 10kV 输电线路 Line1～Line4，均采用 "Three-Phase PI Section Line" 模型，线路的长度分别为 130km、175km、1km、150km，其他参数相同。输电线路 Line1 的参数设置如图 4-23 所示。其他线路除了长度不同之外，其他都相同。

4. 负荷 Load1、Load2、Load3 的参数设置

线路负荷 Load1、Load2、Load3 和发电机支路负荷均采用 "Three-Phase Series RLC Load" 模型，线路负荷 Load1 的参数设置如图 4-24 所示。其他负荷的设置根据各自的要求，

可按同样方法进行设置。

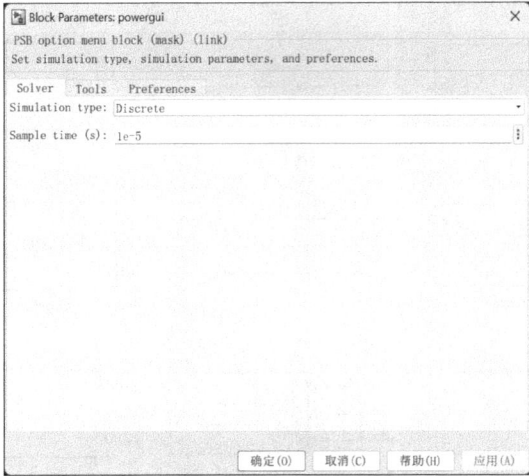

图 4-21　Powergui 参数设置

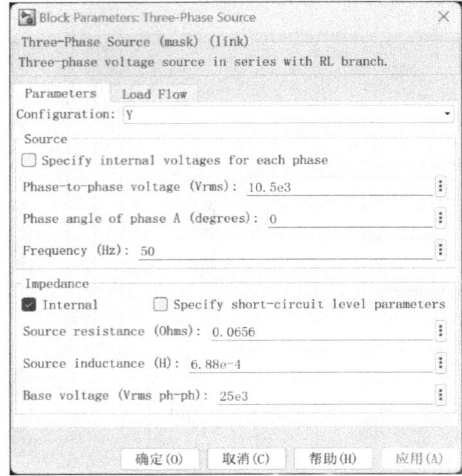

图 4-22　电源参数设置

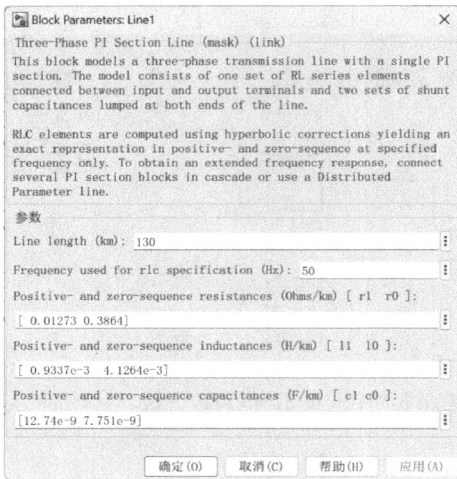

图 4-23　输电线路 Line1 参数设置

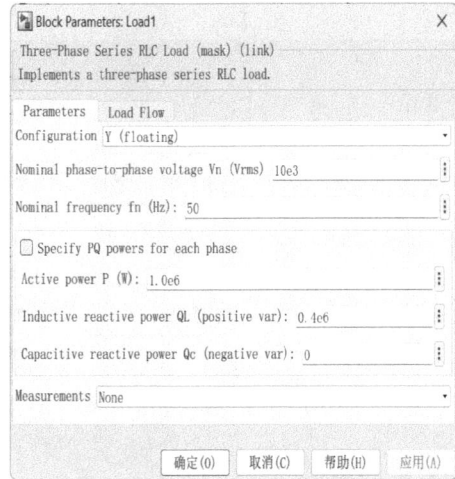

图 4-24　线路负荷 Load1 参数设置

5. 电压电流测量模块

三相电压电流测量模块"Three-Phase V-I Measurement"参数设置如图 4-25 所示。

6. 故障模块

故障模块只设置 A 相故障,其参数设置如图 4-26 所示。

7. 故障点电流测量模块

故障点的接地电流用图 4-27 所示的万用表得到,其参数设置如图 4-27 所示。

四、实验内容

(1) 理论计算短路时,3 条线路始端零序电流以及接地电流的有效值。

(2) 设置仿真运行时间为 0.2s,故障模块设置为 0.04s 发生 A 相接地故障,过渡电阻设为 0.01Ω,运行仿真,观察电网三相电压和电流、不同线路首端的零序电流以及故障点接地电流的波形，并和理论计算值进行对比，验证仿真结果的正确性，要求误差小于 3%。

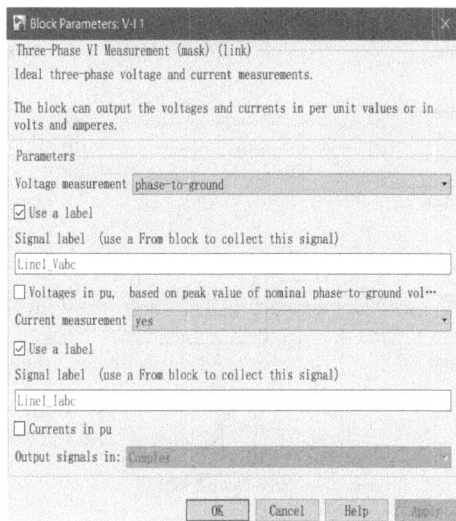

图 4-25 三相电压电流测量模块参数设置

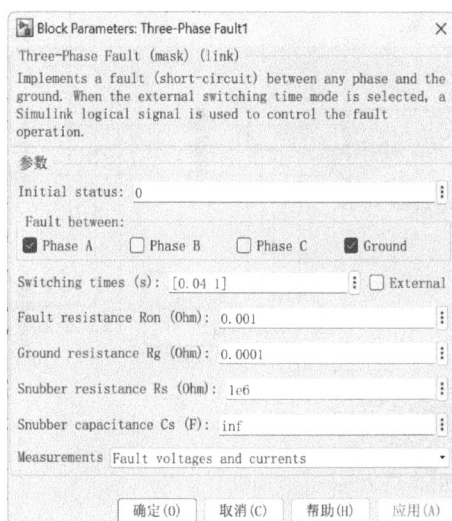

图 4-26 故障模块参数设置

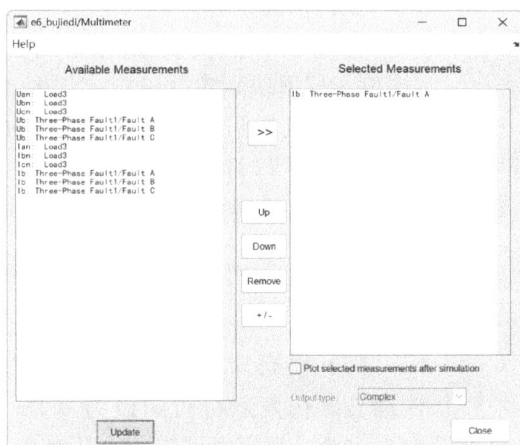

图 4-27 故障点接地电流测量模块参数设置

五、思考题

进一步分析仿真得到的电压和电流的相位，验证是否满足理论分析的结果。

第三节 中性点经消弧线圈接地电网接地故障实验仿真

一、系统配置

在第二节实验系统的基础上，在电源的中性点接入电感线圈，而其他参数不变，这样当发生单相接地时，在接地点就有一个电感分量的电流通过，此电流和原系统中的电容电流相抵消，就可以减小流经故障点的电流。过补偿 P 取 10%。

二、仿真模型

利用 Simulink 建立一个 10kV 中性点经消弧线圈接地的电网仿真模型，如图 4-28 所示。

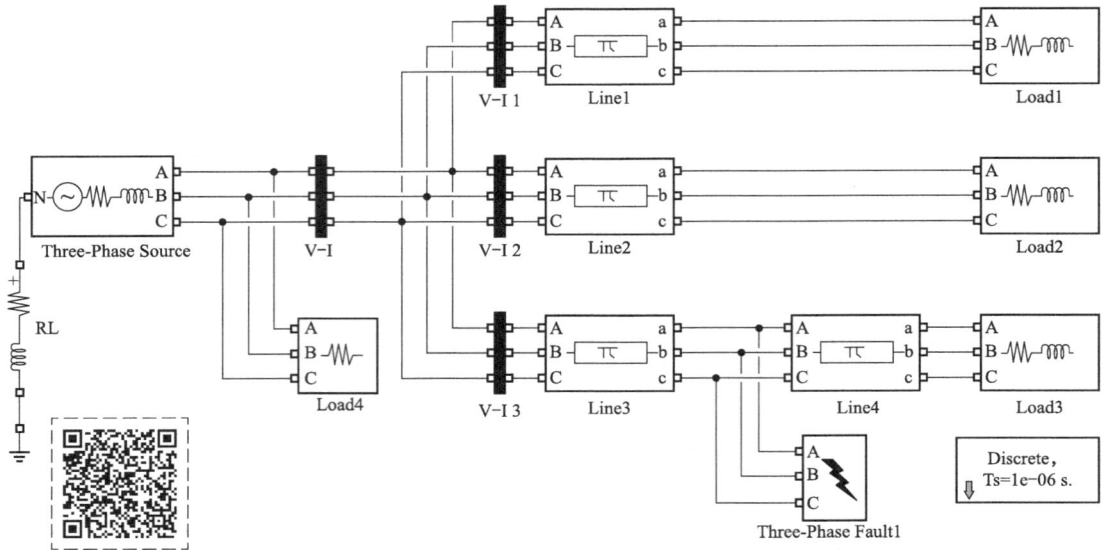

图 4-28　10kV 中性点经消弧线圈接地的电网仿真模型

仿真模型

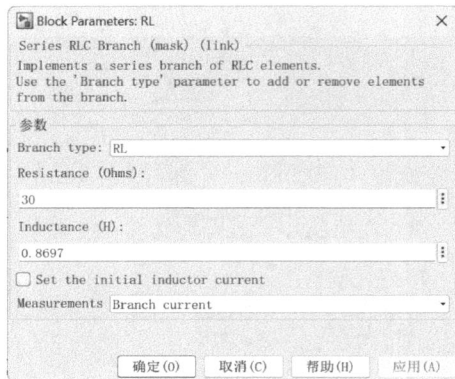

图 4-29　消弧线圈参数

三、仿真设置

在 2.3 节仿真设置的基础上增加消弧线圈（串联 RL 模块）参数设置，如图 4-29 所示。线圈串联的电阻为阻尼电阻，设为 30Ω。电感值需要通过补偿率 P 计算得到。

四、实验内容

（1）按式 $\omega L = (1+P) \times \dfrac{1}{3\omega C_\Sigma}$ 计算消弧线圈的电感值。

（2）根据计算的消弧线圈电感值设置消弧线圈参数，仿真运行时间设为 0.2s，故障模块设置为 0.04s 发生 A 相接地故障，过渡电阻设为 0.01Ω，观察电网三相电压和电流、不同线路首端的零序电流以及故障点接地电流的波形。并将结果和中性点不接地情况的结果图进行比较，分析补偿效果。

五、思考题

（1）中性点经消弧线圈接地适用于多大电压等级的系统？当电网发生单相接地故障时，消弧线圈是如何动作的？其工作原理是什么？

（2）消弧线圈的补偿方式有哪些？其中哪一种得到广泛应用？为什么？

第四节　中性点直接接地电网接地故障实验仿真

一、系统配置

10.5kV/110kV 中性点直接接地系统如图 4-28 所示，AB 线路的长度为 30km，单位长度的正序阻抗为 $0.451\angle73.13°\Omega/\text{km}$。变压器 T1 采用角星联结方式，T2 采用星角联结方式。

二、仿真模型

根据图 4-30，利用 Simulink 建立如图 4-31 所示的中性点直接接地系统的仿真模型。在仿真模型中，为了便于设置故障点，将输电线路分为 Line1、Line2 两部分。A、B 母线处的测量模块"Three-PhaseV-I Measurement"用来测量三相电压、电流，在建立模型时应按"从母线到线路"的规定正方向来设置。母线 A 处的零序电压和零序电流采用图 4-32 的方式获得。母线 B 处的零序电压和零序电流可采用与图 4-32 相似的方式获得。故障点处的零序电压用图 4-33 所示的万用表方式获得。

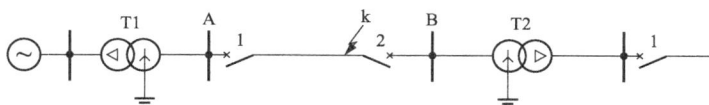

图 4-30 10.5kV/110kV 中性点直接接地系统

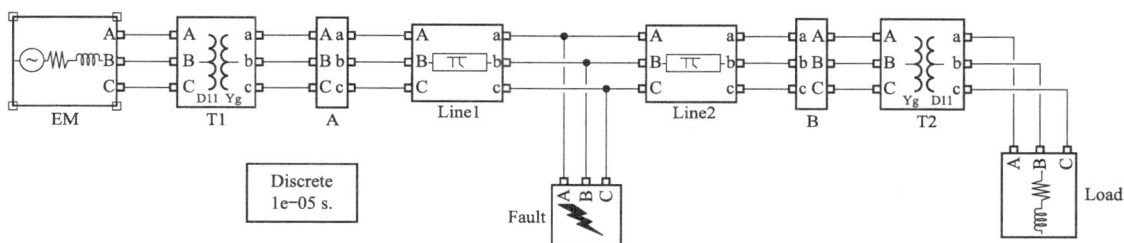

图 4-31 中性点直接接地系统的仿真模型

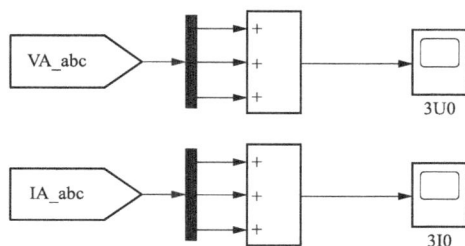

仿真模型

图 4-32 母线 A 处的零序电压和零序电流获取方法

三、仿真设置

1. Powergui 设置

仿真类型选择离散形式，可以加快计算速度。Powergui 参数设置如图 4-34 所示。

2. 电源参数设置

电源采用"Three-Phase source"模型，输出电压为 10.5kV，内部采用 Y 联结方式，电源参数设置如图 4-35 所示。

3. 输电线路 Line1、Line2 参数设置

模型中 Line1、Line2 均采用"Three-Phase PI Section Line"模型，线路的单位正序阻抗 $Z_1 = 0.451\angle73.13°\Omega/km$，线路的长度分别为 30km、20km。输电线路 Line1 参数设置如图 4-36 所示。

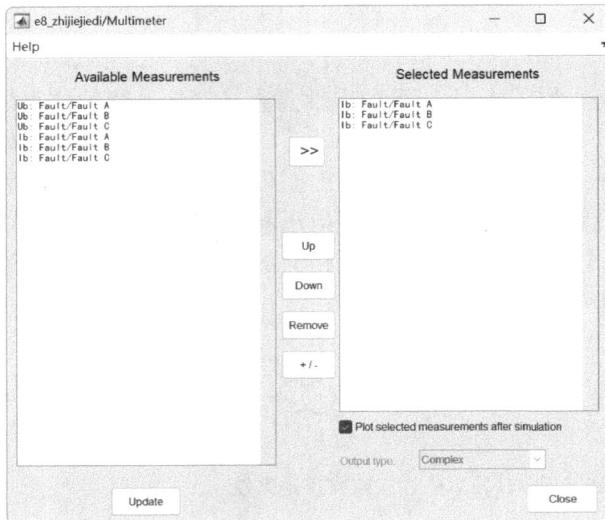

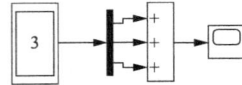

图 4-33 故障点处零序电压获取方法

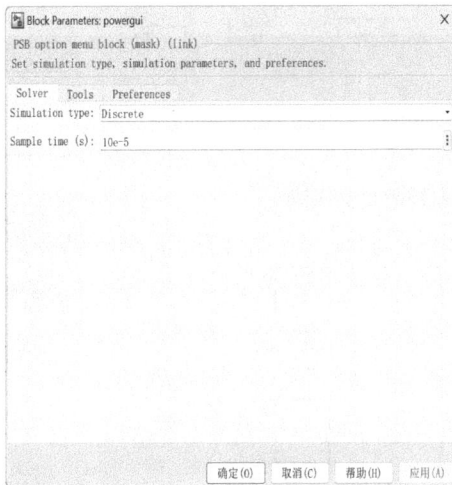

图 4-34 Powergui 参数设置

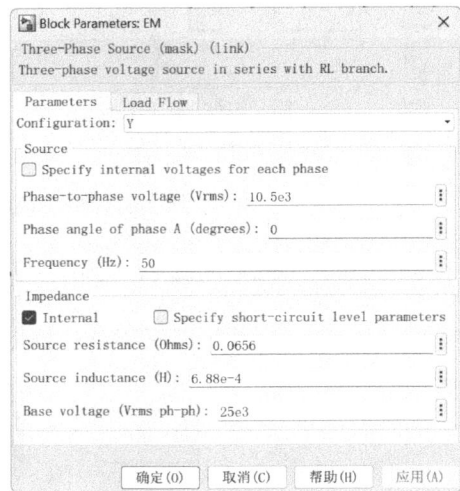

图 4-35 电源参数设置

4. 变压器 T1、T2 参数设置

变压器 T1、T2 均选用三相两绕组变压器模块 "Three-Phase Transformer（Two Windings）"，T1 采用△—Yg 联结方式，T2 采用 Yg—△联结方式。变压器 T1、T2 参数设置分别如图 4-37、图 4-38 所示。

5. 线路负荷 Load 参数设置

线路负荷 Load 采用 "Three-Phase Series RLC Load" 模型，其参数设置如图 4-39 所示。

四、实验内容

（1）A 相接地短路时，计算系统中元件阻抗参数、短路点的各序综合阻抗、零序电流以及零序电压的理论值。

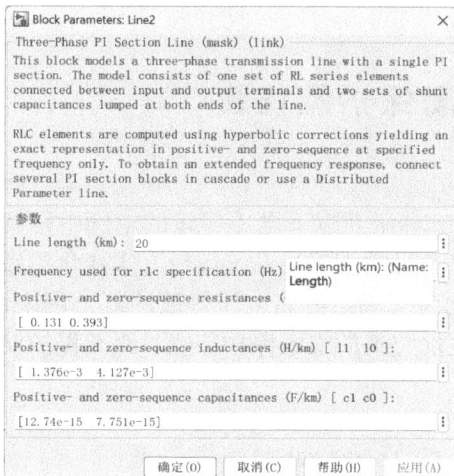

图 4-36　输电线路 Line1 参数设置

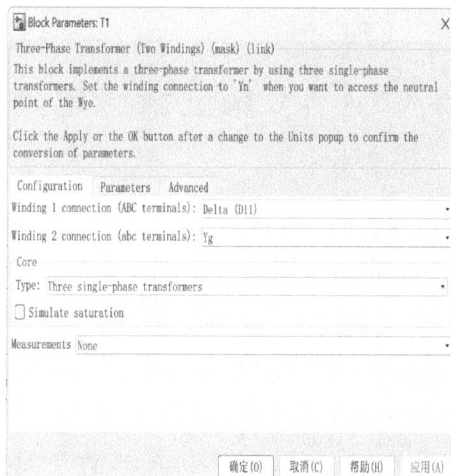

图 4-37　变压器 T1 参数设置

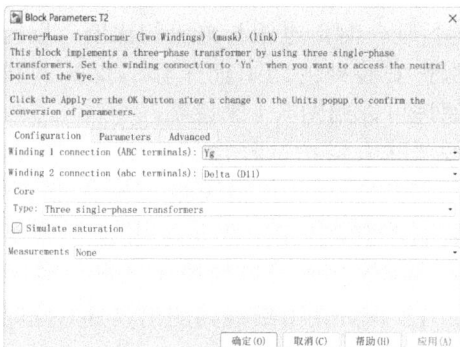

图 4-38　变压器 T2 参数设置

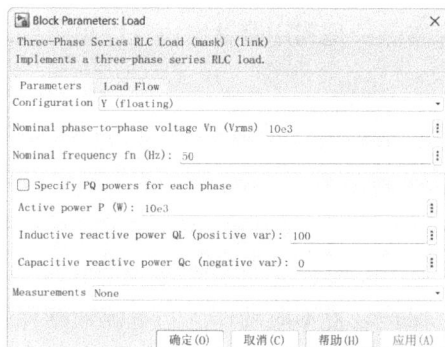

图 4-39　线路负荷 Load 参数设置

（2）设置仿真运行时间为 0.2s，利用故障模块设置线路 AB 在 0.06s 时发生 A 相金属性接地故障。运行仿真模型，得到电网三相对地电压、故障点以及母线 A、B 处的零序电压；故障点的接地电流以及母线 A、B 处的零序电流波形。将仿真结果与理论计算进行对比分析，验证中性点直接接地电网中发生接地短路时零序分量是否满足故障特征。

五、思考题

试对比不同中性点运行方式下线路中零序电流的大小，尝试理解只有中性点直接接地方式才能使用零序电流保护反应不对称接地短路的原因。

第五章 电网的距离保护及仿真

电流保护的主要优点是简单、经济、可靠，在 35kV 及以下电压等级的电网中得到了广泛的应用。但是由于它们的定值选择、保护范围以及灵敏度等受系统运行方式变化的影响较大，难以应用于更高电压等级的复杂网络中，因此为了满足更高电压等级的复杂网络快速、有选择性地切除故障元件的要求，必须采用性能更加完善的继电保护装置，距离保护就是其中的一种。

第一节 基本概念及原理

一、距离保护的基本概念

距离保护是利用短路时电压、电流同时变化的特征，测量电压与电流的比值，反应故障点到保护安装处的距离而工作的保护。其基本工作原理可以用图 5-1 来说明。

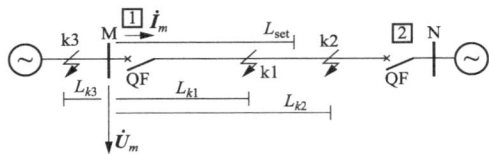

图 5-1 距离保护原理示意图

按照继电保护选择性的要求，安装在线路两端的距离保护只有在线路 MN 内部故障时，保护装置才应该立即动作，将相应的断路器跳开，而在保护区的反方向或本线路之外正方短路时，保护装置不应动作。与电流速断保护一样，为了保证在下级线路的出口处短路时保护不误动作，在保护区的正方向上设定一个小于本线路全长的保护范围，用整定距离 L_{set} 来表示。当系统发生短路故障时，首先判断故障的方向，若故障位于保护区的正方向上，则设法测出故障点到保护安装处的距离 L_k，并将 L_k 与 L_{set} 相比较，若 L_k 小于 L_{set} 说明故障发生在保护范围之内，这时保护应立即动作，跳开对应的断路器；若 L_k 大于 L_{set} 说明故障发生在保护范围之外，保护不应动作，对应的断路器不会跳开。若故障位于保护的反方向上，直接判为区外故障而不动作。

综上分析，距离保护通过判断故障方向，测量并比较故障距离，判断故障位于保护区内还是保护区外，从而决定是否需要跳闸，实现保护。通常情况下，距离保护可以利用测量短路阻抗的方法来间接地测量和判断故障距离。

二、测量阻抗及其与故障距离的关系

在距离保护中，测量阻抗通常用 Z_m 来表示，它定义为保护安装处测量电压 $\dot{U}_m$ 与测量电流 $\dot{I}_m$ 之比，即：

$$Z_m = \dot{U}_m / \dot{I}_m \tag{5-1}$$

式中，Z_m 为一个复数，在复平面上既可以用极坐标形式表示，也可以用直角坐标形式表示，即：

$$Z_m = |Z_m| \angle \varphi_m = R + jX_m \tag{5-2}$$

式中，$|Z_m|$ 为测量阻抗的幅值；φ_m 为测量阻抗的阻抗角；R_m 为测量阻抗的实部，称为测量电阻；X_m 为测量阻抗的虚部，称为测量电抗；

在电力系统正常运行时，$\dot{U}_m$ 近似为额定电压，$\dot{I}_m$ 为负荷电流，Z_m 为负荷阻抗，负荷阻抗的量值较大，其阻抗角为数值较小的功率因数角（一般功率因数不低于 0.9，对应的阻抗角不大于 25.8°），阻抗性质以电阻性为主，如图 5-2 中的 Z_L 所示。

电力系统发生金属性短路时，$\dot{U}_m$ 降低，$\dot{I}_m$ 增大，Z_m 变为短路点与保护安装处之间的线路阻抗 Z_k，对于具有均匀参数的输电线路来

图 5-2　负荷阻抗与短路阻抗

说，如果忽略影响较小的分布电容和电导，要求 Z_k 与短路距离 L_k 成线性正比关系，即：

$$Z_m = Z_k = z_1 L_k = (r_1 + jx_1)L_k \tag{5-3}$$

式中，z_1 为单位长度线路的复阻抗；r_1、x_1 分别为单位长度线路的正序电阻和电抗，Ω/km。

短路阻抗的阻抗角就等于输电线路的阻抗角，数值较大（对于 220kV 及以上电压等级的线路，阻抗角一般不低于 75°），阻抗性质以电感性为主，当短路点分别位于图 5-1 中的 k1、k2 和 k3 点时，对应的短路阻抗分别如图 5-2 中的 Z_{k1}、Z_{k2} 和 Z_{k3} 所示。

依据测量阻抗 Z_m 在上述不同情况下幅值和相位的差异，保护就能够区分出系统是否出现故障及故障发生在区内还是区外。

与图 5-1 中整定长度相对应的阻抗为整定阻抗 Z_{set}：

$$Z_{set} = z_1 L_{set} \tag{5-4}$$

在线路阻抗的方向上，比较 Z_m 和 Z_{set} 的大小，就可以实现对 L_k 和 L_{set} 的比较。Z_m 小于 Z_{set} 时，说明 L_k 小于 L_{set}，故障在保护区内；反之，Z_m 大于 Z_{set} 时，说明 L_k 大于 L_{set}，故障在保护区之外。

三、三相系统中测量电压与测量电流的选取

上面的讨论是以单相系统为基础的，在单相系统中，测量电压 $\dot{U}_m$ 选择保护安装处的电压，测量电流 $\dot{I}_m$ 选择被保护元件中的电流，系统金属性短路时两者之间的关系为：

$$\dot{U}_m = \dot{I}_m Z_m = \dot{I}_m Z_k = \dot{I}_m z_1 L_k \tag{5-5}$$

式（5-5）是距离保护能够用测量阻抗来正确表示故障距离的前提和基础，即只有测量电压、测量电流之间满足式（5-5）时，测量阻抗才能正确地反映故障的距离。

在实际三相系统中可能发生多种不同的短路故障，而在各种不对称短路中，各相的电压、电流不一定满足式（5-5），因此需要寻找满足式（5-5）的测量电压和测量电流，以构成在三相系统中可以使用的距离保护。

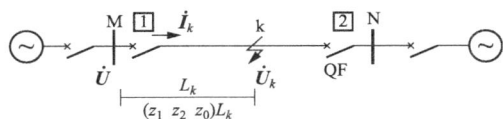

图 5-3　故障网络图

针对不同的短路故障类型，按照对称分量法，可以分析得到满足式（5-5）的电压、电流的形式。现以图 5-3 所示网络中 k 点发生短路故障时的情况为例，对此问题进行分析讨论。按照对称分量法，可以求出 M 母线上各相的电压为：

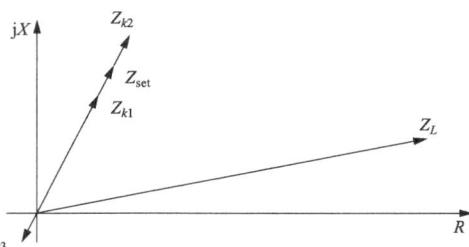

$$\dot{U}_A = \dot{U}_{kA} + \dot{I}_{A1}z_1L_k + \dot{I}_{A2}z_2L_k + \dot{I}_{A0}z_0L_k$$

$$= \dot{U}_{kA} + \left[(\dot{I}_{A1} + \dot{I}_{A2} + \dot{I}_{A0}) + 3\dot{I}_{A0}\frac{z_0 - z_1}{3z_1} \right]z_1L_k$$

$$= \dot{U}_{kA} + (\dot{I}_A + K \times 3\dot{I}_0)z_1L_k \tag{5-6a}$$

$$\dot{U}_B = \dot{U}_{kB} + (\dot{I}_B + K \times 3\dot{I}_0)z_1L_k \tag{5-6b}$$

$$\dot{U}_C = \dot{U}_{kC} + (\dot{I}_C + K \times 3\dot{I}_0)z_1L_k \tag{5-6c}$$

式中，$\dot{U}_{kA}$、$\dot{U}_{kB}$、$\dot{U}_{kC}$ 分别为故障点 k 处的 A、B、C 三相电压；$\dot{I}_A$、$\dot{I}_B$、$\dot{I}_C$ 分别为流过保护安装处的 A、B、C 三相电压；$\dot{I}_{A1}$、$\dot{I}_{A2}$、$\dot{I}_{A0}$ 分别为流过保护安装处的 A 相正序、负序、零序电流；z_1、z_2、z_0 分别为被保护线路单位长度的正序、负序、零序阻抗，在一般情况下可以假设 $z_1 = z_2$；K 为零序电流补偿系数，$K = \dfrac{z_0 - z_1}{3z_1}$，可以是复数。

对于不同类型和相别的短路，故障点的边界条件是不同的，下面就几种故障情况分别进行讨论。

1. 单相接地短路故障（$k^{(1)}$）

以 A 相单相接地短路故障为例进行分析。在 A 相金属性接地短路的情况下，$\dot{U}_{kA} = 0$，式（5-6a）变为：

$$\dot{U}_A = (\dot{I}_A + K \times 3\dot{I}_0)z_1L_k \tag{5-7}$$

若令 $\dot{U}_{mA} = \dot{U}_A$、$\dot{I}_{mA} = \dot{I}_A + K \times 3\dot{I}_0$，则式（5-7）又可以表示为：

$$\dot{U}_{mA} = \dot{I}_{mA}z_1L_k \tag{5-8}$$

它与式（5-5）具有相同的形式，因而由 $\dot{U}_{mA}$、$\dot{I}_{mA}$ 算出的测量阻抗能够正确反映故障的距离，从而可以实现对故障区段的比较和判断。

对于非故障相 B、C，若令 $\dot{U}_{mB} = \dot{U}_B$、$\dot{I}_{mB} = \dot{I}_B + K \times 3\dot{I}_0$ 或 $\dot{U}_{mC} = \dot{U}_C$、$\dot{I}_{mC} = \dot{I}_C + K \times 3\dot{I}_0$，由于 $\dot{U}_{kB}$、$\dot{U}_{kC}$ 不为零，式（5-6b）和式（5-6c）无法变成式（5-5）的形式，所以两相非故障相的测量电压、电流不能准确反映故障的距离。又由于 $\dot{U}_{kB}$、$\dot{U}_{kC}$ 均接近正常电压，$\dot{I}_B$、$\dot{I}_C$ 均接近正常负荷电流，B、C 两相的工作状态与正常负荷状态相差不大，所以当 A 相故障时，由 B、C 两相电压、电流算出的测量阻抗接近负荷阻抗，对应的距离一般都大于整定距离，由它们构成的距离保护一般都不会动作。

同理分析表明，在 B 相发生单相接地短路故障时，用 $\dot{U}_{mB} = \dot{U}_B$、$\dot{I}_{mB} = \dot{I}_B + K \times 3\dot{I}_0$ 作为测量电压、电流能够正确反映故障距离，而用 $\dot{U}_{mA}$、$\dot{I}_{mA}$ 或 $\dot{U}_{mC}$、$\dot{I}_{mC}$ 作为测量电压、电流计算出的电流一般都大于整定距离；C 相发生单相接地短路故障时，用 $\dot{U}_{mC} = \dot{U}_C$、$\dot{I}_{mC} = \dot{I}_C + K \times 3\dot{I}_0$ 作为测量电压、电流能够正确反映故障距离，而用 $\dot{U}_{mA}$、$\dot{I}_{mA}$ 或 $\dot{U}_{mB}$、$\dot{I}_{mB}$ 作为测量电压、电流计算出的距离一般都大于整定距离。

2. 两相接地短路故障（$k^{(1,1)}$）

系统发生金属性两相接地短路故障时，故障点处两接地相的电压都为 0。以 B、C 两相接地短路故障为例，$\dot{U}_{kB} = \dot{U}_{kC} = 0$。令 $\dot{U}_{mB} = \dot{U}_B$、$\dot{I}_{mB} = \dot{I}_B + K \times 3\dot{I}_0$ 或 $\dot{U}_{mC} = \dot{U}_C$、$\dot{I}_{mC} =$

$\dot{I}_C + K \times 3\dot{I}_0$，可以得到：

$$\dot{U}_{mB} = \dot{I}_{mB} \times z_1 L_k \tag{5-9}$$

$$\dot{U}_{mC} = \dot{I}_{mC} \times z_1 L_k \tag{5-10}$$

式（5-9）与式（5-10）都与式（5-5）具有相同的形式，所以由 $\dot{U}_{mB}$、$\dot{I}_{mB}$ 或 $\dot{U}_{mC}$、$\dot{I}_{mC}$ 作为测量电压、电流做出的测量和判断都能够正确地反映故障距离。

非故障相 A 相故障点处的电压 $\dot{U}_{kA} \neq 0$，$\dot{U}_{mA}$、$\dot{I}_{mA}$ 之间不存在式（5-5）所示的关系，且保护安装处的电压、电流均接近于正常值，所以 B、C 两相接地短路故障时，用 $\dot{U}_{mA}$、$\dot{I}_{mA}$ 算出的距离不能正确反映故障的距离，且一般都大于整定距离。

此外，将式（5-6b）和式（5-6c）两式相减可得：

$$\dot{U}_B - \dot{U}_C = (\dot{I}_B - \dot{I}_C) \times z_1 L_k \tag{5-11}$$

令 $\dot{U}_{mBC} = \dot{U}_B - \dot{U}_C$、$\dot{I}_{mBC} = \dot{I}_B - \dot{I}_C$，也可以得到与式（5-5）相同的形式，因而用它们作为距离保护的测量电压和测量电流，也能正确判断故障距离。

由于在 B、C 两相接地短路故障的情况下，$\dot{U}_{mAB} = \dot{U}_A - \dot{U}_B$、$\dot{I}_{mAB} = \dot{I}_A - \dot{I}_B$ 以及 $\dot{U}_{mCA} = \dot{U}_C - \dot{U}_A$、$\dot{I}_{mCA} = \dot{I}_C - \dot{I}_A$ 之间不存在式（5-5）所示的关系，所以用它们作为测量电压、电流都不能正确反应故障距离。又由于在测量电压、电流中含有非故障相的电压、电流量，电压高、电流小，所以它们一般都不会动作。

同理，可以分析出 A、B 两相或 C、A 两相接地短路故障时，各故障相和非故障相元件的动作情况与 B、C 两相短路接地时相一致。

3. 两相不接地短路故障（$k^{(2)}$）

在金属性两相短路的情况下，故障点处两故障相的对地电压相等，各相电压都不为 0，以 A、B 两相故障为例，$\dot{U}_{kA} = \dot{U}_{kB}$。将式（5-6a）和式（5-6b）两式相减，可得：

$$\dot{U}_A - \dot{U}_B = (\dot{I}_A - \dot{I}_B) \times z_1 L_k \tag{5-12}$$

令 $\dot{U}_{mAB} = \dot{U}_A - \dot{U}_B$、$\dot{I}_{mAB} = \dot{I}_A - \dot{I}_B$，可以得到与式（5-5）相同的形式。

非故障相 C 相故障点处的电压与故障相电压不等，作相减运算时不能被消掉，不能用来进行故障距离的判断。

4. 三相对称短路故障（$k^{(3)}$）

三相对称性短路时，故障点处的各相电压相等，且在三相系统对称时均都为 0。这种情况下，应用任何一相的电压、电流或任何两相的相间电压、两相电流差作为距离保护的测量电压和电流，都可以得到与式（5-5）相同的形式，都可以用来进行故障判断。

5. 故障环路的概念及测量电压、电流的选取

经由以上对各种短路类型下正确测量故障距离的分析，可以找出接入距离保护中电压、电流间的规律。为了便于理解，我们定义故障电流可以流通的通路称为故障环路，归纳各种短路类型下正确测量故障距离的分析结果，可得故障环路上的电压和环路中流通的电流之间满足式（5-5），用它们作为测量电压和测量电流所算出的测量阻抗，能够正确地反映保护安装处到故障点的距离。

在系统中性点直接接地系统中，发生单相接地短路时，故障电流在故障相与大地之间流

通，存在一个故障相与大地之间的故障环路（相-地故障环）；两相接地短路时，故障电流可以在两个故障相与大地之间以及两个故障相之间流通，存在两个故障相与大地之间的（相-地）故障环路和一个两故障相之间的（相-相）故障环路；两相不接地短路时，故障电流在两个故障相之间流通，存在一个两故障相之间的（相-相）故障环路；而在三相短路时，故障电流可在任何两相之间流通，存在三个相-地故障环和三个相-相故障环路。

根据选择的测量电压和测量电流的不同，我们可以形成以下两种形式的距离保护。

（1）接地距离保护接线方式：为保护接地短路，取接地短路的故障环路为相—地故障环路，测量电压为保护安装处故障相对地电压，测量电流为带有零序电流补偿的故障相电流。由它们算出的测量阻抗能够准确反映包含相-地故障环路的单相接地、两相接地和三相短路情况下的故障距离。接地距离保护在不同类型短路故障时的动作情况如表5-1所示。

表 5-1　　　　　　　　　　接地距离保护在不同类型短路故障时的动作情况

故障类型		接地距离保护接线方式		
		A 相 $\dot{U}_{mA}=\dot{U}_A$ $\dot{I}_{mA}=\dot{I}_A+K3\dot{I}_0$	B 相 $\dot{U}_{mB}=\dot{U}_B$ $\dot{I}_{mB}=\dot{I}_B+K3\dot{I}_0$	C 相 $\dot{U}_{mC}=\dot{U}_C$ $\dot{I}_{mC}=\dot{I}_C+K3\dot{I}_0$
单相接地	A	√	×	×
	B	×	√	×
	C	×	×	√
两相接地	AB	√	√	×
	BC	×	√	√
	CA	√	×	√
两相短路	AB	×	×	×
	BC	×	×	×
	CA	×	×	×
三相短路	ABC	√	√	√

（2）相间距离保护接线方式：对于相间短路，故障环路为相-相故障环路，取测量电压为保护安装处两故障相的电压差，测量电流为两故障相的电流差，由它们算出的测量阻抗能够准确反映包含相-相故障环路的两相短路、三相短路和两相短路接地情况下的故障距离。相间距离保护在不同类型短路故障时的动作情况如表5-2所示。

表 5-2　　　　　　　　　　相间距离保护在不同类型短路故障时的动作情况

故障类型		相间距离保护接线方式		
		AB 相 $\dot{U}_{mAB}=\dot{U}_A-\dot{U}_B$ $\dot{I}_{mAB}=\dot{I}_A-\dot{I}_B$	BC 相 $\dot{U}_{mBC}=\dot{U}_B-\dot{U}_C$ $\dot{I}_{mBC}=\dot{I}_B-\dot{I}_C$	CA 相 $\dot{U}_{mCA}=\dot{U}_C-\dot{U}_A$ $\dot{I}_{mCA}=\dot{I}_C-\dot{I}_A$
单相接地	A	×	×	×
	B	×	×	×
	C	×	×	×
两相接地	AB	√	×	×
	BC	×	√	×
	CA	×	×	√

故障类型		相间距离保护接线方式		
		AB 相	BC 相	CA 相
		$\dot{U}_{mAB}=\dot{U}_A-\dot{U}_B$ $\dot{I}_{mAB}=\dot{I}_A-\dot{I}_B$	$\dot{U}_{mBC}=\dot{U}_B-\dot{U}_C$ $\dot{I}_{mBC}=\dot{I}_B-\dot{I}_C$	$\dot{U}_{mCA}=\dot{U}_C-\dot{U}_A$ $\dot{I}_{mCA}=\dot{I}_C-\dot{I}_A$
两相短路	AB	√	×	×
	BC	×	√	×
	CA	×	×	√
三相短路	ABC	√	√	√

四、阻抗继电器

阻抗继电器是距离保护的核心元件，它的作用是测量故障点到保护安装处的阻抗（距离），并与整定值进行比较，以确定是保护区内部故障还是保护区外部故障。

（一）阻抗继电器的分类

阻抗继电器有以下几种常见的分类方法。

（1）根据阻抗继电器的比较原理，阻抗继电器可以分为幅值比较式和相位比较式两种。

（2）根据阻抗继电器的输入量不同，阻抗继电器可以分为单相式（第Ⅰ型）和多相补偿式（第Ⅱ型）两种。单相式阻抗继电器是指仅输入一个电压 U_k、一个电流 I_k 的阻抗继电器，而多相补偿式阻抗继电器是指输入不止一个电压或一个电流的阻抗继电器。

（3）根据阻抗继电器的动作边界（动作特性）的形状不同，阻抗继电器可以分为圆特性阻抗继电器、多边形特性阻抗继电器、直线特性阻抗继电器等多种。

（二）阻抗继电器的基本概念

图 5-4（a）所示为单相式阻抗继电器的原理接线。当在 k1 点短路时，电压和电流的比值称为测量阻抗 Z_k，其与一次侧的阻抗之间的关系为：

$$Z_k=\frac{\dot{U}_k}{\dot{I}_k}=\frac{\dot{U}_B/n_{TV}}{\dot{I}_{k1}/n_{TA}}=\frac{n_{TA}}{n_{TV}}Z_k' \tag{5-13}$$

式中，$\dot{U}_B$ 为保护安装处 B 母线的一次电压；$\dot{I}_{k1}$ 为 k1 点短路时，BC 线路上的一次电流；n_{TV}、n_{TA} 分别为电压互感器与电流互感器的电压比和电流比；Z_k' 为一次侧测量阻抗。

假设保护 3 处的距离Ⅰ段的一次侧整定阻抗为 Z_{set3}^{I}，则其二次侧阻抗继电器的整定阻抗 $Z_{k.set3}^{I}$ 应为：

$$Z_{k.set3}^{I}=\frac{n_{TA}}{n_{TV}}Z_{set3}^{I} \tag{5-14}$$

阻抗继电器的动作与否取决于其测量阻抗 Z_k 与整定阻抗 Z_{set} 的比较，但 Z_k 与 Z_{set} 都是复数，不能直接比较，只能分别比较模值与相位。常用的方法是，在如图 5-4（b）所示的复平面上，将阻抗继电器的特性作为通过 Z_{set} 的圆、多边形或其他封闭曲线（这些形状对应的区域称为动作特性，边界对应于动作方程），再看测量阻抗 Z_k 是否处于圆（或多边形）内，如果位于其中，则继电器动作，否则继电器不动作。这样做的优点是，可以减少过渡电阻以及互感器误差的影响，简化继电器的接线且便于制造和调试。

（三）圆特性阻抗继电器

在微机保护出现之前，圆特性阻抗继电器由于易于制造而在电力系统中广泛应用。常见的圆特性阻抗继电器有全阻抗、方向阻抗和偏移特性的阻抗继电器等几种，以下分别说明其动作特性。

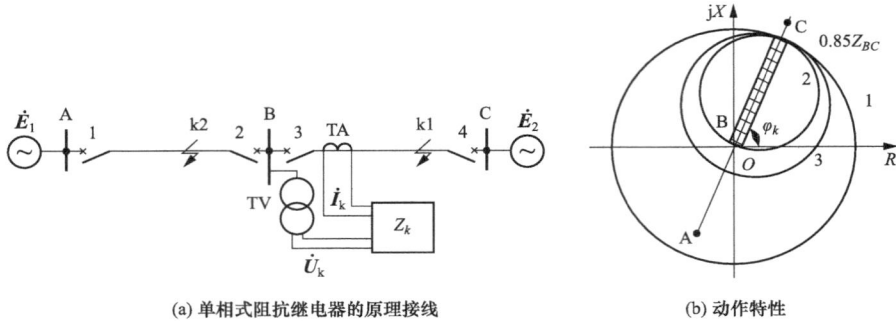

(a) 单相式阻抗继电器的原理接线　　(b) 动作特性

图 5-4　单相式阻抗继电器的原理接线与动作特性

1. 全阻抗继电器

全阻抗继电器是一种能够方便实现模值比较的阻抗继电器。全阻抗继电器是以坐标原点 O 为圆心、整定阻抗大小为半径的圆，如图 5-5（a）所示。当测量阻抗 Z_k 位于圆内时继电器动作，即圆内为动作区，圆外为不动作区。当测量阻抗正好位于圆周上时继电器刚好动作，对应此时的阻抗就是继电器的动作阻抗或启动阻抗 $Z_{k.act}$。从图 5-5（a）中可以看出，不论加入继电器的电压与电流之间的角度 φ 为多大（0°～360°之间变化），继电器的动作阻抗的模值都等于整定阻抗的模值，即 $|Z_{k.act}| = |Z_{set}|$。

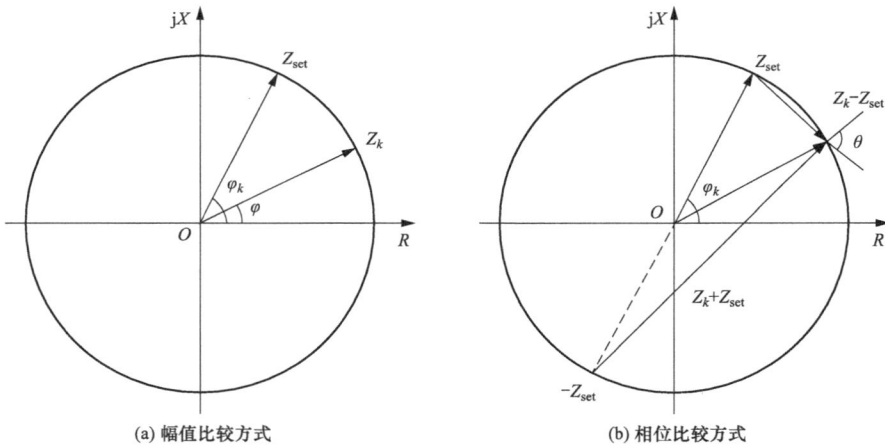

(a) 幅值比较方式　　(b) 相位比较方式

图 5-5　全阻抗继电器的动作特性

全阻抗继电器以及其他特性的继电器可以采用两个电压幅值比较或两个电压相位比较的方式构成，现分别叙述如下。

（1）幅值比较式全阻抗继电器的动作特性如图 5-5（a）所示。当测量阻抗 Z_k 位于圆内时，继电器动作，其动作条件可用阻抗的幅值来表示，即：

$$|Z_k| \leqslant |Z_{set}| \tag{5-15}$$

式（5-15）两端乘以电流 $\dot{I}_k$，因 $\dot{U}_k = \dot{I}_k Z_k$，得：

$$|\dot{U}_k| \leqslant |\dot{I}_k Z_{\text{set}}| \tag{5-16}$$

式（5-16）可看作两个电压幅值的比较，式中 $\dot{I}_k Z_{\text{set}}$ 表示电流在某一个恒定阻抗 Z_{set} 上的电压降落，可利用电抗互感器或其他补偿装置获得。

从式（5-15）推出式（5-16）虽然只是在等式两端乘以电流 $\dot{I}_k$，但却具有较大的意义，因为这样处理后就将不好比较的两个阻抗幅值变为容易比较的两个电压值，尤其是在过去的电磁式、晶体管式继电器时代，其为阻抗继电器的制造带来了很大的方便。

（2）相位比较式全阻抗继电器的动作特性如图 5-5（b）所示。当测量阻抗 Z_k 位于圆周上时，矢量 $Z_k + Z_{\text{set}}$ 超前于 $Z_k - Z_{\text{set}}$ 的角度为 $\theta = 90°$，当 Z_k 位于圆内时 $\theta > 90°$，当 Z_k 位于圆外时 $\theta < 90°$，如图 5-6（a）和（b）所示。因此继电器的动作条件可表示为：

$$270° \geqslant \arg \frac{Z_k + Z_{\text{set}}}{Z_k - Z_{\text{set}}} \geqslant 90° \tag{5-17}$$

式（5-17）中，$\theta \leqslant 270°$ 对应 Z_k 超前于 Z_{set} 时的情况，此时 θ 为负值，如图 5-6（c）所示。式（5-17）的分子、分母同乘以电流 $\dot{I}_k$，得：

$$270° \geqslant \arg \frac{\dot{U}_k + \dot{I}_k Z_{\text{set}}}{\dot{U}_k - \dot{I}_k Z_{\text{set}}} \geqslant 90° \tag{5-18}$$

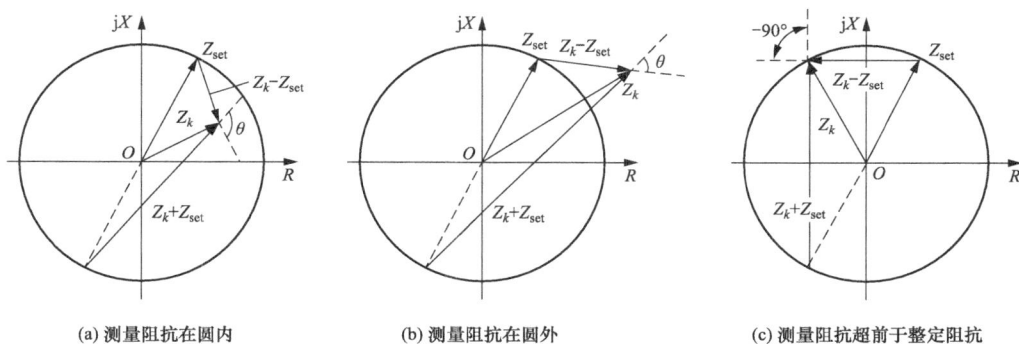

(a) 测量阻抗在圆内　　　　　　(b) 测量阻抗在圆外　　　　　(c) 测量阻抗超前于整定阻抗

图 5-6　全阻抗继电器的相位比较方式动作特性分析

由于继电器的动作区包括所有象限，因此该继电器的动作是无方向性的。同时当 $|Z_k| = 0$（即 $\dot{U}_k = 0$，相当于保护安装处出口短路）时，继电器仍然能够动作，因此无电压动作死区。此类继电器一般用作无须判断方向的启动元件等。

2. 方向阻抗继电器

方向阻抗继电器的动作特性是以整定阻抗 Z_{set} 为直径而通过坐标原点的一个圆，如图 5-6所示，圆内为动作区，圆外为不动作区。当加入继电器的 $\dot{U}_k$ 和 $\dot{I}_k$ 之间的相位差 φ 为不同数值时，继电器的动作阻抗也将随之改变。当 φ 等于 Z_{set} 的阻抗角时，继电器的动作阻抗达到最大，等于圆的直径，此时阻抗继电器的保护范围最大，工作最灵敏，因此这个角度称为继电器的最大灵敏角，用 $\varphi_{\text{sen. max}}$ 表示。一般情况下，应该调整继电器的最大灵敏角，使其等于被保护线路的阻抗角 φ_k，即 $\varphi_{\text{sen. max}} = \varphi_k$，以便继电器工作在最灵敏的条件下。

当反方向发生短路时测量阻抗 Z_k 位于第三象限，继电器不能动作，因此它本身就具有方向性，故称为方向阻抗继电器。方向阻抗继电器也可以采用幅值比较或相位比较的方式构成，现分别讨论如下。

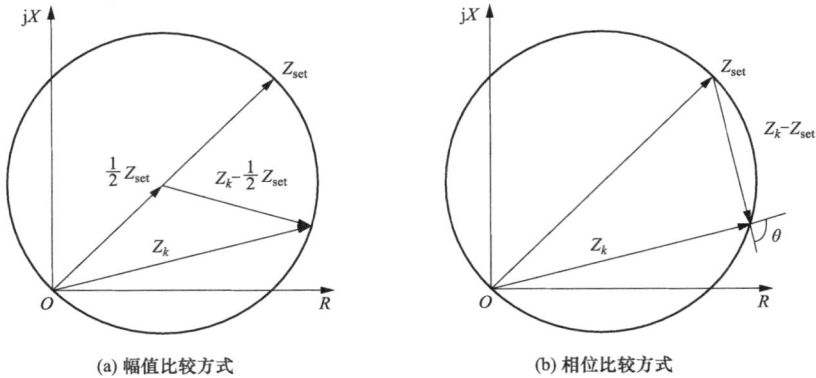

图 5-7　方向阻抗继电器的动作特性

（1）用幅值比较方式分析，如图 5-7（a）所示，继电器能够动作（即测量阻抗 Z_k 位于圆内）的条件是：

$$\left| Z_k - \frac{1}{2} Z_{set} \right| \leqslant \left| \frac{1}{2} Z_{set} \right| \tag{5-19}$$

等式两端均乘以电流 $\dot{I}_k$，即变为如下两个电压幅值的比较：

$$\left| \dot{U}_k - \frac{1}{2} \dot{I}_k Z_{set} \right| \leqslant \left| \frac{1}{2} \dot{I}_k Z_{set} \right| \tag{5-20}$$

（2）用相位比较方式分析，如图 5-7（b）所示，当 Z_k 位于圆周上时，阻抗 Z_k 超前 $Z_k - Z_{set}$ 的角度 $\theta = 90°$，与对全阻抗继电器的分析相似，同样可以证明 $270° \geqslant \theta \geqslant 90°$ 是继电器能够动作的条件。因此继电器的动作条件可表示为：

$$270° \geqslant \arg \frac{Z_k}{Z_k - Z_{set}} \geqslant 90° \tag{5-21}$$

式（5-21）的分子，分母同乘以电流 $\dot{I}_k$，得：

$$270° \geqslant \arg \frac{\dot{U}_k}{\dot{U}_k - \dot{I}_k Z_{set}} \geqslant 90° \tag{5-22}$$

仔细观察图 5-7（a），当整定阻抗 Z_{set} 趋于无限大时，图中的圆特性就趋于和直径 Z_{set} 垂直的一条直线，此时方向阻抗圆特性就变成了第 3 章中介绍的功率方向继电器特性。如果从阻抗继电器的观点来理解功率方向继电器，那就是不管测量阻抗的数值有多大，只要是正方向发生短路，继电器都会动作。

3. 偏移特性的阻抗继电器

偏移特性的阻抗继电器是指其圆特性向第三象限有所偏移。当正方向的整定阻抗为 Z_{set} 时，同时反向偏移一个 αZ_{set}，其中 $0 < \alpha < 1$，其动作特性如图 5-8 所示，圆内为动作区，圆外为不动作区，圆的直径为 $|(1+\alpha) Z_{set}|$，圆心的坐标为 $Z_0 = \frac{1}{2}(Z_{set} - \alpha Z_{set})$，圆的半径为 $|Z_{set} - Z_0| = \frac{1}{2} |Z_{set} + \alpha Z_{set}|$。

实际上，方向阻抗继电器和全阻抗继电器是偏移特性的阻抗继电器的两个特例，当 $\alpha=$ 0 时，即为方向阻抗继电器，而当 $\alpha=1$ 时，则为全阻抗继电器。通常，偏移特性的阻抗继电器采用 $\alpha=0.1\sim0.2$，以便消除安装处附近短路时方向继电器的死区。现对其构成分析如下。

（1）用幅值比较方式分析，如图 5-8（a）所示，继电器能够动作的条件为：

$$|Z_k-Z_0|\leqslant|Z_{\text{set}}-Z_0|$$

等式两端均乘以电流 $\dot{I}_k$，即变为如下两个电压幅值的比较：

$$|\dot{U}_k-\dot{I}_kZ_0|\leqslant|\dot{I}_k(Z_{\text{set}}-Z_0)|\tag{5-23}$$

或

$$\left|\dot{U}_k-\frac{1}{2}\dot{I}_k(1-\alpha)Z_{\text{set}}\right|\leqslant\left|\frac{1}{2}\dot{I}_k(1+\alpha)Z_{\text{set}}\right|\tag{5-24}$$

（2）用相位比较方式的分析，如图 5-8（b）所示，当 Z_k 位于圆周上时，矢量（$Z_k+\alpha Z_{\text{set}}$）超前（$Z_k-Z_{\text{set}}$）的角度为 90°；同样可以证明，270°$\geqslant\theta\geqslant$90°也是继电器能够动作的条件。继电器的动作条件即可表示为：

$$270°\geqslant\arg\frac{Z_k+\alpha Z_{\text{set}}}{Z_k-Z_{\text{set}}}\geqslant90°\tag{5-25}$$

式（5-25）的分子、分母同乘以电流 $\dot{I}_k$，得：

$$270°\geqslant\arg\frac{\dot{U}_k+\alpha\dot{I}_kZ_{\text{set}}}{\dot{U}_k-\dot{I}_kZ_{\text{set}}}\geqslant90°\tag{5-26}$$

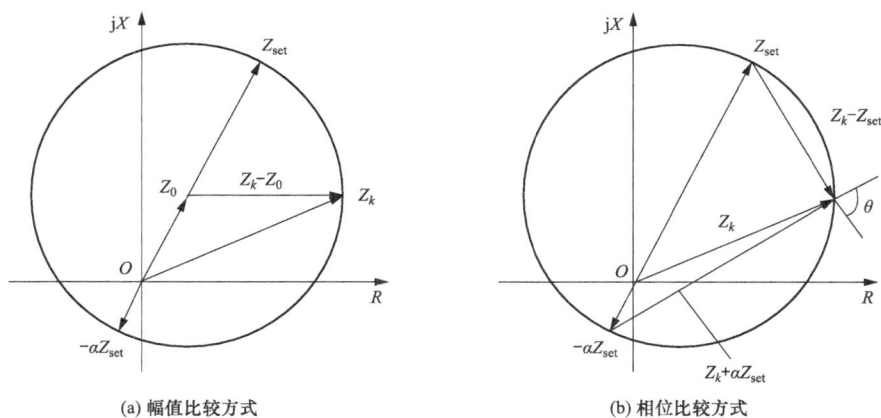

(a) 幅值比较方式　　　　(b) 相位比较方式

图 5-8　偏移特性的阻抗继电器的动作特性

从图 5-8 中可以看出，偏移特性的阻抗继电器的动作区包括坐标原点，因此无电压动作死区。

在以上分析中，常用到测量阻抗、整定阻抗和启动阻抗，这三个阻抗的意义和区别如下。

（1）Z_k 是继电器的测量阻抗，由加入继电器中电压 $\dot{U}_k$ 与电流 $\dot{I}_k$ 的比值确定，Z_k 的阻抗角就是 $\dot{U}_k$ 和 $\dot{I}_k$ 之间的相位差角 φ。

（2）Z_{set} 是继电器的整定阻抗，一般取继电器安装点到预定的保护范围末端的线路阻抗作为整定阻抗。其对全阻抗继电器而言就是圆的半径，对方向继电器而言就是在最大灵敏角方向上的圆的直径，而对偏移特性的阻抗继电器则是在最大灵敏角方向上由原点到圆周上的矢量。继电器的整定阻抗是一个矢量，只要系统结构参数或运行方式没有发生变化，整定阻抗就不会改变。

（3）$Z_{k.act}$ 是继电器实际的动作阻抗或称启动阻抗，表示当继电器刚好能启动时的测量阻抗，即加入继电器中电压 $\dot{U}_k$ 与电流 $\dot{I}_k$ 的比值。除全阻抗继电器以外，$Z_{k.act}$ 是随着 φ 的不同而改变的，当 $\varphi = \varphi_{sen.max}$ 时，$Z_{k.act}$ 的数值最大，等于 Z_{set}。由于过渡电阻和系统振荡等因素影响，动作阻抗一般不等于整定阻抗，在特性圆周上或四边形特性曲线上，任一点都代表一个动作阻抗。

五、距离保护的整定计算

距离保护也是利用线路一侧电气量构成的继电保护，其配置、整定原则和阶梯时限配合关系都与三段式电流保护相类似。距离保护的整定计算就是根据电力系统的实际情况计算出距离Ⅰ、Ⅱ、Ⅲ段的阻抗整定值和动作时限，并确保有足够的灵敏度。距离Ⅰ段和距离Ⅱ段作为线路的主保护，距离Ⅲ段作为线路的近后备保护和相邻线路的远后备保护。

当距离保护应用于双侧电源网络时，通常都采用具有明确方向性的方向阻抗元件来进行短路位置和方向的识别。以图 5-9 中的保护 1 为例，图中给出了各段距离保护的保护区域示意图，不反应反方向的短路。

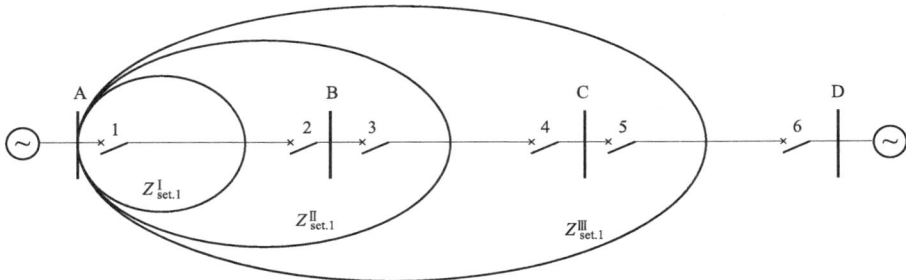

图 5-9 距离保护各段动作区域示意

在距离保护的整定计算中，方向圆阻抗元件的最大灵敏角中 φ_{set} 通常都设计为线路的正序阻抗角 φ_k，以便在金属性短路时能够获得较大的保护范围，达到最灵敏的目的。

（一）距离Ⅰ段的整定

距离保护Ⅰ段为无延时的速动段，按照躲过相邻线路出口短路时的测量阻抗来整定。以图 5-9 中的保护 1 为例，要求 $Z_{set.1}^{I} < Z_{A-B}$，于是，与电流保护的误差分析相类似，引入可靠系数后，可得距离Ⅰ段的整定阻抗为：

$$Z_{set.1}^{I} = K_{rel}^{I} Z_{A-B} \tag{5-27}$$

式中，$Z_{set.1}^{I}$ 为距离Ⅰ段的整定阻抗；Z_{A-B} 为线路 A-B 全长的正序阻抗；K_{rel}^{I} 为可靠系数，由于距离保护为欠量动作，因此 $K_{rel}^{I} < 1$。

考虑到 Z_{A-B} 参数的误差、互感器误差、保护的测量误差、非工频量影响等因素的相对误差后，再计及一定的裕度，一般取 K_{rel}^{I} 为 0.8～0.85。

从式（5-27）可以看出，整定值只与线路全长的正序阻抗密切相关，与系统的运行方式几乎无关，保护范围十分稳定，能保护线路全长的 $80\%\sim85\%$，这是距离保护的优点之一。

如果要验证距离Ⅰ段的灵敏度，可得：

$$K_{\text{sen}}^{\text{I}} = \frac{Z_{\text{set. 1}}^{\text{I}}}{Z_{A-B}} = K_{\text{rel}}^{\text{I}} \tag{5-28}$$

因此，距离Ⅰ段的灵敏系数 $K_{\text{sen}}^{\text{I}}$ 就等于可靠系数 $K_{\text{rel}}^{\text{I}}$，无须验算。

将式（5-27）应用于保护 3 的距离Ⅰ段整定，得：

$$Z_{\text{set. 3}}^{\text{I}} = K_{\text{rel}}^{\text{I}} Z_{B-C} \tag{5-29}$$

（二）距离Ⅱ段的整定

1. 阻抗整定值的计算

距离Ⅱ段的任务是保护线路全长，与电流保护类似，先考虑与相邻线路的距离Ⅰ段进行配合。如图 5-10 所示，虚线为保护 3 的Ⅰ段保护范围，实线为保护 1 的Ⅱ段保护范围，要求保护 1 的Ⅱ段不超过保护 3 的Ⅰ段末端。

对于图 5-10 所示的简单网络，如果保护 1、3 流过的短路电流相同，那么在 $Z_{\text{set. 3}}^{\text{I}}$ 范围末端短路时，保护 1 的测量阻抗为 $Z_{A-B} + Z_{\text{set. 3}}^{\text{I}}$。于是，保护 1 的Ⅱ段与 $Z_{\text{set. 3}}^{\text{I}}$ 配合的整定计算公式如下：

$$Z_{\text{set. 1}}^{\text{II}} = K_{\text{rel}}^{\text{II}} (Z_{A-B} + Z_{\text{set. 3}}^{\text{I}}) \tag{5-30}$$

式中，$K_{\text{rel}}^{\text{II}}$ 为距离Ⅱ段的可靠系数，一般取 0.8。

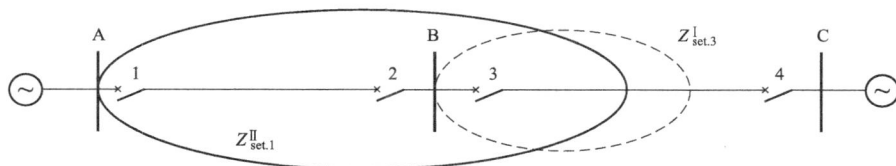

图 5-10 距离Ⅱ段与相邻距离Ⅰ段的范围配合

但是，对于复杂的电网结构，在 $Z_{\text{set. 3}}^{\text{I}}$ 范围末端短路时，保护 1 的测量阻抗会受到网络中各支路电流差异的影响。下面以图 5-11（a）所示的通用网络为例来分析分支电流对保护整定的影响。

保护 3 的Ⅰ段范围末端是一个比较明确的位置 D 点，可由 $Z_{\text{set. 3}}^{\text{I}}$ 的具体数值确定。如图 5-11（a）所示，在 D 点发生金属性短路时，根据电路关系可得保护 1 的测量电压为：

$$\dot{U}_m = Z_{A-B} \dot{I}_m + Z_{\text{set. 3}}^{\text{I}} \dot{I}_k$$

因此，保护 1 的测量阻抗为：

$$\begin{aligned} Z_m = \frac{\dot{U}_m}{\dot{I}_m} &= Z_{A-B} + \frac{\dot{I}_k}{\dot{I}_m} Z_{\text{set. 3}}^{\text{I}} \\ &= Z_{A-B} + K_b Z_{\text{set. 3}}^{\text{I}} \end{aligned} \tag{5-31}$$

式中，Z_{A-B} 为线路 A-B 的正序阻抗，为已知参数；$Z_{\text{set. 3}}^{\text{I}}$ 为保护 3 的Ⅰ段整定值，为已计算的参数；$\dot{U}_m$、$\dot{I}_m$ 分别为保护 1 处的测量电压、测量电流，按接线方式取故障相的电气量；$\dot{I}_k$ 为流过保护 3 的电流，也可以称为下一级线路的测量电流；K_b 为电流分支系数，$K_b = \dfrac{\dot{I}_k}{\dot{I}_m}$。

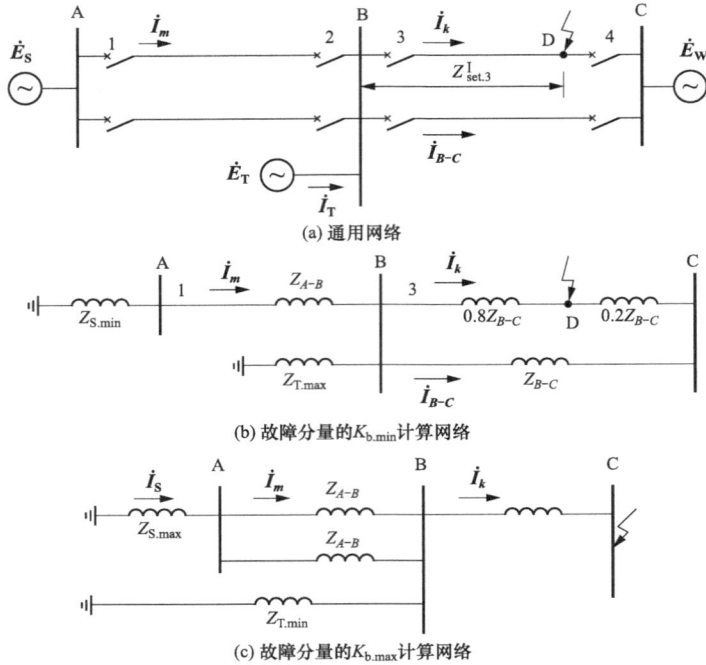

(a) 通用网络

(b) 故障分量的$K_{b.min}$计算网络

(c) 故障分量的$K_{b.max}$计算网络

图 5-11　计算分支系数 K_b 的通用例图

式（5-31）中，保护 1 除了无法获得 $\dot{I}_k$ 以外，其余各电气量均为已知或可以通过测量得到，因此 $\dot{I}_k$ 的变化将影响保护 1 的阻抗测量。

方向阻抗元件在测量阻抗绝对值越小时，越容易动作，因此为了保证选择性，应当取式（5-31）的最小测量阻抗作为保护 1 的Ⅱ段整定计算依据，即：

$$Z_{set1}^{\text{II}} = K_{rel}^{\text{II}} Z_{m.\,min} \big|_{KD}$$
$$= K_{rel}^{\text{II}} (Z_{A-B} + K_{b.\,min} Z_{set.3}^{\text{I}}) \tag{5-32}$$

式中，K_{rel}^{II} 为可靠系数，一般取 0.8；$Z_{m.\,min}\big|_{KD}$ 为 $Z_{set.3}^{\text{I}}$ 末端（D 点）短路时，保护 1 的最小测量阻抗；$K_{b.\,min}$ 为最小分支系数。

在式（5-32）中，还应当确定最小分支系数 $K_{b.\,min}$。由于 $K_b = \dfrac{\dot{I}_k}{\dot{I}_m}$，因此，应当用下式计算最小分支系数：

$$K_{b.\,min} = \frac{\dot{I}_{k.\,min}}{\dot{I}_{m.\,max}} \tag{5-33}$$

参照图 5-11（a）的通用网络，从电路的基本电气量关系，可以分析并确定与式（5-33）对应的系统运行方式如下。

（1）希望取得 $\dot{I}_{m.\,max}$ 的条件，则电源 $\dot{E}_S$ 应当为最大运行方式才能够提供 $\dot{I}_{m.\,max}$；线路 A-B 为单回线运行，才能减少对 $\dot{I}_m$ 的分流作用。

（2）希望取得 $\dot{I}_{k.\,min}$ 的条件，则电源 $\dot{E}_T$ 应当为最小运行方式，所提供的 $\dot{I}_T$ 为最小，线路 B—C 为双向线运行，增加了对 $\dot{I}_k$ 的分流作用。

电源 $\dot{E}_T$ 对于故障线路的 $\dot{I}_k$ 起到了增大影响，称为助增支路；双回线电流 $\dot{I}_{B-C}$ 对于 $\dot{I}_k$ 起到了分流的作用，称为外汲支路。因此，在整定时，为了获得 $\dot{I}_{k.\min}$，应当取助增最小、外汲最大。

（3）电源 $\dot{E}_W$ 对分支系数的影响主要反映在母线 C 与短路点 D 之间的压降。一般情况下，由于 $\dot{E}_W$ 向 D 点提供的短路电流会提升母线 C 的电位，从而减小了 $\dot{I}_{B-C}$ 的外汲作用，因此当忽略 $\dot{E}_W$ 的影响时，增加了对 $\dot{I}_k$ 的分流作用，所计算的分支系数比实际的要偏小。于是，近似计算时，可以忽略 $\dot{E}_W$ 的影响，这样既可以简化计算，又能确保所采用的 $K_{b.\min}$ 偏于更安全、更保守，不会带来误动的影响。当然，忽略 $\dot{E}_W$ 的影响后，距离 II 段整定值会偏小一些。

2. 灵敏度的验证

考虑本线路末端短路时，II 段应当有足够的灵敏度，于是，计及各种误差因素后，要求灵敏系数应当满足：

$$K_{\text{sen}.1}^{\text{II}} = \frac{Z_{\text{set}.1}^{\text{II}}}{Z_{A-B}} \tag{5-34}$$

式中，Z_{A-B} 为线路 A-B 全长的正序阻抗，对应于距离 II 段要求的主要保护范围。

式（5-34）表明，线路 A-B 的全长都位于 $Z_{\text{set}.1}^{\text{II}}$ 方向圆特性以内，且线路末端处还留有不小于 25% 的裕度。

如果灵敏系数 $Z_{\text{set}.1}^{\text{II}}$ 不满足要求，则距离保护 1 的 II 段改为与相邻线路的距离 II 段配合，将式（5-32）中的 $Z_{\text{set}.3}^{\text{I}}$ 更换为 $Z_{\text{set}.3}^{\text{II}}$ 即可，整定计算、灵敏系数验证均与上述类似。当然，应当增加与 $Z_{\text{set}.3}^{\text{II}}$ 配合所需的延时。

3. 动作时间的整定

与电流保护类似，为了保证选择性，动作时间应当比下一级被配合保护的动作时间大一个时间级差 Δt，即

$$t_1^{\text{II}} = t_3^n + \Delta t \tag{5-35}$$

式中，t_3^n 为被配合保护的动作时间。与相邻 I 段（$Z_{\text{set}.3}^{\text{I}}$）配合时，$n = \text{I}$，$t_3^n = t_3^{\text{I}} = 0$；与相邻 II 段（$Z_{\text{set}.3}^{\text{II}}$）配合时 $n = \text{II}$，$t_3^n = t_3^{\text{II}} = 0.5$。

（三）距离 III 段的整定

1. 阻抗整定值的计算

距离 III 段可以按照与相邻线路的 II 段或 I 段进行配合，计算方法与上述的 II 段过程相类似，不再重复。最后，距离 III 段还必须按照躲过最小负荷阻抗进行整定。

对于欠量动作的阻抗元件，存在如图 5-11 所示的继电特性，其中，Z_{re} 为返回阻抗，Z_{op} 为临界动作阻抗。于是，定义阻抗元件的返回系数为 $K_{\text{re}} = Z_{\text{re}} / Z_{\text{op}}$。为了确保故障切除后，在最小负荷阻抗 $Z_{L.\min}$ 的情况下阻抗元件能够可靠返回，必须满足下式：

$$Z_{L.\min} > Z_{\text{re}} \tag{5-36}$$

式（5-36）应当是绝对值的关系，为了简便，省略了绝对值符号，下同。

在线路正常运行的情况下，当负荷电流最大且母线电压最低时，对应的负荷阻抗最小，

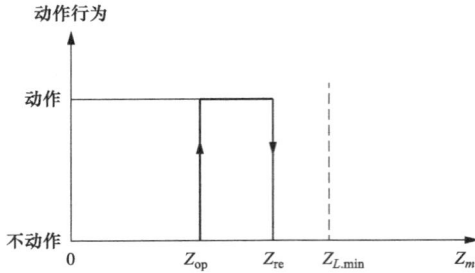

图 5-12　阻抗元件的继电特性

其值为：

$$Z_{L.\min}=\frac{U_{L.\min}}{I_{L.\max}}=\frac{(0.9\sim0.95)U_N}{I_{L.\max}}\quad(5\text{-}37)$$

式中，$I_{L.\max}$ 为保护安装处流过的最大负荷电流，根据运行方式经潮流计算获得；U_N 为母线的额定电压；$U_{L.\min}$ 为正常运行时母线电压的最低值，考虑电压波动 $\pm(5\%\sim10\%)$ 后，取最低电压为 $(0.9\sim0.95)U_N$。同时还需考虑在电动机自启动的情况下，将出现最大的负荷电流，于是，得到电动机自启动时的最小负荷阻抗为：

$$Z_{L.\min}=\frac{U_{L.\min}}{K_{ss}I_{L.\max}}=\frac{(0.9\sim0.95)U_N}{K_{ss}I_{L.\max}}\quad(5\text{-}38)$$

考虑到距离保护Ⅲ段在负荷状态下必须可靠返回的要求，将式（5-38）代入式（5-36），并利用返回系数 $K_{re}=Z_{re}/Z_{op}$ 的关系换算为动作阻抗，得：

$$Z_{op}=\frac{Z_{re}}{K_{re}}<\frac{Z_{L.\min}}{K_{re}}=\frac{(0.9\sim0.95)U_N}{K_{ss}K_{re}I_{L.\max}}\quad(5\text{-}39)$$

计及各种误差和裕度后，引入可靠系数 K_{rel}^{III}，得到Ⅲ段阻抗的临界动作值

$$Z_{op}=K_{rel}^{\text{III}}\frac{(0.9\sim0.95)U_N}{K_{MS}K_{re}I_{L.\max}}\quad(5\text{-}40)$$

式中，K_{rel}^{III} 为可靠系数，一般取 0.8；K_{MS} 为电动机自启动系数，数值大于 1，应由网络接线与负荷性质确定；K_{re} 为阻抗元件的返回系数，取 $1.15\sim1.25$。

当采用全阻抗圆特性时，由图 5-13（a）可知 $Z_{set}^{\text{III}}=Z_{op}$。

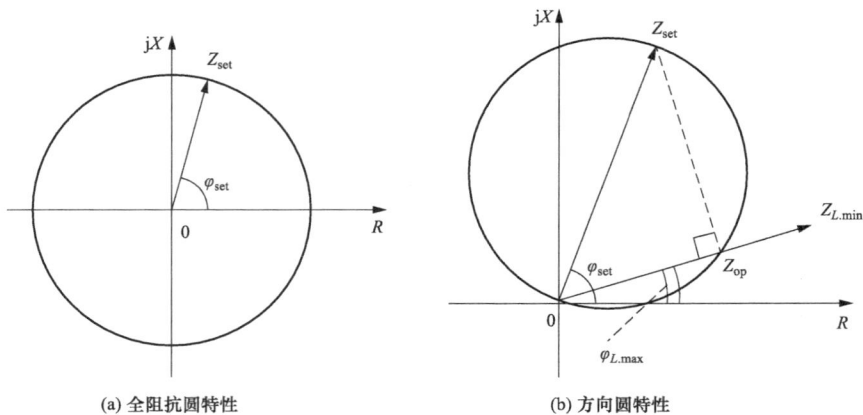

(a) 全阻抗圆特性　　　　　　　　　　(b) 方向圆特性

图 5-13　躲最小负荷阻抗的说明图

当采用方向圆特性时，参考图 5-13（b）的直角三角形关系，由 Z_{op} 的模值折算出 Z_{set}^{III} 的模值为：

$$\begin{aligned}Z_{set}^{\text{III}}&=\frac{Z_{op}}{\cos(\varphi_{set}-\varphi_{L.\max})}\\&=K_{rel}^{\text{III}}\frac{(0.9\sim0.95)U_N}{K_{MS}K_{re}I_{L.\max}\cos(\varphi_{set}-\varphi_{L.\max})}\end{aligned}\quad(5\text{-}41)$$

式中，φ_{set} 为整定阻抗的最大灵敏角；$\varphi_{L.max}$ 为最大负荷的阻抗角，一般不大于 30°，其中 $\varphi_L = \arg(\dot{U}_L/\dot{I}_L)$，而 $\dot{U}_L$、$\dot{I}_L$ 为正常运行时保护安装处的测量电压、测量电流。

可以按照下面的方式来记忆式（5-41）中各系数的大小趋势：因为距离保护是一种欠量的保护方式，反映测量阻抗减小而动作，所以，除了 $\cos(\varphi_{set} - \varphi_{L.max})$ 为固定的折算关系外，其余各系数的取值都应当使 Z_{set}^{III} 偏小，保证不误动，即分子中的 K_{rel}^{III} 应取小于 1 的参数，分母中的 K_{MS}、K_{re} 均应取大于 1 的参数。

2. 灵敏度的校验

距离保护 III 段既作为本线路 I、II 段保护的近后备保护，又作为相邻线路的远后备保护，故灵敏度应分别进行校验。

仍以图 5-11（a）为例，作为近后备保护时，要求本线路末端短路时有足够的灵敏度，即：

$$K_{sen(1)}^{III} = \frac{Z_{set}^{III}}{Z_{A-B}} \geqslant 1.5 \tag{5-42}$$

式中，Z_{A-B} 为被保护线路全长的正序阻抗。

作为远后备保护时，要求相邻线路末端短路时具有足够的灵敏度。具体的要求是，在相邻线路末端短路时，保护 1 的最大测量阻抗应当仍然落在动作特性范围以内，这样，其他运行工况的测量阻抗肯定能够都落在动作特性范围以内了。于是，参照式（5-40）的测量阻抗关系，得：

$$K_{sen(2)}^{III} = \frac{Z_{set}^{III}}{Z_{A-B} + K_{b.max} Z_{B-C}} \geqslant 1.2 \tag{5-43}$$

式中，Z_{B-C} 为相邻线路全长的正序阻抗；$K_{b.max}$ 为最大的分支系数，对应于 $K_{b.max} = \dfrac{\dot{I}_{k.max}}{\dot{I}_{m.min}}$；$Z_{A-B} + K_{b.max} Z_{B-C}$ 为相邻线路末端短路时，保护 1 的最大测量阻抗。

满足式（5-43）的要求后，就能确保在任何运行方式下，当相邻线路末端短路时都至少有 1.2 的灵敏度。

与 $K_{b.min}$ 的分析和取值过程相类似，对于图 5-11（a）所示的网络，可以得到与 $K_{b.max} = \dfrac{\dot{I}_{k.max}}{\dot{I}_{m.min}}$ 对应的运行方式：电源 $\dot{E}_S$ 为最小运行方式；线路 A-B 为双回线运行方式；电源 $\dot{E}_T$ 为最大运行方式；线路 B-C 为单回线运行方式。

3. 动作时间的整定

动作时间整定的基本思想与电流保护 III 段的时间设置相类似，也是按照阶梯形时限进行配合，每一个保护的 t^{III} 都应当比下一级保护的动作时间高一个 Δt。在单电源系统中，按此方案配置 t^{III} 即可，但是在双电源系统中，应考虑到振荡的影响，并计及距离 III 段一般不经振荡闭锁，因此 t^{III} 动作时间不应小于最大的振荡周期 1.5～2s。一般按照 $t^{III} \geqslant 1.5$s 考虑，剩下的问题就是逐级进行时间配合了。

【例 5-1】 在图 5-14 所示网络中，各线路均装有距离保护，试对其中保护 1 的相间短路保护 I、II、III 段进行整定计算。已知线路 A-B 的最大负荷电流 $I_{Dmax} = 350$A、功率因数 $\cos\psi_D = 0.9$，各线路每公里阻抗 $z_1 = 0.4\Omega/km$、阻抗角 $\varphi_L = 70°$，电动机的自启动系

数 $K_{MS}=1.5$，正常时母线最低工作电压 $U_{L\min}$ 取 $0.9U_N$（$U_N=110\mathrm{kV}$）。$k_{\mathrm{rel}}^{\mathrm{I}}=0.85$，$k_{\mathrm{rel}}^{\mathrm{II}}=0.8$，$k_{\mathrm{rel}}^{\mathrm{III}}=0.83$，$k_{\mathrm{re}}=1.15$。

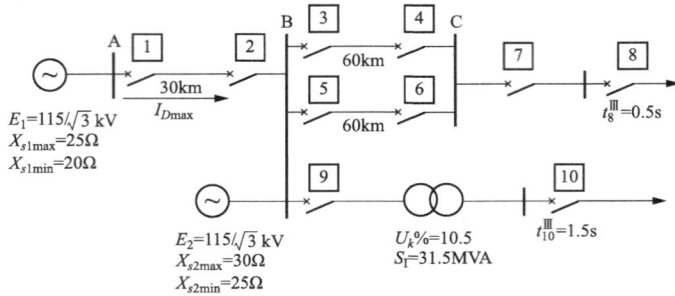

图 5-14　例 5-1 网络

解：

（1）有关各元件阻抗值的计算。

线路 1—2 的正序阻抗为：

$$Z_{1-2}=z_1 L_{1-2}=0.4\times30=12\Omega$$

线路 3—4、5—6 的正序阻抗为：

$$Z_{3-4}=Z_{5-6}=z_1 L_{3-4}=0.4\times60=24\Omega$$

变压器的等值阻抗为：

$$Z_{\mathrm{T}}=\frac{U_k\%}{100}\times\frac{U_{\mathrm{T}}^2}{S_{\mathrm{T}}}=\frac{10.5}{100}\times\frac{115^2}{31.5}=44.1\Omega$$

（2）距离 I 段的整定。

1）整定阻抗。按式（5-27）计算：

$$Z_{\mathrm{set}}^{\mathrm{I}}=K_{\mathrm{rel}}^{\mathrm{I}} Z_{1-2}=0.85\times12=10.2\Omega$$

2）动作时间为：

$$t^{\mathrm{I}}=0\mathrm{s}\quad 第\ \mathrm{I}\ 段实际动作时间为保护装置固有的动作时间。$$

（3）距离 II 段的整定。

1）整定阻抗：按下列两个条件选择。

a. 与相邻下级最短线路 3-4（或 5-6）的保护 3（或保护 5）的 I 段配合，按式（5-32）计算为：

$$Z_{\mathrm{set}}^{\mathrm{II}}=K_{\mathrm{rel}}^{\mathrm{II}}(Z_{AB}+K_{b\min}Z_{\mathrm{set3}}^{\mathrm{I}})$$

式中，$Z_{\mathrm{set3}}^{\mathrm{I}}=K_{\mathrm{rel}}^{\mathrm{I}}Z_{3-4}=0.85\times24=20.4\Omega$。

$K_{b\min}$ 为保护 3 的 I 段末尾发生短路时对保护 I 而言最小的分支系数（见图 5-15），当保护 3 的 I 段末尾 k1 点短路时，分支系数计算式为

$$K_b=\frac{I_2}{I_1}=\frac{X_{s1}+X_{1-2}+X_{s2}}{X_{s2}}\times\frac{(1+0.15)Z_{3-4}}{2Z_{3-4}}=\left(\frac{X_{s1}+Z_{1-2}}{X_{s2}}+1\right)\times\frac{1.15}{2}$$

可以看出，为了得出最小分支系数 $K_{b\min}$，上式中 X_{s1} 应尽可能取最小值，即应取电源 E_1 的最大运行方式下的等值阻抗 $X_{s1\min}$，X_{s2} 也应尽可能取最大值，即取电源 E_2 的最小运行方式下的最大等值阻抗 $X_{s2\max}$，相邻双回路线路应投入，因而：

$$K_{b\min} = \left(\frac{20+12}{30}+1\right) \times \frac{1.15}{2} = 1.19$$

代入计算式，于是得：

$$Z_{\text{set.1}}^{\text{II}} = 0.8 \times (12 + 1.19 \times 20.4) = 29\Omega$$

b. 按躲开相邻变压器低压侧出口 k2 点短路整定（变压器装有差动保护），按式（5-32）计算为：

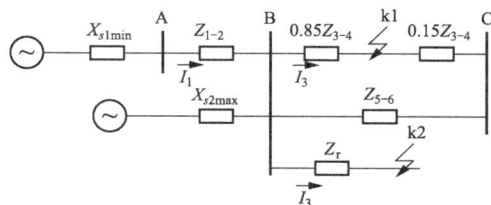

图 5-15　整定距离 II 段时求 $K_{b\min}$ 的等值电路

$$Z_{\text{set.1}}^{\text{II}} = K_{\text{rel}}^{\text{II}}(Z_{\text{A-B}} + K_{b\min}Z_t)$$

此处分支系数 $K_{b\min}$ 为在相邻变压器出口 k2 点短路保护时对保护 1 的最小分支系数，由图 5-15 可知：

$$K_{b\min} = \frac{X_{s1\min} + Z_{1-2}}{X_{s2\max}} + 1 = \frac{20+12}{30} + 1 = 2.07$$

于是 $Z_{\text{set.1}}^{\text{II}} = 0.7 \times (12 + 2.07 \times 44.1) = 72.3\Omega$，此处取 $K_{\text{rel}}^{\text{II}} = 0.7$。

取以上两个计算值中较小者为 II 段整定值，即取 $Z_{\text{set.1}}^{\text{II}} = 29\Omega$。

2) 灵敏度校验：按本线路末端短路求得灵敏系数为：

$$K_{\text{sen}} = \frac{Z_{\text{set.1}}^{\text{II}}}{Z_{1-2}} = \frac{29}{12} = 2.47 > 1.25$$

由上可知，满足要求。

动作时间，与相邻保护 3 的 I 段配合，则：

$$t_1^{\text{II}} = t_3 + \Delta t = 0.5\text{s}$$

它能同时满足相邻保护以及与相邻变压器保护配合的要求。

（4）距离 III 段的整定。

1) 整定阻抗：按躲开最小负荷阻抗整定，即：

$$Z_{L\min} = \frac{\dot{U}_{L\min}}{\dot{I}_{D\max}} = \frac{0.9 \times 110}{\sqrt{3} \times 0.35} = 163.5\Omega$$

因为继电器取为相间接线方式的方向阻抗继电器，所以按式（5-41）计算为：

$$Z_{\text{set.1}}^{\text{III}} = K_{\text{rel}}^{\text{III}} \frac{0.9U_N}{K_{Ms}K_{re}I_{D\max}\cos(\Phi_{\text{set}} - \Phi_L)}$$

$\Phi_L = \cos^{-1}(0.9) = 25.8°$，于是

$$Z_{\text{set.1}}^{\text{III}} = 0.83 \frac{163.5}{1.15 \times 1.5 \times \cos(70° - 25.8°)} = 110.2\Omega$$

2) 灵敏性校验。

a. 本线路末端短路时的灵敏系数为：

$$K_{\text{sen}(1)} = \frac{Z_{\text{set.1}}^{\text{III}}}{Z_{1-2}} = \frac{110.2}{12} = 9.18 > 1.5$$

由上可知，满足要求。

b. 图 5-15 所示相邻线路末端短路时的灵敏系数，按式（5-34）计算为：

$$K_{b\max} = \frac{I_2}{I_1} = \frac{X_{s1\max} + Z_{1-2}}{X_{s1\min}} + 1 = \frac{25+12}{25} + 1 = 2.48$$

于是：

$$K_{sen(2)} = \frac{110.2}{12 + 2.48 \times 24} = 1.54 > 1.2$$

由上可知，满足要求。

相邻变压器低压侧出口 k2 点短路（见图 5-16）时的灵敏系数，也按式（5-34）计算，但此时的最大分支系数为：

$$K_{b\max} = \frac{I_3}{I_1} = \frac{X_{s1\max} + Z_{1-2}}{X_{s2\min}} + 1 = \frac{25 + 12}{25} + 1 = 2.48$$

于是 $K_{sen(2)} = \dfrac{110.2}{12 + 2.48 \times 44.1} = 0.9 < 1.2$，不满足要求。

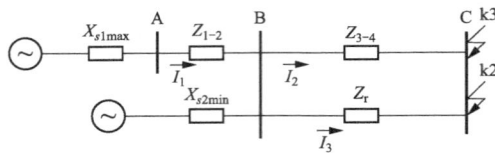

图 5-16　整定距离Ⅲ段灵敏度校验时求 $K_{b\min}$ 的等值电路

动作时间为：

$$t_1^{Ⅲ} = t_8^{Ⅲ} + 3\Delta t \text{ 或 } t_1^{Ⅲ} = t_{10}^{Ⅲ} + 2\Delta t$$

取其中较长者，即：

$$t_0^{Ⅲ} = t_{10}^{Ⅲ} + 2\Delta t = 1.5 + 2 \times 0.5 = 2.5\text{s}$$

六、距离保护的振荡闭锁

并联运行的电力系统或发电厂之间出现功角大范围周期性变化的现象，称为电力系统振荡。电力系统振荡时，系统两侧等效电动势间的夹角 δ 可能在 $0° \sim 360°$ 范围内作周期性变化，从而使系统中各点的电压、线路电流、功率大小和方向以及距离保护的测量阻抗也都呈现周期性变化。这样，以这些量为测量对象的各种元件保护，就都有可能因为系统振荡而动作。

电力系统的失步振荡属于严重的不正常运行状态，而不是故障状态，大多数情况下能够通过自动调节装置恢复同步，或者在预定的地点由振荡解列装置动作解开已经失步的系统。但如果在振荡过程中继电保护装置误动，则有可能使事故扩大，造成更为严重的后果，因此，在系统振荡时，要采取振荡闭锁措施，防止保护因测量元件动作而误动。

因为电流保护、电压保护和功率方向保护等一般都只应用在电压等级较低的中低压配电系统中，而这些系统出现振荡的可能性很小，振荡时保护误动产生的后果也不会太严重，所以一般不需要采取振荡闭锁措施。而距离保护一般用在较高电压等级的电力系统中，系统出现振荡的可能性大，保护误动造成的损失严重，所以必须考虑振荡闭锁问题。

（一）电力系统振荡时电流、电压变化规律

现以图 5-17 所示的双侧电源电力系统为例，分析系统振荡时电流、电压的变化规律。

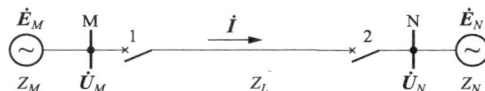

图 5-17　双侧电源电力系统

设图 5-17 所示系统两侧等效电动势 $\dot{E}_M$ 和 $\dot{E}_N$ 的幅值相等，相位差（即功角）为 δ，Z_M 为 M 侧系统的等效阻抗，Z_N 为 N 侧系统的等效阻抗，Z_L 为线路的阻抗。假设系统阻抗角与线路的阻抗角相等，有 $Z_\Sigma = Z_M + Z_N + Z_L$，则线路中的电流和母线 M、N 上的电压分别为：

$$\dot{I} = \frac{\dot{E}_M - \dot{E}_N}{Z_\Sigma} = \frac{\Delta \dot{E}}{Z_\Sigma} = \frac{\dot{E}_M(1 - e^{-j\delta})}{Z_\Sigma} \tag{5-44}$$

$$\dot{U}_M = \dot{E}_M - \dot{I} Z_M \tag{5-45}$$

$$\dot{U}_N = \dot{E}_N - \dot{I} Z_N \tag{5-46}$$

它们之间的相位关系如图 5-18（a）所示。以 $\dot{E}_M$ 为参考相量，当 δ 在 $0°\sim360°$ 变化时，相当于 $\dot{E}_N$ 相量在 $0°\sim360°$ 范围内旋转。

由图 5-18（a）还可以看出，电动势差的有效值为：

$$\Delta \dot{E} = 2\dot{E}_M \sin\frac{\delta}{2} \tag{5-47}$$

所以线路电流的有效值为：

$$\dot{I} = \frac{\Delta \dot{E}}{|Z_\Sigma|} = \frac{2\dot{E}_M}{|Z_\Sigma|} \sin\frac{\delta}{2} \tag{5-48}$$

电流有效值随 δ 变化的曲线如图 5-18（b）所示。电流的相位滞后于 $\Delta \dot{E} = \dot{E}_M - \dot{E}_N$ 的角度为系统联系阻抗角 φ_d，其相量的末端随 δ 变化的轨迹如图 5-18（a）中的虚线圆周所示。

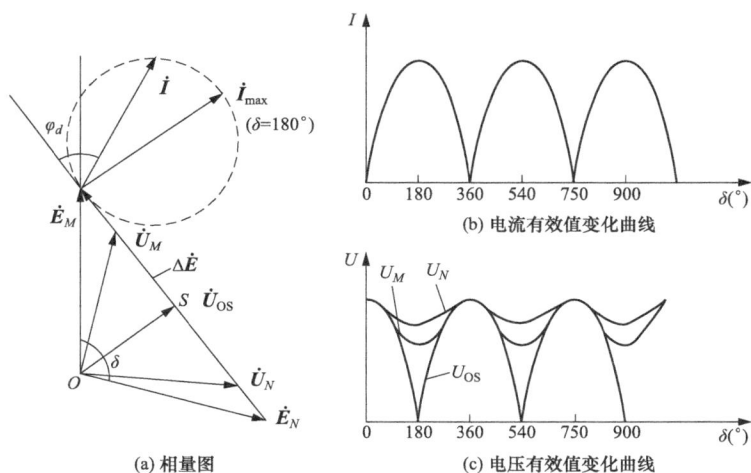

图 5-18　系统振荡时的电流和电压

由于假设系统中各部分的阻抗角都相等，因此线路上任意一点的电压相量的末端都必然落在由 $\dot{E}_M$ 和 $\dot{E}_N$ 的末端连接而成的直线上，即 $\Delta \dot{E}$ 上。M、N 两母线处的电压相量 $\dot{U}_M$ 和 $\dot{U}_N$ 标在图 5-18（a）中，其中有效值随 δ 变化的曲线，如图 5-18（c）所示。

在图 5-18（a）中，由 O 点向相量 $\Delta \dot{E}$ 作一垂线，并将该垂线代表的电压相量记为 $\dot{U}_{os}$，显然，在 δ 为 $0°$ 以外的任意值时，电压 $\dot{U}_{os}$ 都是全系统最低的，特别是当 $\delta=180°$ 时，该电压的有效值变为 0。电力系统振荡时，电压最低的这一点称为振荡中心或电气中心。在系统各部分的阻抗角都相等的情况下，振荡中心的位置就位于总阻抗 $Z_\Sigma=Z_M+Z_N+Z_L$ 的中点。由图 5-18（a）可见，振荡中心电压的有效值可以表示为：

$$\dot{U}_{OS}=\dot{E}_M\cos\frac{\delta}{2} \tag{5-49}$$

（二）电力系统振荡时测量阻抗变化规律

系统振荡时，安装在 M 处的测量元件的测量阻抗为：

$$Z_m=\frac{\dot{U}_M}{\dot{I}_M}=\frac{\dot{E}_M-\dot{I}_M Z_M}{\dot{I}_M}=\frac{\dot{E}_M}{\dot{I}_M}-Z_M=\frac{1}{1-e^{-j\delta}}Z_\Sigma-Z_M \tag{5-50}$$

因为 $1-e^{-j\delta}=1-\cos\delta+j\sin\delta=\dfrac{2}{1-j\cot\dfrac{\delta}{2}}$，所以：

$$Z_m=\left(\frac{1}{2}Z_\Sigma-Z_M\right)-j\frac{1}{2}Z_\Sigma\cot\frac{\delta}{2}=\left(\frac{1}{2}-\rho_m\right)Z_\Sigma-j\frac{1}{2}Z_\Sigma\cot\frac{\delta}{2} \tag{5-51}$$

式中，ρ_m 为 M 侧系统阻抗占系统总联系阻抗的比例，$\rho_m=\dfrac{Z_M}{Z_\Sigma}$。

由式（5-51）可见，系统振荡时，保护安装处 M 的测量阻抗由两大部分组成：第一部分为 $\left(\dfrac{1}{2}-\rho_m\right)Z_\Sigma$，对应于从保护安装处 M 到振荡中心点 OS 的线路阻抗，只与保护安装处到振荡中心的相对位置有关，而与功角 δ 无关。第二部分为 $-j\dfrac{1}{2}Z_\Sigma\cos\dfrac{\delta}{2}$，垂直于 Z_Σ，随着 δ 的变化而变化。当 δ 由 $0°$ 变化到 $360°$ 时，测量阻抗 Z_m 的末端沿着一条经过阻抗中心点 OS，且垂直于 Z_Σ 的直线 OO' 自右向左推移，如图 5-19 所示。当 $\delta=0°$（＋）时，测量阻抗 Z_m 位于复平面的右侧，其值为无穷大；当 $\delta=180°$ 时，测量阻抗 Z_m 值最小，变成 $\left(\dfrac{1}{2}-\rho_m\right)Z_\Sigma$，位于系统阻抗角的方向上，相当于在振荡中心处发生三相短路，可能引起保护的误动。当 $\delta=360°$（－）时，测量阻抗的值也为无穷大，但位于复平面的左侧。

分析表明，如果 $\dot{E}_M$ 和 $\dot{E}_N$ 的幅值不相等，系统振荡时测量阻抗末端的轨迹将不再是一条直线，而是一个圆弧。设 $K_e=\dfrac{\dot{E}_M}{\dot{E}_N}$，当 $K_e>1$ 及 $K_e<1$ 时，测量阻抗末端的轨迹如图 5-19 中的虚线圆弧 1 和圆弧 2 所示。

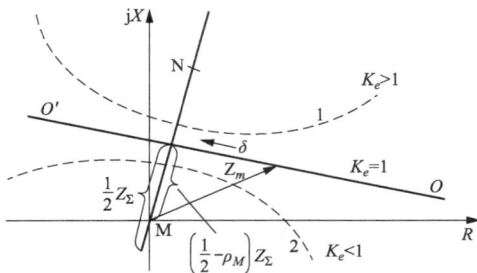

图 5-19　测量阻抗的变化轨迹

由图 5-19 可见，保护安装处 M 到振荡中心 OS 的阻抗为 $\left(\dfrac{1}{2}-\rho_m\right)Z_\Sigma$，它与 $\rho_m=\dfrac{Z_M}{Z_\Sigma}$ 的大小密切相关。当 $\rho_m<\dfrac{1}{2}$ 时，即保护安装在送电端

且振荡中心位于保护的正方向时，振荡时测量阻抗末端轨迹的直线 OO' 在第一象限内与 Z_Σ

相交，根据保护的动作特性，测量阻抗可能穿越动作区；当 $\rho_m = \dfrac{1}{2}$ 时，保护安装处 M 正好就是振荡中心，该阻抗等于 0，测量阻抗末端轨迹的直线 OO' 在坐标原点处与 Z_Σ 相交，肯定穿越保护动作区；当 $\rho_m > \dfrac{1}{2}$ 时，即振荡中心在保护的反方向上，振荡测量阻抗末端轨迹的直线 OO' 在第三象限内与 Z_Σ 相交，是否会引起保护误动，视保护的动作特性而异。可见，距离保护安装在系统中的位置不同，受振荡的影响是不同的。

（三）电力系统振荡时对距离测量元件特性的影响

在图 5-17 所示的双侧电源电力系统中，假设 M 处装有距离保护，其测量元件采用方向圆特性的阻抗元件，距离保护 I 段的整定阻抗为线路阻抗的 80%，M 侧 I 段的动作特性如图 5-20 所示。

根据前面的分析，当振荡中心落在母线 M、N 之间的线路上，δ 变化时，M 处的测量阻抗末端将沿图 5-20 中的直线 OO' 移动。当 δ 在 $\delta_1 \sim \delta_2$ 范围内时，M 侧测量阻抗落入动作范围之内，其测量元件动作，其误动作的时段自功角 δ_1 开始至功角超过 δ_2 结束。当振荡中心落在本线路保护范围之外时，距离保护 I 段将不受振荡的影响。

II 段及 III 段的整定阻抗一般较大，振荡时的测量阻抗比较容易进入其动作区，所以 II 段及 III 段的测量元件可能会动作。但是，它们都带有延

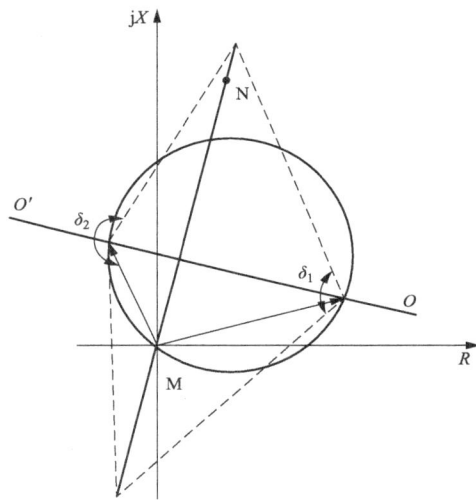

图 5-20 M 侧 I 段的动作特性

时元件，如果振荡误动作的时段小于元件的延时，则保护出口不会误动作。

总之，电力系统振荡时，阻抗继电器是否误动、误动的时间长短与保护安装位置、保护动作范围、动作特性的形状和振荡周期长短等有关，安装位置离振荡中心越近、整定值越大、动作特性曲线在与整定阻抗垂直方向的动作区越大时，越容易受到振荡的影响，振荡周期越长，误动的时间也越长。并不是所有安装在系统中的阻抗继电器在振荡时都会误动，但是，阻抗继电器在出厂时都要求配备振荡闭锁，使之具有通用性。

（四）振荡闭锁措施

电力系统振荡时可能引起距离保护的误动作，因此必须采用专门的振荡闭锁措施，实现振荡时闭锁距离保护。

当系统振荡使两侧电动势之间的角度摆到 $\delta = 180°$ 时，保护所受到的影响与在系统振荡中心处发生三相短路时的效果是一样的。因此，必须要区分系统振荡与三相短路时的不同，电力系统振荡与三相短路时的主要区别如下。

（1）振荡时，三相完全对称，没有负序分量和零序分量出现；而当短路时，总要长时间（不对称短路过程中）或瞬间（在三相短路开始时）出现负序分量或零序分量。

（2）振荡时，电气量呈周期性变化，在 $\delta = 180°$ 时会出现最严重的情况，其变化速度 $\left(\dfrac{\mathrm{d}U}{\mathrm{d}t}、\dfrac{\mathrm{d}I}{\mathrm{d}t}、\dfrac{\mathrm{d}Z}{\mathrm{d}t} \right)$ 与系统功角的变化速度一致，比较慢；而当短路时，电流、电压值突然变化

且速度很快，在短路后，短路电流、各点的残余电压和测量阻抗在不计衰减时是不变的。

（3）振荡时，任一点电流与电压之间的相位关系都随 δ 的变化而变化；而在短路后，电流和电压之间的相位差是不变的。

（4）二者的阻抗元件动作情况不同：振荡时，电气量呈现周期性变化，若阻抗元件误动，则在一个振荡周期内动作和返回各一次；短路时阻抗测量元件可能动作，也可能不动作。

距离保护的振荡闭锁措施应能满足以下基本要求。

（1）系统发生全相或非全相振荡时，保护装置不应误动作跳闸。

（2）系统在全相或者非全相振荡过程中被保护线路发生各种类型的不对称故障时，距离保护装置应有选择性地动作跳闸。

（3）系统在全相振荡过程中再发生三相故障时，保护装置应可靠动作跳闸，并允许带短延时。

根据上述对振荡闭锁的要求，利用短路与振荡时电气量变化特征的差异，距离保护一般采用下述振荡闭锁措施。

（1）利用电流的负序、零序分量或突变量实现振荡闭锁。为了提高保护动作的可靠性，在系统没有故障时，一般距离保护一直处于闭锁状态。当系统发生故障时，短时开放距离保护允许保护出口跳闸，称为短时开放。若在开放的时间内阻抗继电器动作，则说明故障点位于阻抗继电器的动作范围之内，此时应将故障线路跳开；若在开放的时间内阻抗继电器未动作，则说明故障不在保护区内，此时应重新将保护闭锁。这种振荡闭锁方式的原理框图如图 5-21 所示。

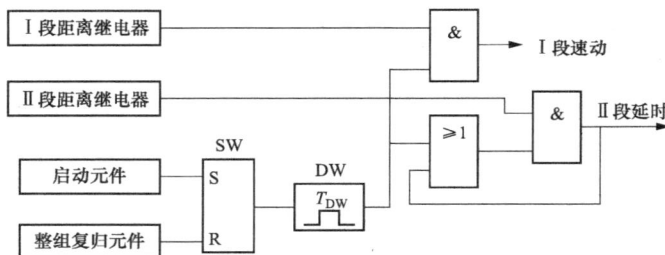

图 5-21　利用故障时短时开放的方式实现振荡闭锁的原理框图

图 5-21 中，启动元件是实现振荡闭锁的关键元件。启动元件和整组复归元件在系统正常运行或因静态稳定被破坏时都不会动作，这时双稳态触发器 SW 以及单稳态触发器 DW 都不会动作，保护装置的Ⅰ段和Ⅱ段被闭锁，无论阻抗继电器本身是否动作，保护都不可能动作跳闸，即不会发生误动。电力系统发生故障时，故障判断的启动元件立即动作，动作信号经双稳态触发器 SW 记忆下来，直至整组复归。SW 输出的信号，又经单稳态触发器 DW 固定为输出时间宽度为 T_{DW} 的短脉冲，在 T_{DW} 时间内若阻抗判别元件的Ⅰ段或Ⅱ段动作，则允许保护无延时或有延时动作（距离保护Ⅱ段被自保持）。若在 T_{DW} 时间内阻抗判别元件的Ⅰ段或Ⅱ段没有动作，保护将闭锁直至满足整组复归条件，并准备下次开放保护。

T_{DW} 称为振荡闭锁的开放时间，或称允许动作时间，它的选择要兼顾两个方面：一是要保证在正向区内故障时，保护Ⅰ段有足够的时间可靠跳闸，保护Ⅱ段的测量元件能够可靠启动并实现自保持，因而时间不能太短，一般不应小于 0.1s；二是要保证在区外故障引起振荡时，测量阻抗不会在故障后的 T_{DW} 时间内进入动作区，因而时间又不能太长，一般不应大于 0.3s。所以，通常情况下取 $T_{DW} = 0.1 \sim 0.3s$，现代数字保护中，开放时间一般取 0.15s 左右。

整组复归元件在故障或振荡消失后再经过一个延时动作，将 SW 复原，它与启动元件、SW 配合，保证在整个一次故障过程中，保护只开放一次。但是对于先振荡后故障，保护也会被闭锁，此时尚需再故障判别元件。

启动元件用来判断系统是否发生短路，它仅需判断系统是否发生了短路，而不需要判断短路的远近及方向，对它的要求是灵敏度高、动作速度快，系统振荡时不误动作。目前距离保护中应用的故障判断元件，主要有反映电压、电流中负序分量或零序分量的故障判断元件和反映电流突变量的故障判断元件两种。

1）反映电压、电流中负序分量或零序分量的故障判断元件。电力系统正常运行和因静稳定破坏而引起振荡时，系统均处于三相对称状态，电压、电流中不存在负序分量或零序分量。电力系统发生各种类型的不对称短路时，故障电压、电流都会出现较大的负序分量或零序分量；三相对称性短路一般由不对称短路发展而来，短时也会有负序、零序分量输出。因此，可以利用负序分量或零序分量是否存在，来判断系统是否发生短路。

2）反映电流突变量的故障判断元件。反映电流突变量的故障判断元件是根据在系统正常运行或振荡时电流变化比较缓慢，而在系统故障时电流会出现突变这一特点来进行故障判断的。电流突变的检测，既可以用模拟的方法实现又可以用数字的方法实现。

（2）利用测量阻抗变化率不同构成振荡闭锁。在电力系统发生短路故障时，测量阻抗 Z_m，是由负荷阻抗 Z_L 突变为 Z_K 的，而在系统振荡时，测量阻抗则是由负荷阻抗缓慢变为保护安装处到振荡中心点的线路阻抗的，这样，根据测量阻抗的变化速度不同就可以构成振荡闭锁。利用测量阻抗的变化速度不同构成振荡闭锁的原理可以用图 5-22 来说明。图中，KZ1 为整定值较高的阻抗元件；KZ2 为整定值较低的阻抗元件。

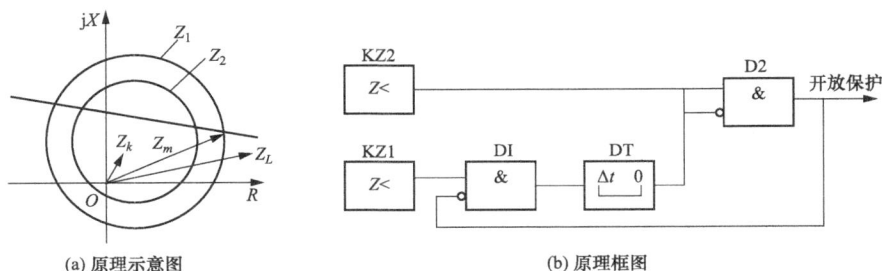

(a) 原理示意图　　　　(b) 原理框图

图 5-22　利用电气量变化速度不同构成振荡闭锁

这种振荡闭锁的实质是在 KZ1 动作后先开放一个 Δt 的时间，如果在这段时间内 KZ2 动作，则开放保护，直到 KZ2 返回；如果在 Δt 的时间内 KZ2 不动作，保护就不会被开放。它利用短路时阻抗的变化率较大，KZ1、KZ2 的动作时间差小于 Δt，则短时开放。但与前面短时开放不同的是，测量阻抗每次进入 KZ1 的动作区后，都会开放一定时间，而不是在整个故障过程中只开放一次。

由于对测量阻抗变化率的判断是由两个不同大小的阻抗圆完成的，所以这种振荡闭锁通常称为"大圆套小圆"振荡闭锁原理。

（3）利用动作的延时实现振荡闭锁。电力系统振荡时，距离保护的测量阻抗是随δ角的变化而不断变化的，当δ角变化到某个角度时，测量阻抗进入阻抗继电器的动作区，而当δ角继续变化到另一个角度时，测量阻抗又从动作区移出，测量元件返回。实践经验表明，对于按躲过最大负荷整定的距离保护Ⅲ段阻抗元件，测量阻抗落入其动作区的时间小于1～1.5s，只要距离保护Ⅲ段动作的延时时间大于1～1.5s，系统振荡时保护Ⅲ段就不会误动作。

对于利用负序、零序分量或电流突然变化来判断是否短时开放保护的振荡闭锁措施，如果系统在振荡过程中又发生了内部故障，距离保护Ⅰ、Ⅱ段将不能动作，故障将无法被快速切除。为克服此缺点，振荡闭锁元件中可以增设振荡过程中再故障的判别逻辑，当判断出振荡过程中又发生内部短路时，可将保护再次开放。

第二节　方向阻抗继电器的建模与仿真

一、系统配置

为了对方向阻抗继电器的特性进行仿真，选取如图 5-23 所示的单电源电网，其电源电压为 220kV，线路 L 长度为 100km，单位正序阻抗 $z_1 = (0.131 + j0.432)\ \Omega/km$，负荷为 90MW。

图 5-23　单电源电网

二、仿真模型

启动 MATLAB，进入 Simulink 后新建仿真模型。电力系统模型如图 5-24 所示。分别添加了"相间距离保护接线"的方向阻抗继电器模块以及"接地距离保护接线"的方向阻抗继电器模块。

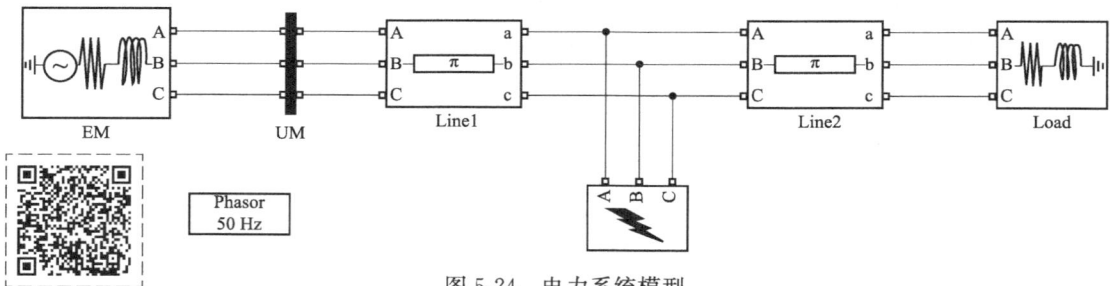

图 5-24　电力系统模型

仿真模型

采用"相间距离保护接线"的方向阻抗继电器模块如图 5-25 所示。图中，3 个阻抗继电器 J1、J2、J3 分别接于三相，J1 组成元件如图 5-26 所示，J2、J3 与之相同。继电器模块为已封装的子系统，对应于继电器的动作方程式，本节采用式（5-22）的相位比较方式，相位显示器模块可以实时察看各继电器的比相相位。

应该注意的是，为了计算方便，在仿真中，各个电压、电流输出信号应为复数形式输出，然而当 Powergui 模块设置在 Phasor 方式下时，三相电压电流测量模块 UM 的输出信号却为幅值与相角分离的方式，因此设计了 U_convert、I_con-vert 子系统来获得复数形式的三相电压和电流。U_convert 子系统构成如图 5-27 所示，I_convert 子系统的结构与其相同。

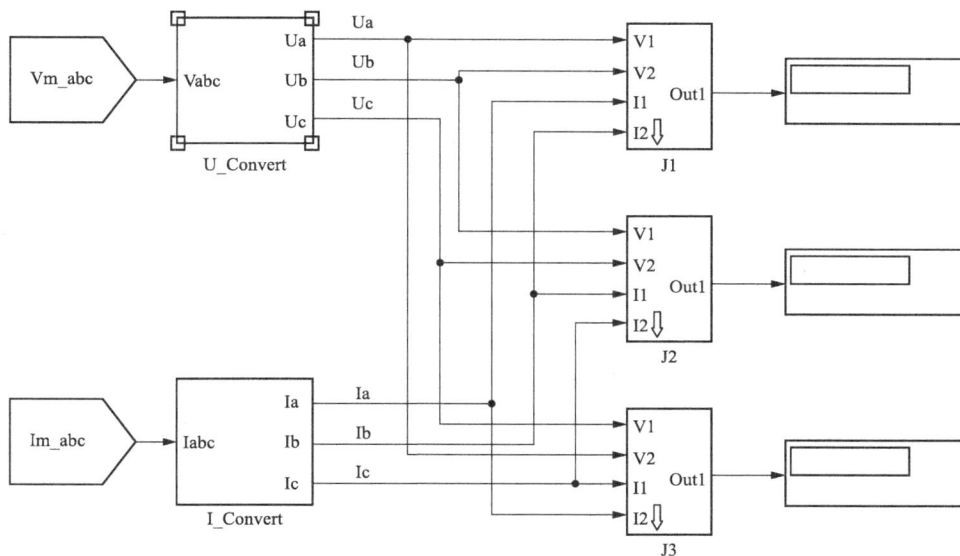

图 5-25　采用"相间距离保护接线"的方向阻抗继电器模块

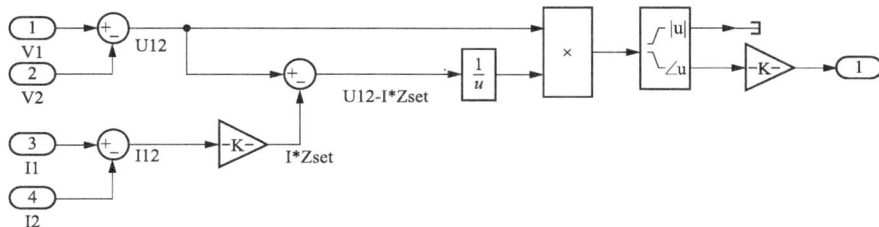

图 5-26　J1 组成元件

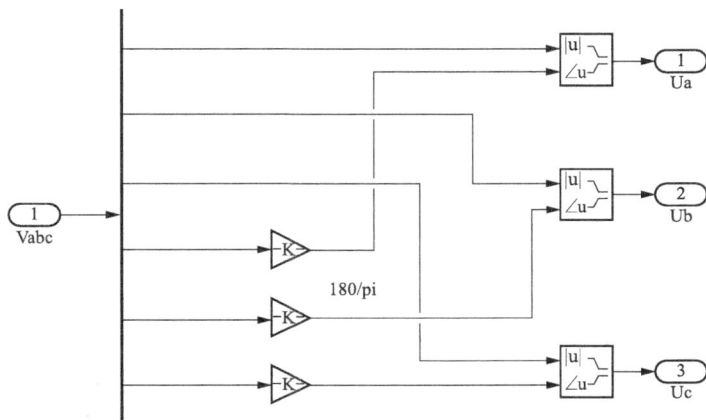

图 5-27　U_convert 子系统构成

采用"接地距离保护接线"的方向阻抗继电器模块如图 5-28 所示。继电器模块 K1 的内部结构如图 5-29 所示。

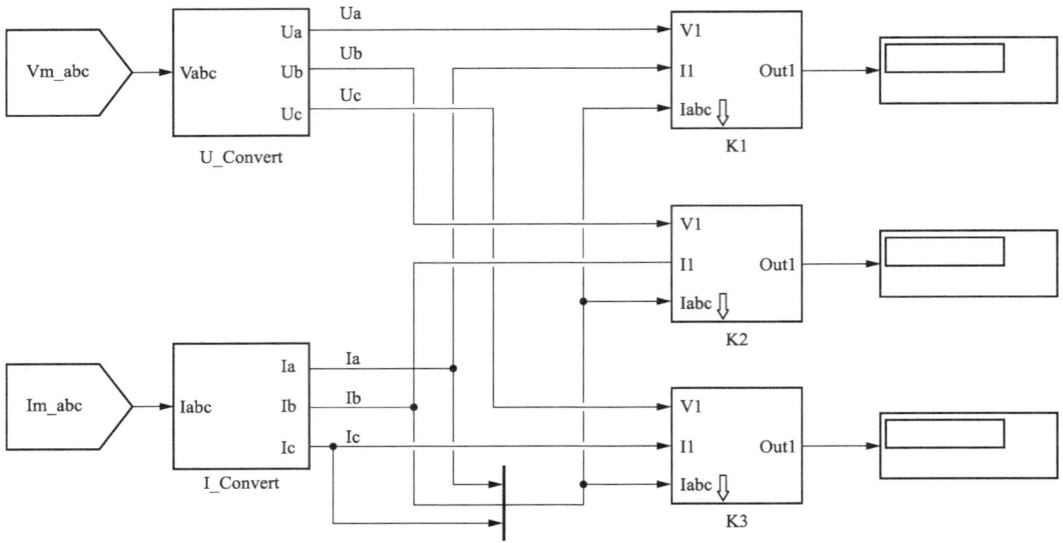

图 5-28　采用"接地距离保护接线"的方向阻抗继电器模块

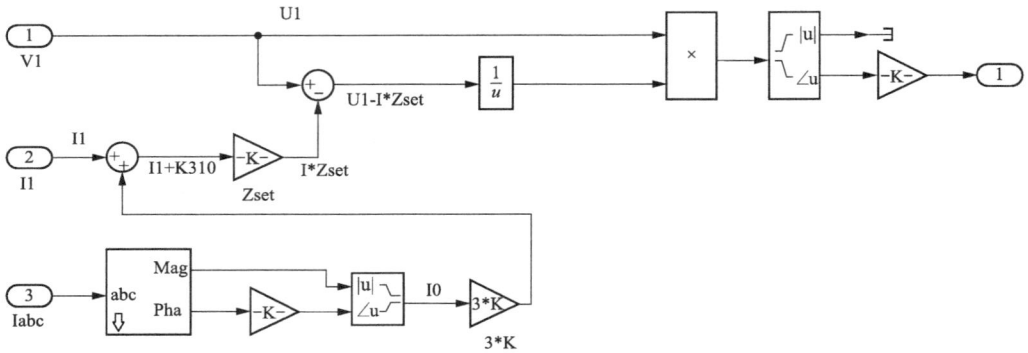

图 5-29　继电器模块 K1 的内部结构

三、仿真设置

1. Powergui 设置

仿真类型选择 Phasor 形式，参数设置如图 5-30 所示。

2. 电源 EM 参数设置

电源采用 Three-Phase Source 模型，电源 EM 的参数设置（忽略电源阻抗）如图 5-31 所示。

3. 输电线路 Line1、Line2 参数设置

输电线路 Line1、Line2 采用 Three Phase PI Section Line 分布参数模型，Line1 的参数设置（为了便于分析此处忽略了线路电容的影响）如图 5-32 所示，Line2 与之相仿，只是线路长度不同，需要保证 Line1 和 Line2 长度和为 100km。

4. 阻抗继电器元件 J1、J2、J3、K1、K2、K3 参数设置

双击封装好的阻抗继电器元件，按如图 5-33 所示设置 K1 距离保护 I 段的阻抗整定值，保护区为线路全场的 85%。其他阻抗继电器的参数相同，设置均如图 5-33 所示。

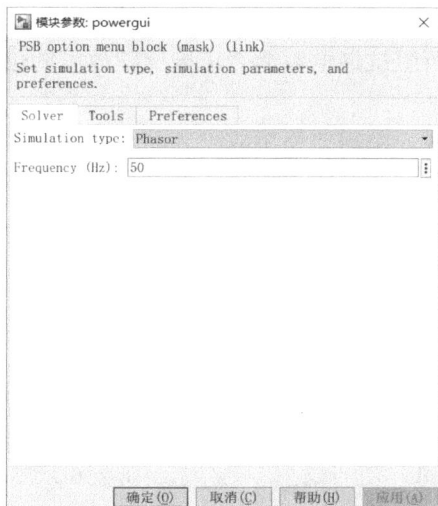

图 5-30　Powergui 参数设置

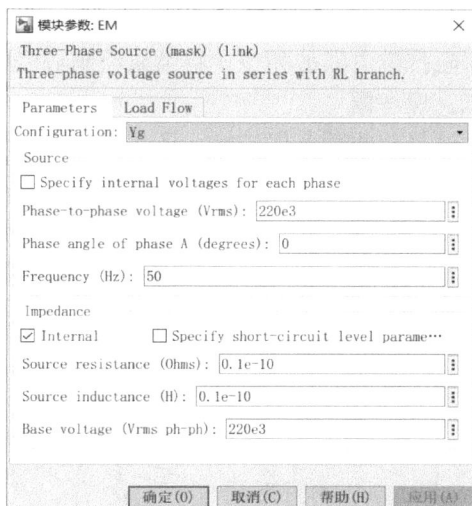

图 5-31　电源 EM 参数设置

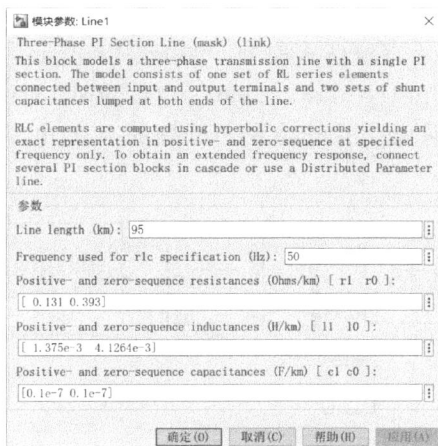

图 5-32　Line1 参数设置

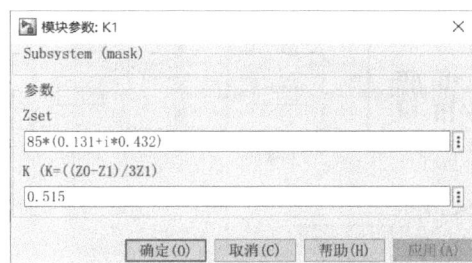

图 5-33　阻抗继电器 K1 的参数设置

5．三相电压电流测量模块 UM 参数设置

三相电压电流测量模块 UM 参数设置如图 5-34 所示。

四、实验内容

（1）采用"相间距离保护接线"的方向阻抗继电器时，分别设置三相短路、AB 相短路、A 相接地故障类型，分别选取在保护范围内部的正方向出口 1km 处、75km 处和 95km 处 3 个点发生金属性短路故障，短路点通过更改 Line1 和 Line2 长度来模拟。仿真得到各相阻抗继电器的相位，将结果绘制成表格，分析阻抗继电器能否正确反映故障的位置。

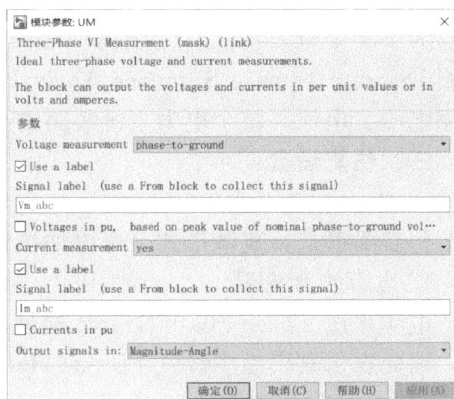

图 5-34　三相电压电流测量模块 UM 参数设置

（2）采用"接地距离保护接线"的方向阻抗继电器时，重复（1）中仿真步骤，仿真得到各相阻抗继电器的相位，将结果绘制成表格，分析阻抗继电器能否正确反映故障的位置。

五、思考题

无论是相间距离保护接线还是接地距离保护接线，都需要使用故障环路上的电压和电流作为测量量，因此，选相对于距离保护来说非常重要，尝试实现故障选相元件。

第三节　系统振荡的影响仿真

一、系统配置

双侧电源的电力系统如图 5-35 所示，电源 $\dot{E}_M = 220\angle0°\text{kV}$，$\dot{E}_N = 220\angle0°\text{kV}$，为了简化仿真，设置两个电源的内阻相等，且阻抗角与线路相同，$Z_s = Z_{s.M} = Z_{s.N} = 0.226\angle73.13°$；线路 MN 长度为 99km，单位正序阻抗 $z_1 = 0.451\angle73.13°\Omega/\text{km}$。

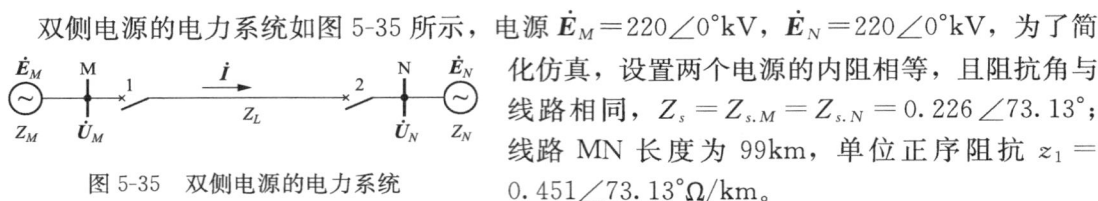

图 5-35　双侧电源的电力系统

二、仿真模型

根据图 5-35，利用 Simulink 建立双侧电源的电力系统仿真模型，如图 5-36 所示。为了便于观察振荡中心的电压，将线路分成四段，Line1＝5km，Line2＝44.5km，Line3＝39.5km，Line4＝10km。添加 RMS 模块，用于测量振荡时母线 M、N 处的 A 相电压、电流以及振荡中心的 A 相电压幅值变化曲线。

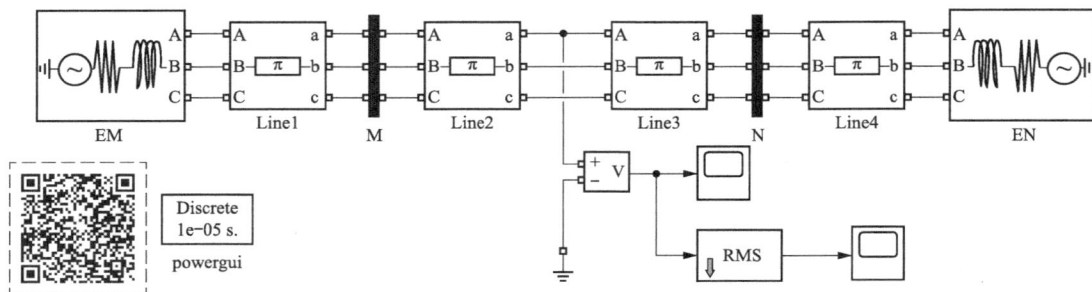

图 5-36　双侧电源的电力系统仿真模型

为了验证电力系统发生振荡和短路时的区别，在图 5-36 的仿真模型中加入故障模块，应用 Discrete 3-phase Sequence Analyzer 模块（离散三相序分量模块）来获得母线 M 处的负序电压、电流，整个电力系统短路的仿真模型如图 5-37 所示。

三、仿真设置

1. Powergui 设置

仿真类型选择离散形式，可以加快计算速度。Powergui 参数设置如图 5-38 所示。

2. 电源参数设置

电源采用 Three-Phase Source 模型，当电力系统发生振荡时，两侧电源的频率将不相同，因此在仿真模型中设置 $f_M = 50\text{Hz}$，$f_N = 51\text{Hz}$，其他参数相同，显然此时振荡周期为 1s。EM 参数设置如图 5-39 所示。

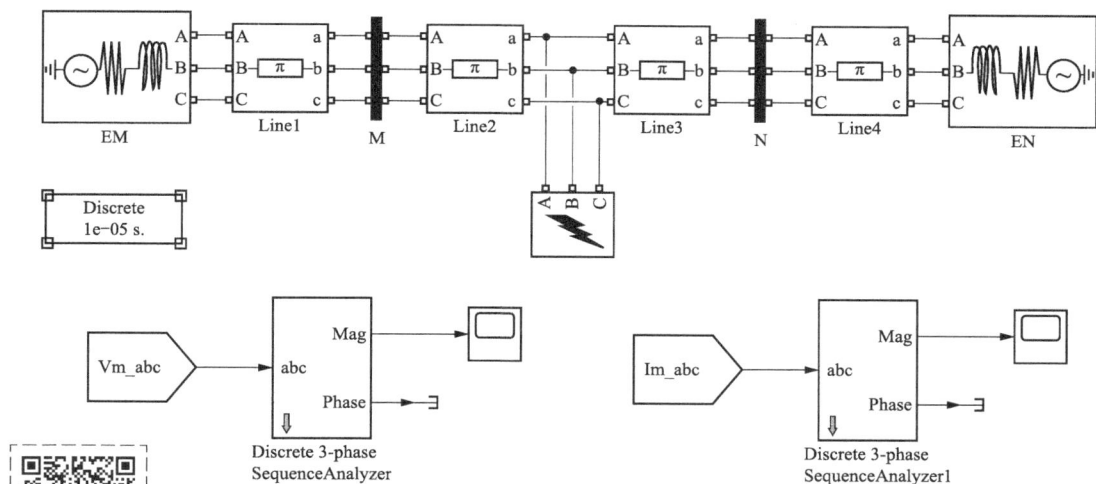

图 5-37　电力系统短路的仿真模型

仿真模型

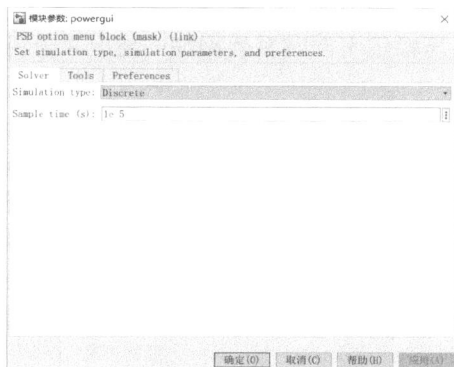

图 5-38　Powergui 参数设置

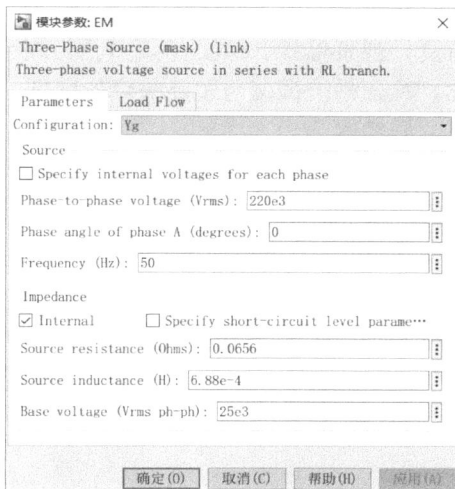

图 5-39　EM 参数设置

3. 输电线路 Line1～Line4 参数设置

模型中共有 4 条输电线路 Line1～Line4，均采用 Three-Phase PI Section Line 模型，线路的长度分别为 5km、44.5km、39.5km、10km，其他参数相同。输电线路 Line1 参数设置如图 5-40 所示。

4. Discrete 3-Phase Sequence Analyzer 模块（离散三相序分量模块）参数设置

离散三相序分量模块参数设置如图 5-41 所示。

四、实验内容

（1）根据式（5-48），计算振荡电流。

（2）按图 5-36 模型进行仿真，仿真运行时间设为 2s。运行仿真，得到母线 M、N 处的 A 相电压、电流波形。利用 RMS 模块得到母线 M、N 处的 A 相电压、电流以及振荡中心的 A 相电压幅值变化曲线。观察其变化特点，验证是否与理论值相符。

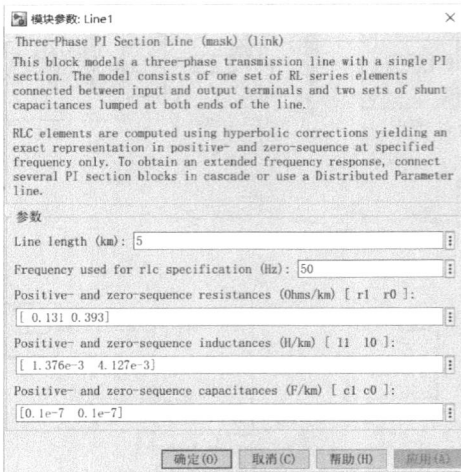

图 5-40　输电线路 Line1 参数设置

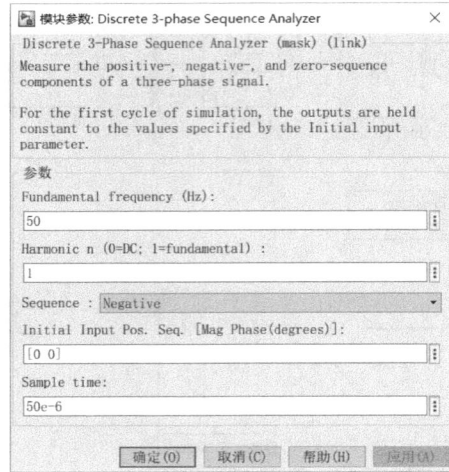

图 5-41　离散三相序分量模块参数设置

（3）按图 5-37 模型进行仿真，通过故障模块，设置系统在 1s 时发生 AB 两相短路故障，运行仿真，观察母线 M 处的负序电压、电流波形。观察短路故障和系统振荡时，负序分量的变化，验证系统振荡与短路故障的区别。

五、思考题

尝试改变相关参数，仿真分析系统阻抗角、电压幅值不同时发生振荡的情况，分析振荡时测量阻抗的变化情况。

第六章　输电线路纵联差动保护及仿真

电流保护、零序电流保护和距离保护都是只反应被保护线路一侧电气量而动作的保护，无法区分本线路末端与相邻线路的出口故障。为了保证选择性，瞬时切除的故障范围只能是被保护线路的一部分。即使性能较好的距离保护，在单侧电源线路上也只能保护线路全长的80%左右，在双侧电源线路上瞬时切除故障的范围只有线路全长的60%左右。当被保护线路其余部分发生故障时，就只能由延时保护（Ⅱ段保护）来切除，这对于很多重要的高压输电线路是不允许的。为了保障电力系统的安全稳定，在重要的高压输电线路上应设置具有无延时切除线路上任意点故障的保护装置。研究和实践表明，反应线路两侧的电气量可以快速、可靠地区分本线路内部任意点短路与外部短路，达到有选择、快速地切除全线路任意点短路的目的，为此需要将线路一侧电气量信息传到另一侧去，两侧的电气量同时比较、联合工作，也就是说在线路两侧之间发生纵向的联系，以这种方式构成的保护称为输电线路的纵联保护。

第一节　基本组成及原理

一、纵联保护基本组成

以两端输电线路为例，一套完整的输电线路纵联保护结构框图如图 6-1 所示，包括两端保护装置、通信设备和通信通道。

图 6-1 中继电保护装置通过电压互感器 TV 及电流互感器 TA 获取本端的电压、电流，根据不同的保护原理，形成或提取两端被比较的电气量特征，一方面通过通信设备将本端的电气量特征传送到对端，另一方面通过通信设备接收对端发送过来的电气量特征，并将两端的电气量特征进行比较，若符合动作条件则跳开本

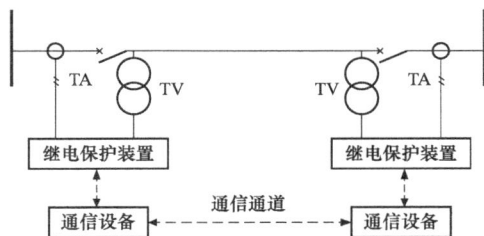

图 6-1　输电线路纵联保护结构框图

端断路器并告知对端，若不符合动作条件则不动作。保护是否动作取决于安装在输电线两端的装置联合判断的结果，两端的装置组成一个保护单元，各端的装置不能独立构成保护。理论上这种纵联保护具有输电线路内部短路时动作的绝对选择性。

纵联保护按照所用通信通道的类型可以分为以下 4 种。

（1）导引线纵联保护（简称导引线保护）：这种保护需要铺设导引线电缆传送电气量信息，其投资随线路长度而增加，当线路较长（超过 10km 以上）时就不经济了。导引线越长，自身的运行安全性越低。在中性点接地系统中，除了雷击外，在接地故障时地中电流会引起地电位升高，从而也会产生感应电压，所以导引线的电缆必须有足够的绝缘水平，而这会使投资增大。一般导引线中直接传输交流一次电量波形，但导引线的参数（电阻和分布电容）直接影响保护性能，从而在技术上也限制了导引线保护用于较长的线路。

（2）电力线载波纵联保护（简称载波保护）：这种保护不需要专门架设通信通道，而是利用输电线路构成通道。载波通道由输电线路及其信息加工和连接设备（阻波器、结合电容器及高频收发信机）等组成。输电线路机械强度大，运行安全可靠。但是在线路发生故障时通道可能遭到破坏，为此载波保护应采用在本线路故障、信号中断的情况下仍能正确动作的技术。

（3）微波纵联保护（简称微波保护）：微波保护使用的微波通道是一种多路通信通道，具有很宽的频带，可以传送交流电的波形。采用脉冲编码调制方式后微波通道可以进一步扩大信息传输量，提高抗扰能力，也更适合于数字式保护。微波通道是理想的通道，但是设置保护专用微波通道及设备不经济，通常在设计电力信息系统时兼顾继电保护的需要。

（4）光纤纵联保护（简称光纤保护）：光纤通道与微波通道具有相同的优点，也广泛采用脉冲编码调制方式。光纤通道将电信号转换成光信号送到对侧，并将所接收的光信号变为电信号进行比较。保护使用的光纤通道一般与电力信息系统统一考虑。

按照保护动作原理，纵联保护可以分为以下两类。

（1）方向比较式纵联保护：两侧保护装置将本侧的功率方向、测量阻抗是否在规定的方向、区段内的判别结果传送到对侧，每侧保护装置根据两侧的判别结果，区分是区内故障还是区外故障。这类保护在通道中传送的是逻辑信号，而不是电气量本身，传送的信息量较少，但对信息可靠性要求很高。按照保护判别方向所用的原理可将方向比较式纵联保护分为方向纵联保护和距离纵联保护两类。

（2）纵联电流差动保护：这类保护利用通道将本侧电流的波形或代表电流相位的信号传送到对侧，每侧保护根据对两侧电流的幅值和相位比较的结果区分是区内故障还是区外故障。可见这类保护在每侧都直接比较两侧的电气量，故称为纵联电流差动保护。这类保护的信息传输量大，并且要求两侧信息同步采集，实现技术要求较高。

二、输电线路短路时两侧电气量的故障特征

当线路发生区内故障及区外故障时，电力线两端的电流波形、功率方向、电流相位以及两端的测量阻抗都会有明显的差异，利用这些差异可以构成不同原理的纵联保护。表 6-1 列出了线路短路时两侧电气量的故障特征。

表 6-1   线路短路时两侧电气量的故障特征

电气量	正常运行或外部故障 （希望不动）	内部故障（希望动作）
方向元件	一侧为正 一侧为负	两侧均为正
阻抗元件	一侧动作 一侧不动	两侧均动作
电流相位	相位差 $180°$	接近同相
电流相量和	$\sum \dot{i}_j = 0$	$\sum \dot{i}_j = \dot{i}_K$

三、输电线路纵联电流差动保护

（一）纵联电流差动保护的基本原理

纵联电流差动保护的基本原理如图 6-2 所示，在线路的 M 和 N 两侧装设特性和电流比完全相同的电流互感器，两侧电流互感器的一次回路的正极性均置于靠近母线的一侧，二次回路的同极性端子相连接，差动继电器 KD 则并联接在电流互感器的二次端子上。

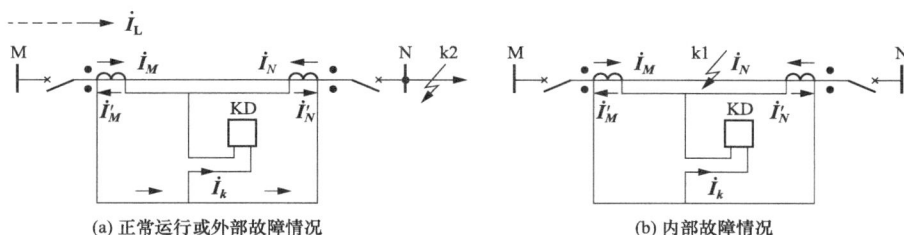

(a) 正常运行或外部故障情况　　　　　　　　(b) 内部故障情况

图 6-2　纵联电流差动保护的基本原理

在线路的两端，仍规定一次电流的正方向为从母线流向被保护的线路。在线路正常运行时，假设线路的电流 $\dot{I}_L$ 从 M 端流入，从 N 端流出，如图 6-2（a）中的虚线所示。按照规定的正方向，线路两侧电流 $\dot{I}_M$ 和 $\dot{I}_N$ 反相，且 $\dot{I}_M = -\dot{I}_N$。电流互感器的二次电流为：

$$\dot{I}'_M = \frac{\dot{I}_M - \dot{I}_{\mu M}}{n_{TA}} \tag{6-1}$$

$$\dot{I}'_N = \frac{\dot{I}_N - \dot{I}_{\mu N}}{n_{TA}} \tag{6-2}$$

式中，$\dot{I}_M$ 和 $\dot{I}_N$ 分别为两侧电流互感器的二次电流；$\dot{I}_{\mu M}$、$\dot{I}_{\mu N}$ 分别为两侧电流互感器的励磁电流；n_{TA} 为两侧电流互感器的电流比。

流入差动继电器的电流为：

$$\dot{I}_k = \frac{\dot{I}_M - \dot{I}_{\mu M}}{n_{TA}} + \dot{I}'_N = \frac{\dot{I}_N - \dot{I}_{\mu N}}{n_{TA}} \tag{6-3}$$

将 $\dot{I}_M = -\dot{I}_N$ 代入式（6-3），得：

$$\dot{I}_k = \frac{-\dot{I}_{\mu M} - \dot{I}_{\mu N}}{n_{TA}} = \dot{I}_{unb} \tag{6-4}$$

式中，$\dot{I}_{unb}$ 称为不平衡电流。

当线路外部发生短路时［见图 6-2（a）中的 k2 点］，电流互感器一次、二次电流的方向与正常工作的情况相同，流入差动继电器的电流仍为不平衡电流，但由于此时一次电流为短路电流，比正常时的负荷电流大得多，所以此时的不平衡电流要大得多。当线路流过最大外部短路电流时，流入差动继电器的为最大不平衡电流 $I_{unb.\,max}$，其值可按下式计算：

$$I_{unb.\,max} = K_{er} K_{st} I_{k\,max} / n_{TA} \tag{6-5}$$

式中，K_{er} 为电流互感器的最大相对误差，取 0.1；K_{st} 为电流互感器的同型系数，两侧电流互感器型号相同取 0.5，型号不同取 1；$I_{k\,max}$ 为保护范围外部最大短路电流值。

当线路内部发生短路时［见图 6-2（b）中的 kl 点］，M、N 两侧的电流均为正，这时流入差动继电器的电流为：

$$\dot{I}_k = \frac{\dot{I}_{1M} - \dot{I}_{\mu M}}{n_{TA}} + \frac{\dot{I}_{1N} - \dot{I}_{\mu N}}{n_{TA}} = \frac{\dot{I}_{1M} + \dot{I}_{1N}}{n_{TA}} - \frac{\dot{I}_{\mu M} + \dot{I}_{\mu N}}{n_{TA}} = \frac{\dot{I}_{k1}}{n_{TA}} - \frac{\dot{I}_{\mu M} + \dot{I}_{\mu N}}{n_{TA}} \tag{6-6}$$

式中，$\dot{I}_{k1}$ 为故障点的总电流，$\dot{I}_{k1}=\dot{I}_{1M}+\dot{I}_{1N}$。

　　式（6-6）说明，内部短路时流入差动继电器的电流为故障点总电流的二次值，该值远大于正常运行和外部短路时流入差动继电器的不平衡电流。因此，对差动继电器设置合理的动作电流值，可以使保护动作，瞬时跳开线路两侧的断路器，实现线路内部任意故障点的保护。

　　（二）纵联电流差动保护特性分析

　　纵联电流差动保护常用不带制动作用和带有制动作用的两种动作判据。

　　1．不带制动特性的差动继电器特性

　　不带制动特性的差动继电器动作方程为：

$$|\dot{I}_m+\dot{I}_n| \geqslant I_{set} \tag{6-7}$$

式中，I_{set} 为差动继电器的动作电流整定值，其值通常按躲过外部短路时的最大不平衡电流 $\dot{I}_{unb.max}$ 来整定，即：

$$I_{set}=K_{rel}I_{unb.max} \tag{6-8}$$

式中，K_{rel} 为可靠系数，取 $1.2 \sim 1.3$。

　　保护应满足线路在单侧电源运行发生内部短路时有足够的灵敏度，即：

$$K_{sen}=\frac{I_{k.min}}{I_{sset}} \geqslant 2 \tag{6-9}$$

式中，$I_{k.min}$ 为单侧最小电源作用且被保护线路末端短路时，流过保护的最小短路电流。

　　若纵联电流差动保护不满足灵敏度要求，需要采用带制动特性的纵联电流差动保护。

　　2．带有制动线圈的差动继电器特性

　　带有制动线圈的差动继电器中有动作线圈和制动线圈两组。制动线圈流过两侧互感器的"循环电流"$|\dot{I}_m-\dot{I}_n|$，在正常运行和外部短路时制动功率增强，在动作线圈中流过两侧互感器的"和电流"$|\dot{I}_m+\dot{I}_n|$，在内部短路时制动功率减弱，而动作的功率极强。图 6-3 所示为带制动线圈的差动继电器（点画线框内）的结构原理和动作特性。

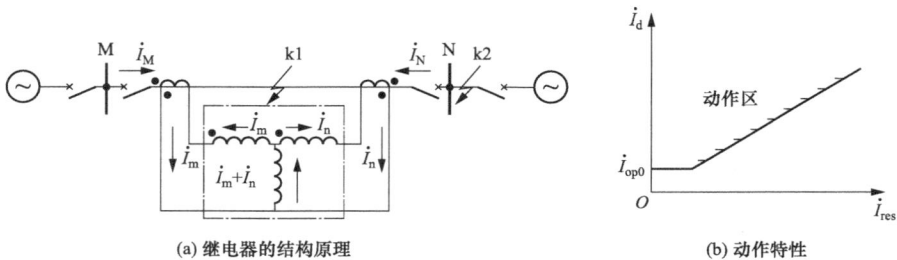

(a) 继电器的结构原理　　　　　　　　(b) 动作特性

图 6-3　带制动线圈的差动继电器的结构原理和动作特性

　　继电器的动作方程为：

$$|\dot{I}_m+\dot{I}_n|-K|\dot{I}_m-\dot{I}_n| \geqslant I_{op0} \tag{6-10}$$

式中，K 为制动系数，可在 $0 \sim 1$ 之间选择；I_{op0} 是克服继电器动作机械摩擦或保证电路状态发生翻转的门槛值，远小于无制动作用时按式（6-8）计算的值。

　　这种动作电流 $|\dot{I}_m+\dot{I}_n|$ 随制动电流 $|\dot{I}_m-\dot{I}_n|$ 变化而变化的特性，称为制动特性。制动特性不仅提高了内部短路时的灵敏度，而且提高了在外部短路时不动作的可靠性，因而在电

流差动保护中得到了广泛的应用。

综上所述，纵联电流差动保护在原理上区分了线路的内部和外部故障，可无延时地切除线路两侧电流互感器之间任何地点的故障。因此，理论上该保护具有绝对的选择性，从另一方面说，它也无法作为相邻元件的后备保护。

第二节 纵联保护的建模与仿真

一、系统配置

双侧电源电力系统如图 6-4 所示，电源 $\dot{E}_M=115\angle10°\text{kV}$，$\dot{E}_N=105\angle0°\text{kV}$，为了简化仿真，设置两个电源的内阻相等，且阻抗角与线路相同，$Z_s=Z_{s.M}=Z_{s.N}=0.226\angle73.13°\Omega$；线路 MN 长度为 50km，单位正序阻抗 $z_1=0.451\angle73.13°\Omega/\text{km}$，保护 1 和保护 2 处电流互感器比为 600/5。

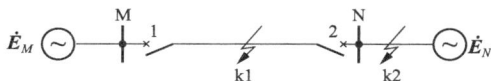

图 6-4 双侧电源电力系统

二、仿真模型

启动 MATLAB，进入 Simulink 后新建仿真模型。纵联保护仿真模型如图 6-5 所示。为了简化仿真，只在 A 相设置了电流互感器模块。

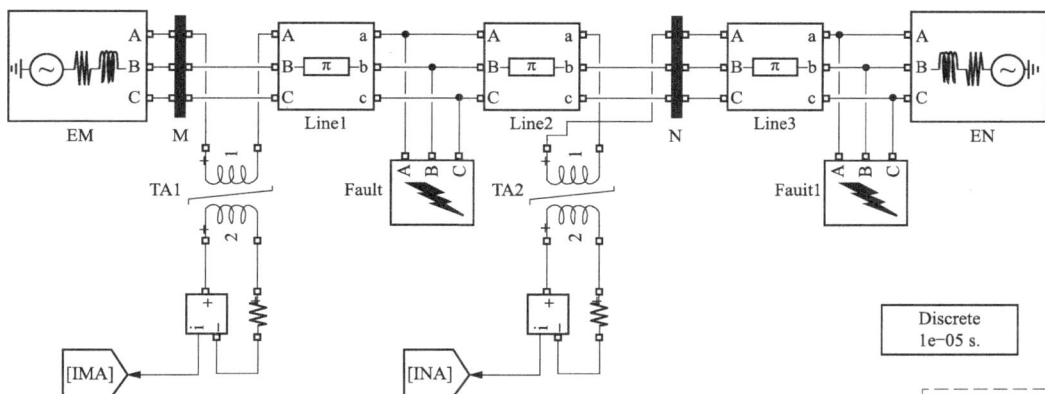

图 6-5 纵联保护仿真模型

选择两折线比例制动特性，其继电器动作方程为 $|\dot{I}_m+\dot{I}_n|-K|\dot{I}_m-\dot{I}_n|\geqslant I_{op0}$，$K$ 取 0.5，A 相电流差动元件的仿真模型如图 6-6 所示。

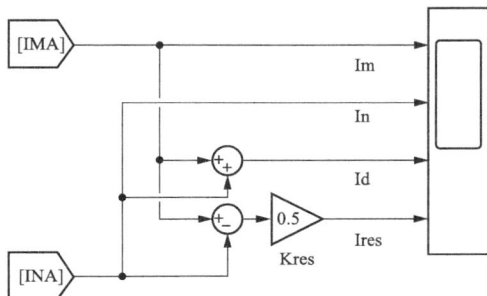

图 6-6 A 相电流差动元件的仿真模型

三、仿真设置

1. Powergui 设置

仿真类型选择离散形式，可以加快计算速度。Powergui 参数设置如图 6-7 所示。

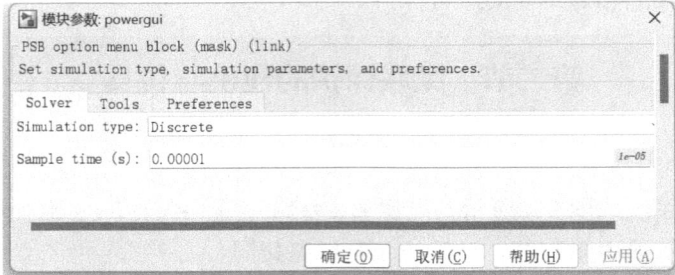

图 6-7　Powergui 参数设置

2. 电源 EM、EN 参数设置

电源 EM、EN 采用 Three-Phase Resource 仿真模型，具体参数设置分别如图 6-8 和图 6-9 所示。

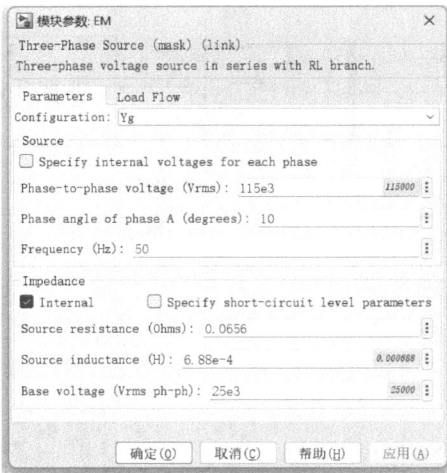

图 6-8　电源 EM 参数设置　　　　　图 6-9　电源 EN 参数设置

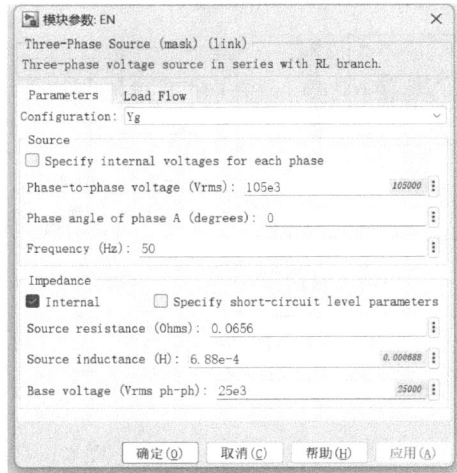

3. 线路参数设置

模型中输电线路均采用 Three-Phase PI Section Line，Line1、Line2 长度分别为 30km、20km，其余参数相同。Line1 参数设置如图 6-10 所示，Line2 的设置与之相同。

4. 电流互感器参数设置

保护 1 和保护 2 处的电流互感器采用 Saturable Transformer。通过设置模型的 Saturation characteristic 参数值，使两侧电流互感器的特性不完全相同，以仿真电流不平衡的情况。电流互感器 TA1 参数设置如图 6-11 所示。电流互感器 TA2 参数设置如图 6-12 所示。

四、实验内容

（1）将故障模块 Fault 设置为在 0.2～0.4s 时发生过渡电阻为 0 的三相短路（即 k1 点发生三相短路故障，在故障仿真模块中，过渡电阻设置为 0 时会出现错误，故过渡电阻设置为

0.01Ω），故障模块 Fault1 设置为不动作（设置故障起始时间大于仿真时间即可）。运行仿真，观察 k1 处发生三相短路故障时，电流互感器二次侧电流、差动电流和制动电流波形图，分析保护能否可靠动作。

（2）将 Line3 的长度设置为 0.01km，故障模块 Fault 设置为不动作，修改故障模块 Fault1 的故障类型为过渡电阻为 0 的三相短路，故障时间设置为 0.2～0.4s（即 k2 点发生三相短路故障）。运行仿真，观察 k2 处发生三相短路故障时，电流互感器二次侧电流、差动电流和制动电流波形图，分析保护能否可靠不动作。

五、思考题

输电线路纵联电流差动保护在系统振荡、非全相运行期间，会不会误动？尝试通过仿真分析结果。

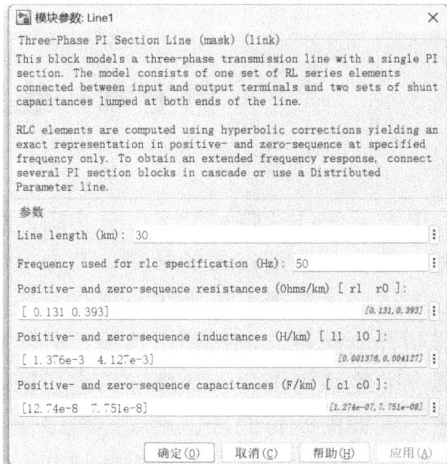

图 6-10 Line1 参数设置

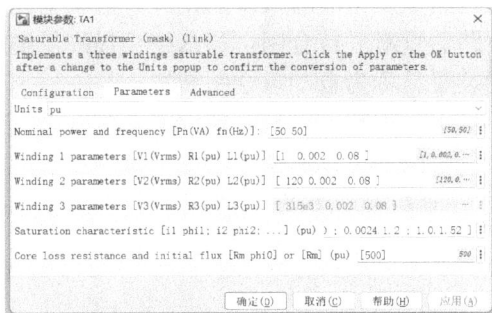

图 6-11 电流互感器 TA1 参数设置

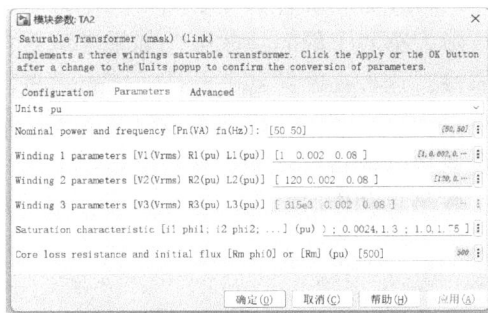

图 6-12 电流互感器 TA2 参数设置

第七章　线路自动重合闸及仿真

电力系统的故障通常可以分为瞬时性故障和永久性故障两大类。瞬时性故障是存在时间较短，能自动恢复正常的故障，例如由雷击引起的绝缘子表面闪络，大风引起的碰线，鸟类、树枝、风筝绳索等物体掉落在导线上引起的短路等。对于这些故障，当继电保护驱动断路器断开电源后，电弧即可熄灭，外界物体（如鸟类、树枝等）也会因被电弧烧掉而消失，故障点的绝缘可恢复，故障随即自行消除。永久性故障则是长时间存在，且无法自行消除的故障，例如由线路倒杆、断线、绝缘子击穿或损坏等引起的故障。

对于瞬时性故障，如果重新将断开的断路器再合上，往往就能够恢复正常的供电，从而减小停电的时间，提高供电的可靠性。而对于永久性故障，当继电保护驱动断路器断开电源后，故障点仍然存在，通常需要人工处理才能恢复正常。此时，即使重新将断开的断路器再合上，但由于故障仍然存在，因此无法恢复正常供电，继电保护还要再次动作于跳闸。

运行经验和统计数据表明，在电力系统中输电线路是发生故障最多的元件，且架空线路的故障大都属于瞬时性故障。如果尝试着自动将断路器重新进行合闸，那么将会提高供电的可靠性。这种在断路器断开后，能自动重新合闸的装置就称为自动重合闸装置。

自动重合闸无法判断是瞬时性故障还是永久性故障。显然，对瞬时性故障，重合闸可以重合成功，线路可恢复正常供电；对永久性故障，重合闸不可能成功。为此，常用重合成功的次数与总动作次数之比来表示重合闸的成功率，一般在 60%～90%之间。该参数也间接地反映了瞬时性故障次数占总故障次数的比例。

第一节　基本概念及原理

一、自动重合闸的作用

在输电线路上采用重合闸的作用可归纳如下。

（1）在线路发生瞬时性故障时，可迅速恢复供电，缩短停电时间，提高供电的可靠性。

（2）对于双电源的高压输电线路，可以提高系统并列运行的可靠性，提高线路的传输容量。

（3）对断路器机构不良或由继电保护误动而引起的误跳闸，可以起到纠正错误的作用。甚至在某些条件下必须加速切除短路时，可使保护装置先进行无选择动作，随后再采用重合闸或其他方法进行补救，以便快速恢复供电。

采用重合闸后，当重合于永久性故障时，也将带来下列不利的影响。

（1）对短路的设备将造成再一次的损害。同时，电力系统也将再一次受到故障的冲击，对高压系统还可能损害并列运行的稳定性。

（2）使断路器的工作条件变得更加恶化。因为断路器需要在很短的时间内连续切断两次短路电流。

总之，是否采用重合闸，主要考虑两方面的因素：①瞬时性故障的概率很大，永久性故障的概率较小；②重合于永久性故障时，对系统稳定性的影响和设备损伤的程度尚处于允许耐受的范围内。

统计数据和工程实践表明，架空线路重合闸的利大于弊，因此，重合闸在高压架空线路中得到了广泛的应用。

二、自动重合闸的基本要求

根据生产的需要和运行经验的总结，对输电线路的重合闸提出了如下基本要求。

（1）重合闸可由保护启动或断路器控制状态与位置"不对应"启动。"不对应"是指控制断路器的控制开关处于"合闸后"的命令状态，而断路器却处于"分闸"的位置（即命令为"合"，但实际为"分"，二者出现了"位置不对应"的情况）。

（2）动作迅速。在满足故障点介质恢复绝缘所需的时间、断路器灭弧室和传动机构准备好再次动作的条件下，重合闸的动作时间应尽可能短。因为从断路器断开到重合的时间越短，用户的停电时间就越短，从而故障对用户和系统带来的不良影响越小。重合闸动作的时间一般采用 0.5~1.5s。

（3）不允许任意多次重合。重合闸动作的次数应符合预先的设定。大部分为一次重合闸，也有的采用二次重合闸。当重合于永久性故障而断路器再次跳闸后，一般就不应再重合。因为多次重合于永久性故障时，会使系统和故障设备多次遭受冲击，可能使断路器损坏或无法切断短路电流，甚至破坏系统稳定性，从而扩大事故。

（4）在双侧电源的情况下，应考虑合闸时两侧电源间的同步问题，并满足所提出的要求。

（5）动作后应能自动复归。重合闸动作一次后，应能自动复归，准备好下一次再动作。对于雷击机会较多的线路，为了发挥重合闸的效能，这一要求更是必要的。

（6）手动或遥控断路器分闸时不应重合。当运行人员手动或遥控操作使断路器断开时，重合闸不应动作，以免影响正常的系统操作。

（7）手动合闸于故障线路时不重合。因为手动合闸于故障线路时，通常是由于检修时的保安接地线没有拆除或缺陷未修复等，此类故障多属于永久性故障，不仅不需要重合，而且还要加速保护的再次跳闸。

（8）重合闸应具有接收外来闭锁信号的功能，满足强制闭锁重合闸的需要。如停止使用重合闸功能、高压母线保护动作于跳闸、断路器的气压或液压降低时，应闭锁重合闸的功能。

课程思政

三、自动重合闸的分类

根据重合闸控制断路器相数的不同，通常可将重合闸分为单相重合闸、三相重合闸和综合重合闸，应结合系统的整体分析，选择最有利的重合方式，一般选择原则如下。

（1）没有特殊要求的单电源线路，宜采用一般的三相重合闸。

（2）凡是选用简单的三相重合闸能满足要求的线路，应当选用三相重合闸。

（3）当线路发生单相接地故障时，如果使用三相重合闸不能满足稳定性的要求，则应选用单相重合闸或综合重合闸。

四、三相一次重合闸

（一）单侧电源线路的三相一次自动重合闸

三相一次重合闸的跳、合闸方式为无论本线路发生何种类型的故障，继电保护装置均将三相断路器跳开，重合闸启动，经预定延时（可整定，一般在 0.5～1.5s 之间）发出重合脉冲，将三相断路器一起合上。若是瞬时性故障，因故障已经消失，重合会成功，线路继续运行；若是永久性故障，继电保护再次动作跳开三相，不再重合。

单侧电源线路的三相一次自动重合闸，由于下述原因实现简单：在单侧电源的线路上，不需要考虑电源间同步的检查问题；三相同时跳开，重合不需要区分故障类别和选择故障相；只需要在希望重合时断路器满足允许重合的条件下，经预定的延时，发出一次合闸脉冲。这种重合闸的实现器件有电磁继电器组合式、晶体管式、集成电路式、可编程逻辑控制式和与数字式保护一体化工作的数字式等多种。图 7-1 所示为单侧电源送电线路三相一次重合闸工作原理框图，主要由重合闸启动、重合闸时间、一次合闸脉冲、手动跳闸后闭锁、手动合闸于故障时保护加速跳闸等元件组成。

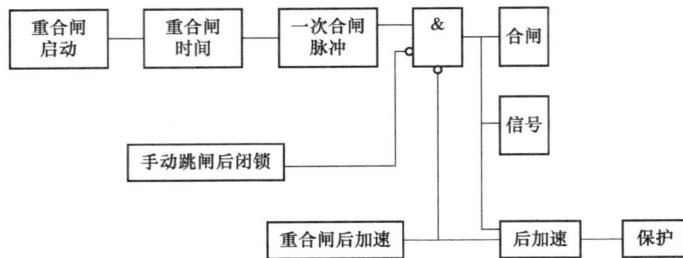

图 7-1　三相一次重合闸工作原理框图

重合闸启动：当断路器由继电保护动作跳闸或其他非手动原因而跳闸后，重合闸均应启动。一般使用断路器的辅助常开触点或者用合闸位置继电器的触点构成，在正常运行情况下，当断路器由合闸位置变为跳闸位置时，马上发出启动指令。

重合闸时间：启动元件发出启动指令后，时间元件开始计时，达到预定的延时后，发出一个短暂的合闸脉冲命令。这个延时就是重合闸时间，是可以整定的。

一次合闸脉冲：当到延时时间后，它马上发出一个可以合闸脉冲命令，并且开始计时，准备重合闸的整组复归，复归时间一般为 15～25s。在这个时间内，即使再有重合闸时间元件发出的命令，它也不再发出可以合闸的第二个命令。此元件的作用是保证在一次跳闸后有足够的时间合上（对瞬时性故障）和再次跳开（对永久性故障）断路器，而不会出现多次重合。

手动跳闸后闭锁：手动跳开断路器时也会启动重合闸回路，为消除这种情况造成的不必要合闸，设置闭锁环节，使之不能形成合闸命令。

重合闸后加速保护跳闸回路：对于永久性故障，在保证选择性的前提下，应尽可能加快故障的再次切除，需要保护与重合闸配合。当手动合闸到带故障的线路上时，保护跳闸，故障一般是由于检修时的保安接地线没拆除或缺陷未修复等造成的永久性故障，不仅不需要重合，而且要加速保护的再次跳闸。

（二）双侧电源线路的检同期三相一次自动重合闸

1. 双侧电源送电线路重合闸的特点

在双侧电源的送电线路上实现重合闸时，除应满足在 1.4.1 节中提出的各项要求外，还必须考虑如下特点。

（1）当线路上发生故障跳闸以后，常常存在着重合闸时两侧电源是否同步，以及是否允许非同步合闸的问题。一般根据系统的具体情况，选用不同的重合闸条件。

（2）当线路上发生故障时，两侧的保护可能以不同的时限动作于跳闸，例如一侧为第Ⅰ段动作，而另一侧为第Ⅱ段动作，此时为了保证故障点电弧的熄灭和绝缘强度的恢复，以使重合闸有可能成功，线路两侧的重合闸必须保证在两侧的断路器都跳闸以后，再进行重合，其重合闸时间与单侧电源的有所不同。

因此，双侧电源线路上的重合闸应根据电网的接线方式和运行情况，在单侧电源重合闸的基础上，采取某些附加的措施，以适应新的要求。

2. 双侧电源送电线路重合闸的主要方式

（1）快速自动重合闸。在现代高压输电线路上，采用快速重合闸是提高系统并列运行稳定性和供电可靠性的有效措施。所谓快速重合闸，是指保护断开两侧断路器后在 0.5～0.6s 内使之再次重合，在这样短的时间内，两侧电动势角摆开不大，系统不可能失去同步，即使两侧电动势角摆大了，冲击电流对电力元件、电力系统的冲击均在可以耐受范围内，线路重合后很快会拉入同步。使用快速重合闸需要满足下列的条件。

1）线路两侧都装有可以实现快速重合的断路器，如快速气体断路器等。

2）线路两侧都装有全线速动的保护，如纵联保护等。

3）重合瞬间输电线路中出现的冲击电流对电力设备、电力系统的冲击均在允许范围内。

输电线中出现的冲击电流的周期分量可用下式估算：

$$I = \frac{2E}{Z_\Sigma} \sin \frac{\delta}{2} \tag{7-1}$$

式中，Z_Σ 为系统两侧电动势间总阻抗；δ 为两侧电动势角差，最严重取 $180°$；E 为两侧发动机电动势，可取 $1.05U_N$。

按规定，由式（7-1）算出的电流，不应超过表 7-1 中所列数值。

表 7-1　　　　　　　　　　　　　不同机组类型的允许值

机组类型		允许值
汽轮发电机		$0.65I_N/X_d''$
水轮发电机	有阻尼回路	$0.6I_N/X_d''$
	无阻尼回路	$0.65I_N/X_d'$
同步调相机		$0.84I_N/X_d''$
电力变压器		I_N/X_T

表 7-1 中，I_N 为各元件的额定电流；X_d'' 为次暂态电抗标幺值；X_d' 为暂态电抗标幺值；X_d 为同步电抗标幺值。

（2）非同期重合闸。当快速重合闸的重合时间不够快，或者系统的功角摆开比较快时，两侧断路器合闸时系统已经失步，合闸后期待系统自动拉入同步，此时系统中各电力元件都将受到冲击电流的影响，当冲击电流不超过表 7-1 中的规定值时，可以采用非同期重合闸方式，否则不允许采用非同期重合闸方式。

（3）检同期的自动重合闸。当必须满足同期条件才能合闸时，需要使用检同期的自动重合闸。因为实现检同期比较复杂，根据发电厂送出线或输电断面上的输电线电流间的相互关系，有时采用简单的检测系统是否同步的方法。检同期的自动重合闸有以下几种方法：

1）系统的结构保证线路两侧不会失步。电力系统之间，在电气上有紧密的联系时（例如具有 3 个以上联系的线路或 3 个紧密联系的线路），由于同时断开所有联系的可能性几乎不存在，因此，当任一条线路断开之后又进行重合闸时，都不会出现非同步合闸的问题，可以直接使用不检同步重合闸。

2）在双回路上检定另一线路有电流的重合方式。在没有其他旁路联系的双回线路上（见图 7-2），当不能采用非同步重合闸时，可采用检定另一回线路上是否有电流的重合闸方式。因为当另一回线路上有电流时，即表示两侧电源仍保持联系，一般是同步的，因此可以重合。采用这种重合闸方式的优点是电流检定比同步检定简单。

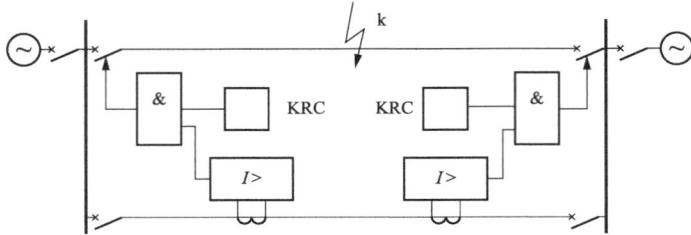

图 7-2　双回线路上采用检定另一回线路上是否有电流的重合闸示意图

3）必须检定两侧电源确实同步之后，才能进行重合。为此可在线路的一侧采用检查线路无电压时先重合，因为另一侧断路器是断开的，不会造成非同期合闸。待一侧重合成功后，再在另一侧采用检同期的自动重合闸，如图 7-3 所示。

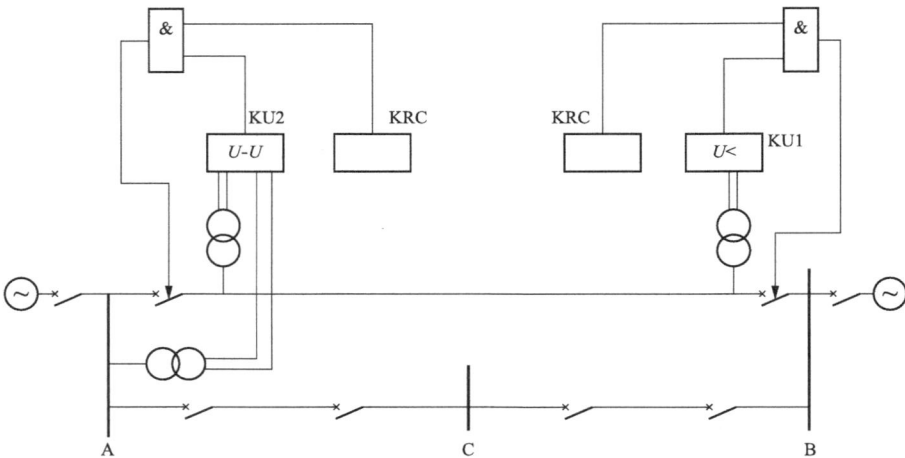

图 7-3　具有同步检定和无电压检定的重合闸的工作示意图

KU2—同步检定继电器；KU1—无电压检定继电器；KRC—自动重合闸继电器

3. 具有同步检定和无电压检定的重合闸

具有同步检定和无电压检定的重合闸的工作示意图如图 7-3 所示，除在线路两侧均装设重合闸装置以外，在线路的一侧还装设有检定线路无电压的继电器 KU1，当线路无电压时允许重合闸重合；而在另一侧装设检定同步的继电器 KU2，当母线电压与线路电压间满足同期条件时允许重合闸重合。这样当线路有电压或是不同步时，重合闸就不能重合。在线路

　　发生故障，两侧断路器跳闸以后，检定线路无电压一侧的重合闸首先动作，使断路器投入。如果重合不成功，则断路器再次跳闸。此时，由于线路另一侧没有电压，同步检定继电器不动作，因此，该侧重合闸根本不启动。如果重合成功，则另一侧在检定同步之后，再投入断路器，线路即恢复正常工作。

　　在使用检定线路无电压方式重合闸的一侧，当该侧断路器在正常运行情况下由于某种原因（如误碰跳闸机构、保护误动作等）而跳闸时，由于对侧并未动作，线路上有电压，因而不能实现重合，这是一个很大的缺陷。为了解决这个问题，通常都是在检定无电压的一侧也同时投入同步检定继电器，两者经"或门"并联工作。此时如果再遇上上述情况，则同步检定继电器就能够起作用，当符合同步条件时，可将误跳闸的断路器重新投入。但是，在使用同步检定的另一侧，其无电压检定是绝对不允许同时投入的。

　　实际上，这种重合闸方式的配置关系如图 7-4 所示，一侧投入无电压检定和同步检定（两者并联工作），而另一侧只投入同步检定。两侧的投入方式可以利用其中的切换片定期轮换，这样可使两侧断路器切断故障的次数大致相同。

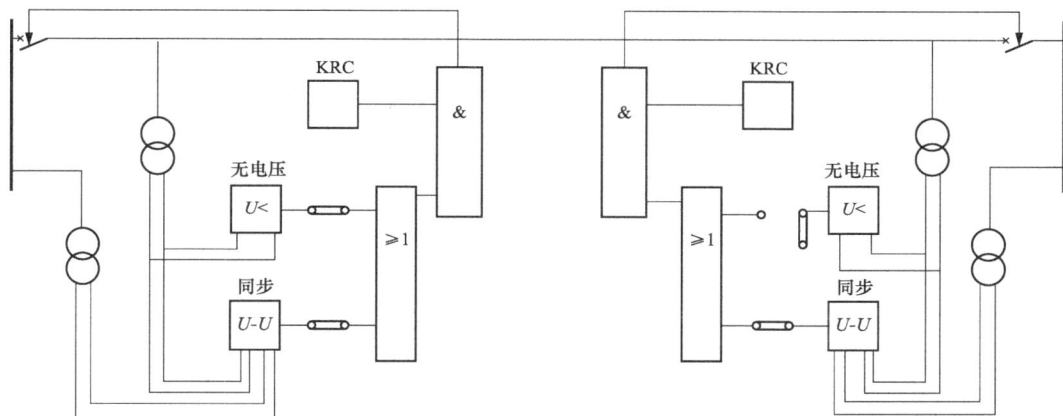

图 7-4　采用同步检定和无电压检定重合闸的配置关系

　　在重合闸中所用的无电压检定继电器就是一般的低电压继电器，其整定值应保证只有当对侧断路器确实跳闸之后，才允许重合闸动作，根据经验，通常都是整定为 0.5 倍额定电压。

　　同步检定继电器采用电磁感应原理就可以实现，内部接线如图 7-5 所示。继电器有两组线圈，分别从母线侧和线路侧的电压互感器上接入同名相的电压。两组线圈在铁芯中所产生的磁通方向相反，因此铁芯中的总磁通 $\dot{\phi}_\Sigma$ 反映两个电压所产生的磁通之差，即反映两个电压之差，如图 7-6 中的 $\Delta\dot{U}$，而 $\dot{U}$ 的数值则与两侧电压 $\dot{U}$ 和 $\dot{U}'$ 之间的相位差 δ 有关。当 $\dot{U}=\dot{U}'$ 时，同步检定继电器的电压相量图如图 7-6 所示，由图 7-6 可得：

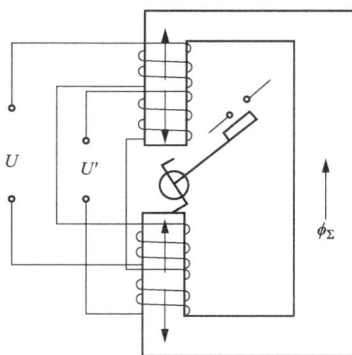

图 7-5　电磁型同步检定继电器内部接线

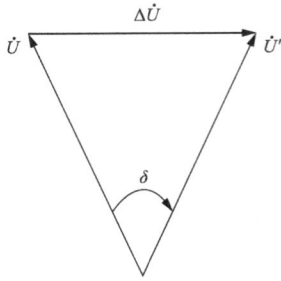

图 7-6　同步检定继电器的
电压相量图

$$\Delta U = 2U\sin\frac{\delta}{2} \tag{7-2}$$

因此，从最后结果来看，继电器铁芯中的磁通将随 δ 而变化，当 $\delta=0$ 时，$\Delta\dot{U}=0$，$\dot{\varphi}_\Sigma=0$；δ 增加 $\dot{\varphi}_\Sigma$ 也按式（7-2）增大，则作用于活动舌片上的电磁力矩增大。当 δ 大到一定数值后，电磁吸力吸动舌片，即把继电器的常闭触点打开，将重合闸闭锁，使之不能动作。继电器的 δ 定值调节范围一般为 $20°\sim40°$。

为了检定线路无电压和检定同步，需要在断路器断开的情况下，测量线路侧电压的大小和相位，这样就需要在线路侧装设电压互感器或特殊的电压抽取装置。在高压送电线路上，为了装设重合闸而增设电压互感器是十分不经济的，因此一般都是利用结合电容器或断路器的电容式套管等来抽取电压。

（三）重合闸时限的整定原则

近年来电力系统广泛使用的重合闸都不区分故障是瞬时性的还是永久性的。对于瞬时性故障，必须等待故障点的故障消除、绝缘强度恢复后才有可能重合成功，而这个时间与湿度、风速等气候条件有关。对于永久性故障，除考虑上述时间外，还要考虑重合到永久故障后，断路器内部的油压、气压的恢复以及绝缘介质绝缘强度的恢复等，保证断路器能够再次切断短路电流。按以上原则确定的最小时间，称为最小重合闸时间，实际使用的重合闸时间必须大于这个时间，根据重合闸在系统中所起的主要作用，计算确定。

1. 单侧电源线路的三相重合闸

单侧电源线路的重合闸的主要作用是尽可能缩短电源中断的时间，重合闸的动作时限原则上应越短越好，应按照最小重合闸时间整定。因为电源中断后，电动机的转速急剧下降，电动机被其负荷转矩所制动，当重合闸成功恢复供电以后，很多电动机要自启动，断电时间越长电动机转速降得越低，自启动电流越大，往往又会引起电网内电压的降低，因而造成自启动的困难或拖延其恢复正常工作的时间。

重合闸的最小时间按下述原则确定。

（1）重合闸的最小时间应包括在断路器跳闸后，负荷电动机向故障点反馈电流的时间；故障点的电弧熄灭并使周围介质恢复绝缘强度需要的时间。

（2）重合闸的最小时间应包括在断路器动作跳闸熄弧后，其触头周围绝缘强度的恢复以及消弧室重新充满油、气需要的时间；同时其操作机构恢复原状准备好再次动作需要的时间。

（3）如果重合闸是利用继电保护跳闸出口启动，其动作时限还应该加上断路器的跳闸时间。

重合闸的最小时间应大于上述时间。根据我国一些电力系统的运行经验，重合闸的最小时间为 $0.3\sim0.4s$。

2. 双侧电源线路三相重合闸的最小时间

双侧电源线路三相重合闸最小时间除满足以上原则外，还应考虑线路两侧继电保护以不同时限切除故障的可能性。

从最不利的情况出发，每一侧的重合闸都应该以本侧先跳闸而对侧后跳闸来作为考虑整定时间的依据。如图 7-7 所示，设本侧保护（保护 1）的动作时间为 t_{pr1}，断路器动作时间为

t_{QF1}，对侧保护（保护2）的动作时间为 t_{pr2}，断路器动作时间为 t_{QF2}，则在本侧跳闸以后，对侧还需要经过（$t_{pr2}+t_{QF2}-t_{pr1}-t_{QF1}$）的时间才能跳闸。再考虑故障点灭弧和周围介质去游离的时间 t_u，则先跳闸一侧重合闸装置 ARD 的动作时限应整定为：

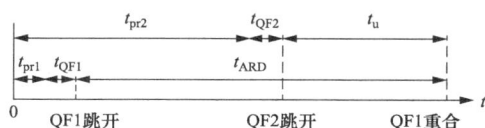

图 7-7　双侧电源线路三相
重合闸动作时限配合示意图

$$t_{ARD}=t_{pr2}+t_{QF2}-t_{pr1}-t_{QF2}+t_u \tag{7-3}$$

当线路上装设纵联保护时，一般考虑一端采用快速辅助保护动作（如电流速断保护、距离保护Ⅰ段）时间（约30ms），另一端由纵联保护跳闸（可能慢至100~120ms）。当线路采用阶段式保护做主保护时，t_{pr1} 应采用本侧Ⅰ段保护的动作时间，而 t_{pr2} 一般采用对侧Ⅱ段（或Ⅲ段）保护的动作时间。

五、单相自动重合闸

在220~500kV的架空线路上，由于线间距离大，其绝大部分短路故障都是单相接地短路。在这种情况下，如果只把发生故障的一相断开，而未发生故障的两相仍然继续运行，然后再进行单相重合，就能够大大提高供电的可靠性和系统并列运行的稳定性。如果线路发生的是瞬时性故障，则单相重合成功，即恢复三相的正常运行。如果是永久性故障，则再次切除故障并不再进行重合，目前一般是采用重合不成功时就跳开三相的方式。这种单相短路跳开故障单相，经一定时间重合单相，若不成功再跳开三相的重合方式称为单相自动重合闸。

（一）单相自动重合闸与保护的配合关系

通常继电保护装置只判断故障发生在保护区内还是保护区外，并根据判断结果决定是否跳闸，至于跳三相跳单相还是跳哪一相，是由重合闸内的故障判别元件和故障选相元件来判断的，最后由重合闸操作箱发出跳、合断路器的命令。图 7-8 所示为保护装置、选相元件与重合闸回路的配合框图。

保护装置和选相元件动作后，经"与"门进行单相跳闸并同时启动重合闸的合闸回路。对于单相接地故障，就进行单相跳闸和单相重合。对于相间短路故障，则在保护和选相元件相配合进行判断之后，跳开三相，然后进行三相重合闸或不进行重合闸。在单相重合闸过程中，由于出现纵向不对称，将会产生负序分量和零序分量，这就可能引起本线路保护以及系统中其他保护的误动作。对于可能误动作的保

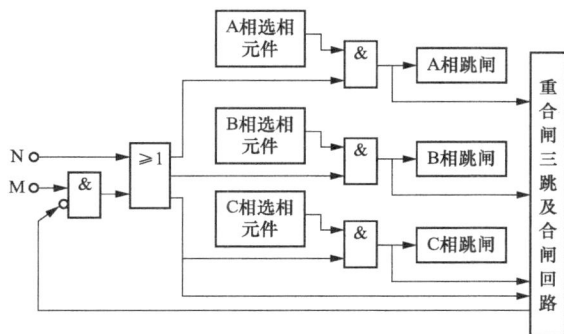

图 7-8　保护装置、选相元件与重合闸
回路的配合框图

护，应整定保护的动作时限大于单相非全相运行的时间以躲开可能的误动作，或在单相重合闸动作时将该保护进行闭锁。为了实现对误动作保护的闭锁，在单相重合闸与继电保护相连接的输入端设有两个端子，一个端子接入在非全相运行中仍然能继续工作的保护，习惯上称为 N 端子；另一个端子则接入在非全相运行中可能误动作的保护，称为 M 端子。在重合闸启动以后，利用反馈回路即可将接入端的保护跳闸回路闭锁。当断路器被重合而恢复全相运

行时，这些保护也立即恢复工作。

（二）单相自动重合闸的特点

1. 故障相选择元件

为实现单相重合闸，首先必须有故障相的选择元件（简称选相元件），选相元件应满足以下基本要求。

（1）应保证选择性，即选相元件与继电保护相配合只跳开发生故障的一相，而接于另外两相上的选相元件不应动作。

（2）在故障相末端发生单相接地短路时，接于该相上的选相元件应保证足够的灵敏性。

2. 动作时限的选择

当采用单相重合闸时，其动作时限的选择除应满足三相重合闸时所提出的要求（即大于故障点灭弧时间及周围介质去游离的时间，大于断路器及其操动机构复归原状准备好再次动作的时间）外，还应考虑下列问题。

（1）不论是单侧电源还是双侧电源，均应考虑两侧选相元件与继电保护以不同时限切除故障的可能性。

（2）潜供电流对灭弧所产生的影响。这是指在故障相线路自两侧切除后，由于非故障相与断开相之间存在静电（通过电容）和电磁（通过互感）的联系，所以虽然短路电流已被切断，但在故障点的弧光通道中仍然存在电流（称为潜供电流），而这将使短路时弧光通道的去游离受到严重阻碍。由于自动重合闸只有在故障点电弧熄灭且绝缘强度恢复以后才有可能成功，因此，单相重合闸的时间还必须考虑潜供电流的影响。一般线路的电压越高，线路越长，潜供电流就越大。潜供电流的持续时间不仅与其大小有关，也与故障电流的大小、故障切除的时间、弧光的长度以及故障点的风速等因素有关。因此，为了正确地整定单相重合闸的时间，国内外许多电力系统都是由实测来确定灭弧时间。例如我国某电力系统中，在220kV 的线路上，根据实测确定保证单相重合期间的熄弧时间应大于 0.6s。

（三）对单相自动重合闸的评价

采用单相自动重合闸的主要优点如下。

（1）能在绝大多数的故障情况下保证对用户的连续供电，从而提高供电的可靠性。尤其在由单侧电源单回路向重要负荷供电时，对保证不间断供电有显著优越性。

（2）在双侧电源的联络线上采用单相自动重合闸，可以在故障时大大加强两个系统之间的联系，从而提高系统并列运行的动态稳定性。对于联系比较薄弱的系统，当三相切除并继之以三相重合闸而很难再恢复同步时，采用单相自动重合闸能避免两系统解列。

采用单相自动重合闸的缺点如下。

（1）需要有按相操作的断路器。

（2）需要专门的选相元件与继电器保护相配合，再加上一些特殊的要求，使重合闸回路的接线比较复杂。

（3）在单相自动重合闸过程中，由于非全相运行会引起本线路和电网中其他线路的保护误动作，因此需要根据实际情况采取措施予以防止，而这将使保护的接线、整定计算和调试工作复杂化。

由于单相自动重合闸具有以上特点，并在实践中证明了它的优越性，因此，其已在220～500kV 的线路上获得了广泛应用。对于 110kV 的电力网，一般不推荐这种重合闸方式，只在由单侧电源向重要负荷供电的某些线路及根据系统运行需要装设单相重合闸的某些重要线路上才考虑使用。

六、自动重合闸与继电保护的配合

为了在重合到永久故障后能加速切除故障，一般采用重合闸前加速保护和重合闸后加速保护两种方式，实现自动重合闸和保护的配合。

（一）重合闸前加速保护

重合闸前加速保护一般又简称为"前加速"。图 7-9（a）所示的网络接线图中，假定在每条线路上均装设过电流保护，其动作时限按阶梯形原则来配合。由图 7-9（a）可知，靠近电源端保护 3 处的时限会很长。为了加速故障的切除，可在保护 3 处采用前加速的方式，即任何一条线路上发生故障，第一次都由保护 3 瞬时无选择性动作予以切除，重合闸以后保护第二次动作切除故障是有选择性的。例如，若故障是在线路 A-B 以外（如 K1 点故障），则保护 3 的第一次动作是无选择性的。但断路器 QF3 跳闸后，如果此时的故障是瞬时性的，则在重合闸以后就恢复了供电；如果故障是永久性的，则保护 3 第二次就按有选择性的时限 t_3 动作［见图 7-9（b）］。为了使无选择性的动作范围不扩展得太长，一般规定当变压器低压侧短路时，保护 3 不应动作，因此，其启动电流还应按照躲开相邻变压器低压侧的短路（如 K2 点短路）来整定。

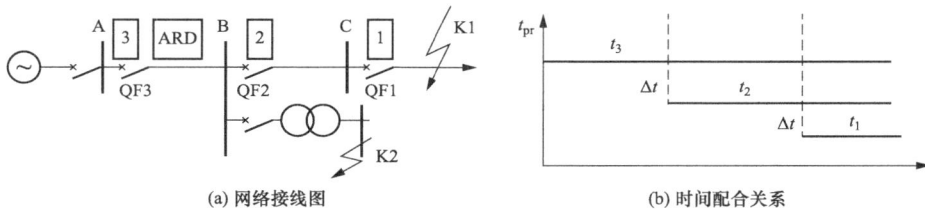

(a) 网络接线图　　(b) 时间配合关系

图 7-9　重合闸前加速保护的接线图

采用前加速的优点如下。

（1）能够快速地切除瞬时性故障。

（2）可能使瞬时性故障来不及发展成永久性故障，从而提高重合闸的成功率。

（3）能保证发电厂和重要变电所的母线电压在 0.6～0.7 倍额定电压以上，从而保证厂用电和重要用户的电能质量。

（4）使用设备少，只需装设一套重合闸装置，简单、经济。

前加速的缺点如下。

（1）断路器工作条件恶劣，动作次数较多。

（2）重合于永久性故障上时，故障切除的时间可能较长。

（3）如果重合闸装置或断路器 QF3 拒绝合闸，则将扩大停电范围。甚至在最末一级线路上故障时，都会使连接在这条线路上的所有用户停电。

前加速保护主要用于 35kV 以下由发电厂或重要变电所引出的直配线路上，以便快速切除故障，保证母线电压。

（二）重合闸后加速保护

重合闸后加速保护一般又简称为"后加速"，是指当线路第一次故障时，保护有选择性地动作，然后进行重合，如果重合于永久性故障，则在断路器合闸后，再加速保护动作瞬时切除故障，且与第一次动作是否带有时限无关。

后加速的配合方式广泛应用于 35kV 以上的网络及对重要负荷供电的送电线路上。在这些线路上一般都装有性能比较完备的保护装置，如三段式电流保护、距离保护等，因此，第一次有选择性地切除故障的时间（瞬时动作或具有 0.5s 的延时）均是系统运行所允许的，而在重合闸以后加速保护的动作（一般是加速保护第 II 段的动作，有时也可以加速保护第 III 段的动作）就可以更快地切除永久性故障。

后加速的优点如下。

（1）第一次是有选择性地切除故障，不会扩大停电范围，特别是在重要的高压电网中，一般不允许保护无选择性地动作而后以重合闸来纠正（即前加速）。

（2）保证永久性故障能被瞬时切除，且仍然是有选择性的。

（3）和前加速相比，使用中不受网络结构和负荷条件的限制，一般说来是有利而无害的。

后加速的缺点如下。

（1）每个断路器上都需要装设一套重合闸装置，与前加速相比较为复杂。

（2）第一次切除故障可能带有延时。

第二节　三相一次重合闸仿真

一、系统配置

采用最简单的 110kV 电源对负荷直接供电的系统作为示例，负载有功功率为 10^6W，感性无功功率为 10^5Var。假设 A 相安装了延时为 0.05s 的过电流保护以及自动重合闸装置，模拟在负荷处分别发生瞬时性接地故障和永久性接地故障，观察自动重合闸装置的动作过程。

二、仿真模型

启动 MATLAB，进入 Simulink 后新建仿真模型，并添加电流测量模块、故障模块、继电保护与重合闸模块以及示波器。一次重合闸仿真模型如图 7-10 所示，子系统仿真模块如图 7-11 所示，重合闸模块如图 7-12 所示，重合闸后加速模块如图 7-13 所示。

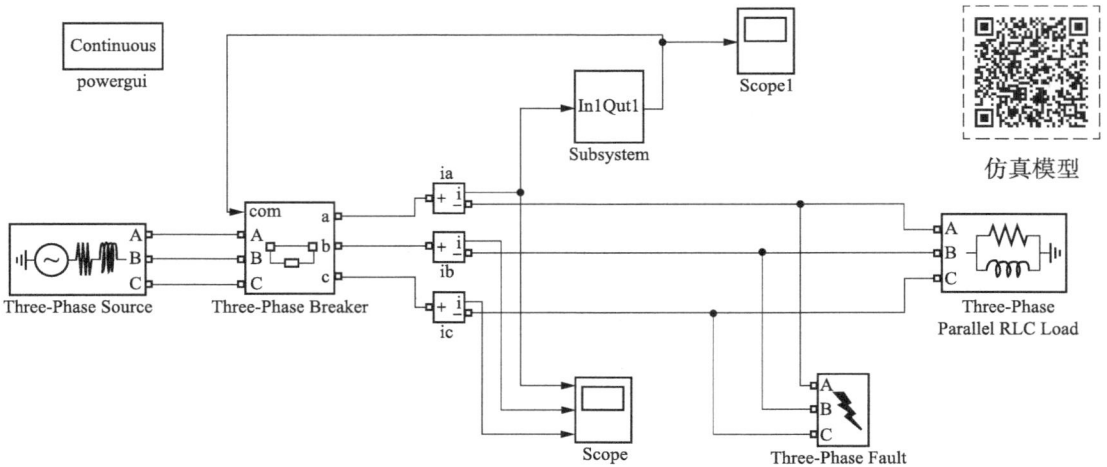

图 7-10　一次重合闸仿真模型

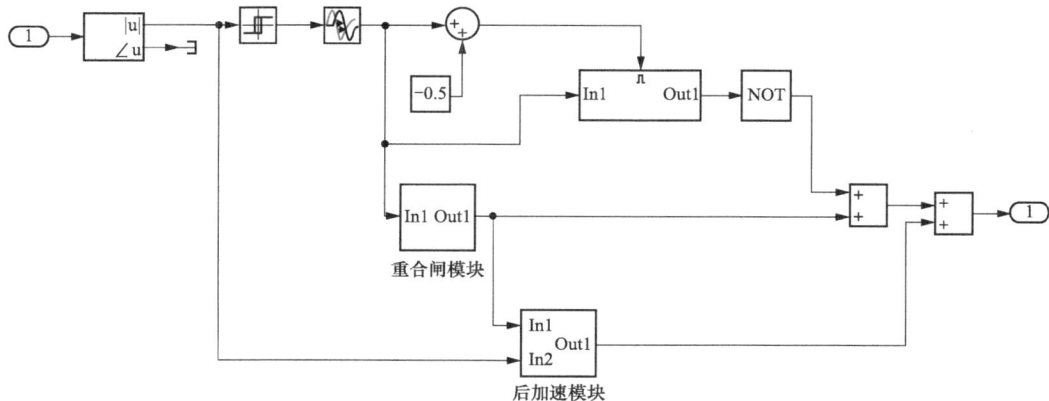

图 7-11　子系统仿真模块

仿真模型各模块分别实现以下功能。

（1）保护模块。模块主要由傅里叶变换模块、继电器、延迟模块构成，其主要功能是将傅里叶变换后的电流幅值与定值相比较，一旦大于定值，就经延时输出为 0。

（2）保护出口模块。该模块的主要功能是将保护模块的动作行为保持，主要由非门、加法器、常数发电器和使能子系统构成。若保护模块中延迟模块的输出为 0，则经非门在与常数 -0.5 相加后，可使保护出口模块使能端输出为 1，保护出口模块输出为 0。保护模块和保护出口模块均包含在图 7-11 的子系统仿真模块中。

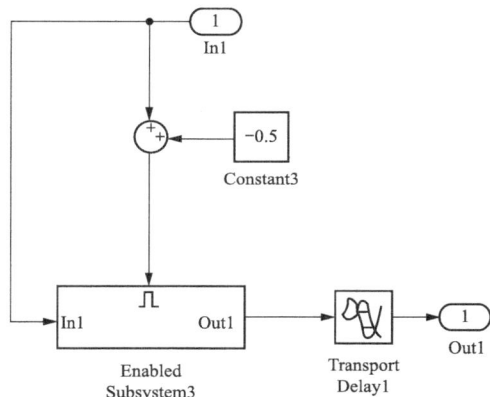

图 7-12　重合闸模块

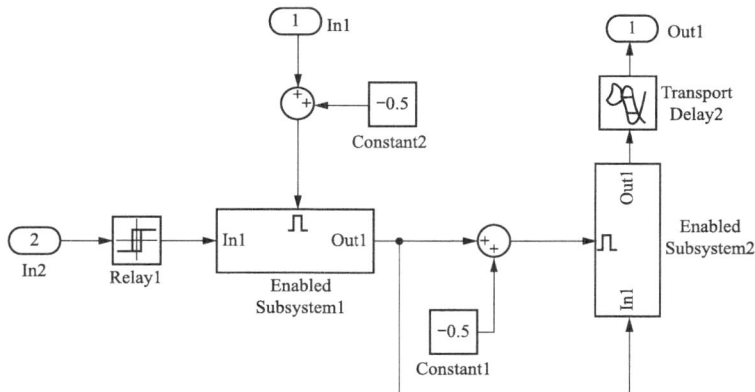

图 7-13　重合闸后加速模块

（3）重合闸模块。该模块的主要功能是在第一次判断线路发生故障跳闸后，经过一段时间实现断路器重合。其主要由非门、常数发生器、加法器、使能子系统和延迟模块组成。若保护模块输出为 0，则经整定延时后，重合闸使能出口模块输出为 1。

（4）后加速模块。该模块的主要功能是判断断路器重合后故障是否存在。若故障依然存在，则发出跳闸命令并不再重合；若故障解除，则保持合闸状态。后加速模块主要由非门、加法器、常数发生器和使能子系统组成，其逻辑功能基本等同于保护模块和保护出口模块的合成，不同的是后加速模块是在重合闸后启动的，另外，该模块要实现加速跳闸功能，设定延时值为 0.01s。

（5）执行模块，将保护模块、保护出口模块和重合闸模块部分的波形相加，最终形成正确的断路器控制波形。

三、仿真设置

1. Powergui 设置

仿真类型选择连续形式。

2. 电源参数设置

具体的电源参数设置如图 7-14 所示，这里为了简化将线路的阻抗也归算到电源内阻中。

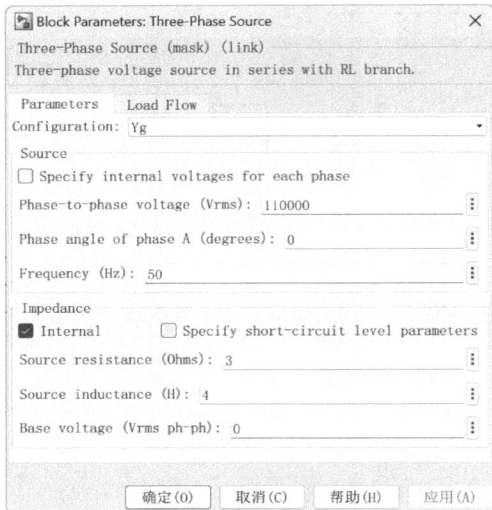

图 7-14　电源参数设置

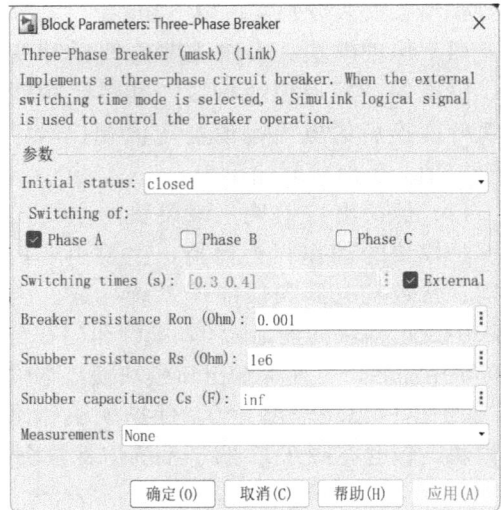

图 7-15　断路器参数设置

3. 断路器参数设置

断路器参数设置如图 7-15 所示，断路器控制模式设置为外部控制。

4. 三相负载参数设置

三相负载参数设置如图 7-16 所示。

5. 继电器参数设置

继电器参数设置如图 7-17 所示，其中的动作值和返回值需要通过过电流保护的整定计算得到。

6. 延迟模块参数设置

保护模块中，延迟模块参数设置如图 7-18 所示。在重合闸模块和重合闸后加速模块中的延迟模块的参数设置与之相仿，只是延迟时间分别设为 0.05s、0.01s。

四、实验内容

（一）永久性接地故障

系统仿真运行时间设为 2s。设置线路 A 相在 0.4s 发生永久性接地故障，故障模块参数

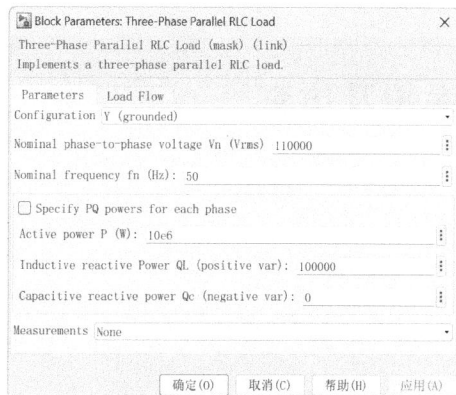

图 7-16　三相负载参数设置

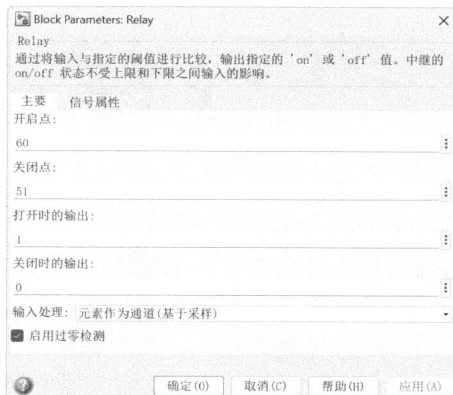

图 7-17　继电器参数设置

设置如图 7-19 所示。在设置完故障模块参数后，执行仿真，观察故障线路电流和电压波形、断路器动作情况以及重合闸模块动作情况。

（二）瞬时性故障

系统仿真运行时间设为 2s。设置线路 A 相在 0.3～0.4s 发生瞬时性接地故障，故障模块参数设置如图 7-20 所示。在设置完故障模块参数后，执行仿真，观察故障线路电流和电压波形、断路器动作情况以及重合闸模块动作情况。

五、思考题

本次仿真实现的是过电流保护与自动重合闸之间的后加速保护方式还是前加速保护方式？尝试修改仿真模型实现另一种加速方式。

图 7-18　延迟模块参数设置

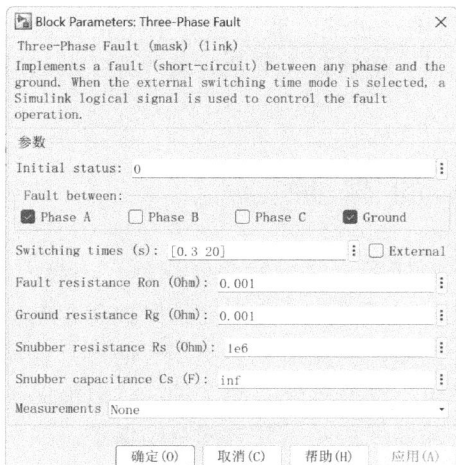

图 7-19　发生永久性接地故障的
故障模块参数设置

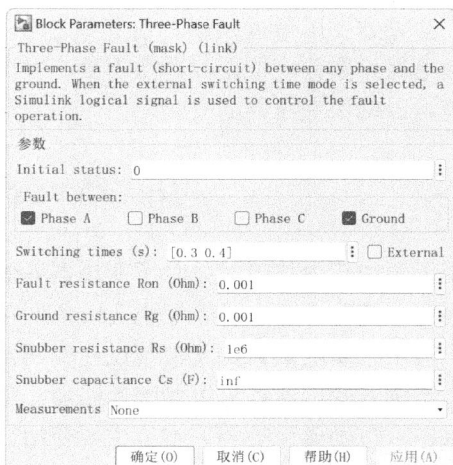

图 7-20　发生瞬时性接地故障的
故障模块参数设置

第八章　变压器保护及仿真

变压器是电力系统重要的主设备之一。在发电厂通过升压变压器将发电机电压升高，再由输电线路将发电机发出的电能送至电力系统中；在变电站通过降压变压器再将电能送至配电网络，然后分配给各用户。变压器的故障会对供电可靠性和电力系统的安全运行带来严重影响。同时，大容量的电力变压器也是十分贵重的设备，因此，必须根据变压器的容量和重要程度，考虑装设性能良好、动作可靠的继电保护装置。

第一节　变压器的故障及不正常运行状态

变压器的故障可以分为油箱内故障和油箱外故障两类。油箱内故障包括绕组的相间短路、接地短路、匝间短路以及铁芯的烧损等。对于变压器来说，这些故障都是十分危险的，因为油箱内故障时将产生电弧，不仅会烧坏绕组的绝缘，烧毁铁芯，而且绝缘材料和变压器油受热会产生大量的气体，有可能引起变压器油箱爆炸。油箱外故障主要是套管和引出线上发生相间短路和接地短路，也会引起绝缘损坏和油箱发热。当然，所有这些故障也会危及系统的安全运行。因此，对于变压器发生的各种故障，继电保护装置都应能尽快地将故障切除。实际表明，套管和引出线的相间短路、接地短路以及绕组的匝间短路是变压器故障中比较常见的故障形式，而变压器油箱内发生相间短路的情况比较少。

变压器的不正常运行状态主要有变压器外部短路引起的过电流，负荷长时间超额定容量引起的过负荷，风扇故障或漏油等原因引起的冷却能力下降等。这些不正常运行状态会使绕组和铁芯过热。此外，对于中性点不接地运行的星形联结变压器，外部接地短路时，有可能造成变压器的中性点过电压，威胁变压器的绝缘；大容量变压器在过电压或低频率等异常工况下，会导致变压器过励磁，引起铁芯和其他金属构件过热。变压器处于不正常运行状态时，继电保护装置应根据其严重程度，发出警告信号，使运行人员及时发现并采取相应的处理措施，以确保变压器的安全。

第二节　变压器的保护

变压器油箱内故障时，除了变压器各侧电流、电压等电气量发生变化外，油箱内的油、气、温度（统称为非电量）等也会发生变化，因此，变压器保护分为电量保护和非电量保护两种。其中，非电量保护通常装设在变压器内部，例如，轻瓦斯保护动作于信号，重瓦斯保护动作于跳开变压器各电源侧的断路器。电量保护包括纵联电流差动保护、过电流保护、过负荷保护、过励磁保护等。本节主要介绍变压器的瓦斯保护及纵联电流差动保护。

一、变压器的瓦斯保护

电力变压器通常以变压器油作为绝缘和冷却介质。当在变压器油箱内部发生故障（包括轻微的匝间短路和绝缘破坏引起的经电弧电阻的接地短路）时，由于故障点电流和电弧的作用，将使变压器油及其他绝缘材料因局部受热而分解产生气体。因为气体比较轻，所以它们将从油箱流向油枕（见图 8-1）的上部。气体排出的多少以及排出速度，与变压器故障的严重程度有关。利用油箱内部故障时的这一特点，可以构成反应于上述气体而动作的保护装置，称为瓦斯保护。

瓦斯保护能够反映变压器油箱内的各种轻微故障（例如绕组轻微的匝间短路、铁芯烧损等），但像变压器绝缘子闪络等油箱外面的故障，瓦斯保护不能反映。规程规定对于容量为 800kVA 及以上的油浸式变压器和 400kVA 及以上的车间内油浸式变压器应装设瓦斯保护。

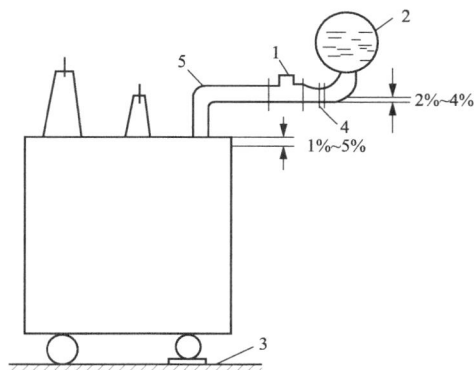

图 8-1　气体继电器安装位置图
1—气体继电器；2—油枕；3—钢垫块；
4—阀门；5—导油管

瓦斯保护的主要元件是气体继电器，它安装在油箱和油枕之间的连接管道上，如图 8-1 所示。气体继电器的结构示意图如图 8-2 所示，它有两个输出触点：一个反应变压器内部的不正常情况或轻微故障，称为"轻瓦斯"；另一个反应变压器的严重故障，称为"重瓦斯"。轻瓦斯动作于信号，使运行人员能够迅速发现故障并及时处理；重瓦斯动作于跳开变压器各侧断路器。

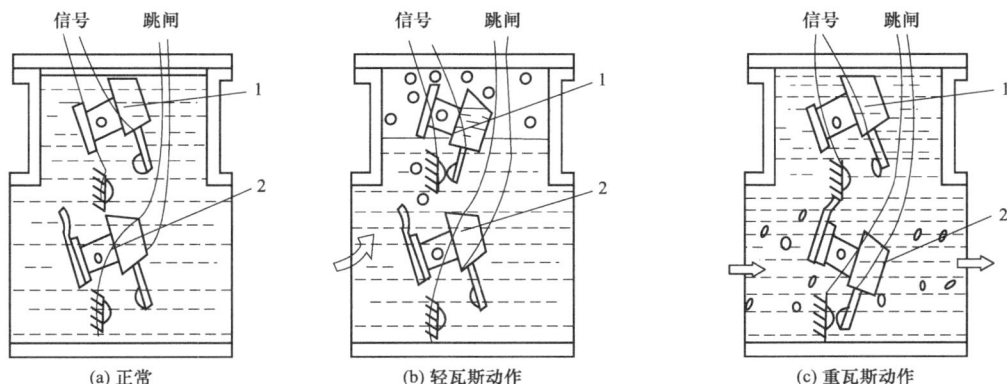

图 8-2　气体继电器的结构示意图
1—上开口杯；2—下开口杯

气体继电器大致的工作原理如下：当变压器发生轻微故障时，油箱内产生的气体较少且速度慢，由于油枕处在油箱的上方，气体沿管道上升，使气体继电器内的油面下降，上开口杯向下旋转，当下降到动作门槛时，轻瓦斯动作，发出警告信号。当发生严重故障时，故障点周围的温度剧增，会迅速产生大量的气体，变压器内部压力升高，迫使变压器油从油箱经过管道向油枕方向冲去，下开口杯受到油流动的冲击，向下旋转，油速达到动作门槛时，重瓦斯动作，瞬时作用于跳闸回路，切除变压器，以防事故扩大。

二、变压器纵联差动保护

（一）变压器纵联差动保护的基本原理

变压器纵联差动保护（简称纵差保护）用来反应变压器绕组、引出线以及套管上的各种

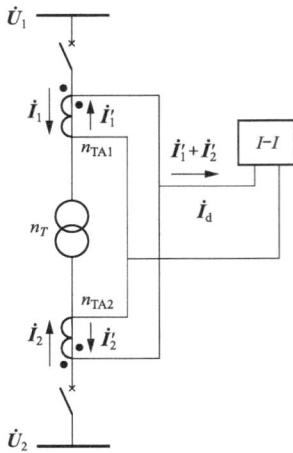

图 8-3　双绕组变压器的
纵差保护接线原理

短路故障，是变压器的主保护。

双绕组变压器的纵差保护接线原理如图 8-3 所示，其原理与输电线路纵联电流差动保护的原理基本相同。当正常运行和发生外部故障时，流入继电器的电流为 $I_d = |\dot{i}_1' + \dot{i}_2'| \approx 0$，其值很小，继电器不动作。当变压器内部发生故障时，若双侧电源供电，则 $I_d = |\dot{i}_1' + \dot{i}_2'|$，其值为短路电流值，则继电器动作，使两侧断路器跳闸；若仅一侧有电源（如Ⅰ侧），则 $\dot{i}_d = \dot{i}_1'$，继电器同样动作，使断路器跳闸。

由于变压器高压侧和低压侧的额定电流不一定相同，为了让纵差保护正确工作，就必须适当选择两侧电流互感器的电流比，使得在正常运行和外部故障时，流入差动继电器的两个二次电流相等。例如在图 8-3 中，应满足：

$$I'_1 = I'_2 = \frac{I_1}{n_{TA1}} = \frac{I_2}{n_{TA2}}$$

即：

$$\frac{n_{TA2}}{n_{TA1}} = \frac{I_2}{I_1} = n_T \tag{8-1}$$

式中，n_{TA1} 为变压器高压侧电流互感器的变比；n_{TA2} 为变压器低压侧电流互感器的变比；n_T 为变压器的变比。

式（8-1）是构成变压器纵差保护的基本原则。在变压器的纵差保护中，要适当地选择两侧电流互感器的变比，使其尽可能满足式（8-1）。

（二）不平衡电流产生的原因及避免误动的对策

即使按照式（8-1）选择了合适的电流互感器，但由于多种因素的影响，在正常运行和外部故障情况下，仍将有电流流入差动回路的继电器中，并会直接影响差动保护的灵敏度，此电流称为不平衡电流。为保证纵差保护的选择性，差动保护的动作电流必须躲开可能出现的最大不平衡电流。因此需要分析不平衡电流产生的原因，并设法减小不平衡电流以避免误动。

变压器中不平衡电流产生的原因及消除方法主要有如下几种。

1. 励磁涌流的影响

变压器的励磁电流仅流经变压器的电源侧，因此通过电流互感器反映到差动回路中不能被平衡，励磁电流可以看成不平衡电流的一部分。在正常运行和外部故障的时候，励磁电流不大，此时对差动保护的影响可以忽略不计。但是当变压器空载投入和外部故障切除后电压恢复时，可能出现数值很大的励磁电流（励磁涌流）。

励磁涌流是由于变压器铁芯饱和造成的，下面以一台单相变压器空载合闸为例来说明励磁涌流产生的原因。为了方便表达，以变压器额定电压的幅值和变压器额定磁通的幅值为基值的标幺值来表示电压 u 和磁通 Φ。变压器的额定磁通是指当变压器运行电压等于额定电压时，铁芯中产生的磁通，用标幺值表示时，电压和磁通之间的关系为：

$$u = \frac{d\Phi}{dt} \tag{8-2}$$

设变压器在 $t=0$ 时刻空载合闸时，加在变压器上的电压为 $u=U_m\sin(\omega t+\alpha)$，解式（8-2）的微分方程，得：

$$\Phi=-\Phi_m\cos(\omega t+\alpha)+\Phi_{(0)} \tag{8-3}$$

式中，$-\Phi_m\cos(\omega t+\alpha)$ 为稳态磁通分量，其中 $\Phi_m=\dfrac{U_m}{\omega}$；$\Phi_{(0)}$ 为自由分量，若计及变压器的损耗，$\Phi_{(0)}$ 应该是衰减的非周期分量，这里没有考虑损耗，所以是直流分量。由于铁芯的磁通不能突变，可求得：

$$\Phi_{(0)}=\Phi_m\cos\alpha+\Phi_r \tag{8-4}$$

式中，Φ_r 是变压器铁芯的剩磁，其大小和方向与变压器切除时刻的电压（磁通）有关。

电力变压器的饱和磁通一般为 $\Phi_{sat}=1.15\sim1.4$，而变压器的运行电压一般不会超过额定电压的 10%，相应的磁通不会超过饱和磁通 Φ_{sat}，所以在变压器稳态运行时，铁芯是不会饱和的。但在变压器空载合闸时产生的暂态过程中，$\Phi_{(0)}$ 的作用使 Φ 可能会大于 Φ_{sat}，有可能造成变压器铁芯的饱和。若铁芯的剩磁 $\Phi_r>0$，$\cos\alpha>0$，合闸半个周期（$\omega t=\pi+\alpha$）后，Φ 达到最大值，即 $\Phi=2\Phi_m\cos\alpha+\Phi_r$。最严重的情况是在电压过零时刻（$\alpha=0$）合闸，$\Phi$ 的最大值为 $2\Phi_m+\Phi_r$，远大于饱和磁通 Φ_{sat}，会造成变压器的严重饱和，此时 Φ 的波形如图 8-4 所示。

在励磁涌流分析中，通常用 $\theta=\omega t+\alpha$ 来代替时间，这样 Φ 是以 2π 为周期变化的。在（0，2π）周期内，$\theta_1<\theta<2\pi-\theta_1$ 时发生饱和，而 $\theta=\pi$ 时饱和最严重，令 $\Phi=\Phi_{sat}$，由图 8-2 可得：

$$\theta_1=\arccos\left(\frac{\Phi_m\cos\alpha+\Phi_r-\Phi_{sat}}{\Phi_m}\right)，\quad 0<\theta<\pi \tag{8-5}$$

图 8-5 所示的是变压器近似磁化曲线，铁芯不饱和时，磁化曲线的斜率很大，励磁电流 i_μ 近似为零；铁芯饱和后，磁化曲线的斜率 L_μ 很小，i_μ 大大增加，形成励磁涌流，其波形与 $\Phi-\Phi_{sat}$ 只相差一个 L_μ，故在（0，2π）周期内有：

$$i_\mu=\begin{cases}0, & 0\leqslant\theta\leqslant\theta_1 \text{ 或 } \theta\geqslant2\pi-\theta_1 \\ I_m(\cos\theta_1-\cos\theta_2), & \theta_1\leqslant\theta\leqslant2\pi-\theta_1\end{cases} \tag{8-6}$$

式中，$I_m=\dfrac{\Phi_m}{L_\mu}$。

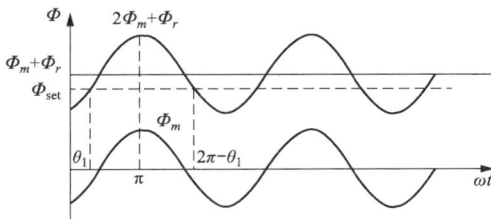

图 8-4　变压器暂态磁通

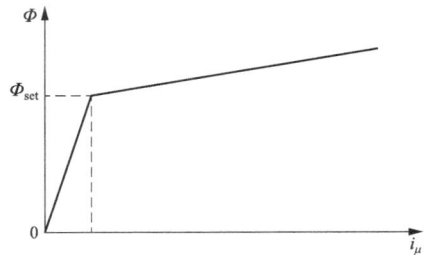

图 8-5　变压器近似磁化曲线

励磁涌流波形如图 8-6 所示，波形完全偏离时间轴的一侧，且是间断的。波形间断的宽度称为励磁涌流的间断角 θ_j，显然：

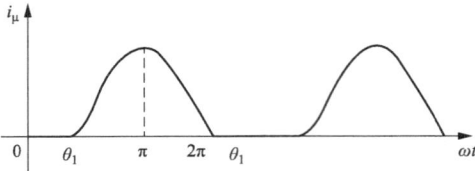

图 8-6 励磁涌流波形

$$\theta_j = 2\theta_1 \qquad (8\text{-}7)$$

间断角 θ_j 是区别励磁涌流和故障电流的一个重要特征，饱和越严重，间断角越小。θ_j 的数值与变压器电压（稳态磁通）幅值 Φ_m、合闸角 α 以及铁芯剩磁 Φ_r 有关。通常只关心各种情况下最小的间断角，在计算时可取 $\Phi_m = 1.1$、$\alpha = 0$、$\Phi_{sat} = 1.15$。Φ_r 则取最大剩磁，变压器的最大剩磁与许多因素有关，现场实测也很困难，具体数值目前还有争议，较为保守地可取 $\Phi_r = 0.7$。据此可根据式（8-5）和式（8-7）算得 $\theta_j = 108°$。

上面讨论的是正向饱和（即 $\Phi_{(0)} > 0$）的情况。若 $\Phi_{(0)} < 0$，则会发生反向饱和，情况与正向饱和类似，只是 $\theta = 2\pi$ 时饱和最严重，励磁涌流达到最大；而在计算 θ_1 时，式（8-5）的 Φ_{sat} 前就应变成"+"号，而 Φ_r 则取 -0.7，θ_1 的范围为 $\pi < \theta_1 < 2\pi$。

励磁涌流中除了基波分量外，还存在大量的非周期分量和谐波分量，励磁涌流是周期函数，可以展开成傅里叶级数：

$$i_\mu = \frac{b_0}{2} + \sum_{n=1}^{\infty} (a_n \sin n\theta + b_n \cos n\theta) \qquad (8\text{-}8)$$

$$\begin{cases} a_n = \dfrac{1}{\pi} \left(\displaystyle\int_0^{2\pi} i_\mu \sin n\theta \, d\theta \right) \\[3mm] b_n = \dfrac{1}{\pi} \left(\displaystyle\int_0^{2\pi} i_\mu \cos n\theta \, d\theta \right) \end{cases} \qquad (8\text{-}9)$$

励磁涌流中各次谐波分量的幅值可以根据傅里叶级数的系数 a_n 和 b_n 确定；非周期（直流）分量为 $i_{\mu 0} = \dfrac{b_0}{2}$，基波分量为 $i_{\mu 1} = \sqrt{a_1^2 + b_1^2}$，高次谐波分量为：$i_{\mu n} = \sqrt{a_n^2 + b_n^2}$，$n = 2, 3, \cdots$。

将式（8-6）代入式（8-9），就可以计算出非周期分量和各次谐波分量。通常关心的是励磁涌流中非周期分量和高次谐波分量的含量（即它们与基波分量的相对大小）。显然，在上述简化的饱和特性的前提下，它们只与间断角有关，与励磁涌流幅值 i_μ 无关。表 8-1 列出了不同间断角下的各次谐波含量。

表 8-1　　　　　　　　　　不同间断角下的各次谐波含量　　　　　　　　　　（%）

θ_j	非周期分量	基波	二次谐波	三次谐波	四次谐波
108°	76.8	100	13.2	7.8	2.8
150°	69.2	100	28.8	7.5	3.5
180°	63.7	100	42.4	0.0	8.5

综合上面分析可知，单相变压器励磁涌流有以下特点。

（1）在变压器空载合闸时，涌流是否产生以及涌流的大小与合闸角有关。合闸角 $\alpha = 0$ 和 $\alpha = \pi$ 时，励磁涌流最大。

（2）含有很大成分的非周期分量，波形完全偏离时间轴的一侧。

（3）波形出现间断，涌流越大，间断角越小，非周期分量越大。

（4）含有大量的高次谐波分量，而且以二次谐波为主，间断角越小，二次谐波也越小。

三相变压器空载合闸时，三相绕组都会产生励磁涌流，三相变压器励磁涌流有以下特点。

（1）由于三相电压之间有120°的相位差，因而三相的励磁涌流不会相同，任何情况下空载投入变压器，至少在两相中会出现不同程度的励磁涌流。

（2）某相励磁涌流可能不再偏离时间轴的一侧，变成了对称性涌流，其他两相仍为偏离时间轴一侧的非对称性涌流。对称性涌流的数值比较小。非对称性涌流仍含有大量的非周期分量，但对称性涌流中无非周期分量。

（3）三相励磁涌流中有一相或两相二次谐波含量比较小，但至少有一相比较大。

（4）励磁涌流的波形仍然是间断的，但间断角显著减小，其中对称性涌流的间断角最小。但对称性涌流有另外一个特点，即励磁涌流的正向最大值与反向最大值之间的相位相差120°。

由于无法消除励磁涌流，因此，目前通常采取两种方法消除励磁涌流的影响：①在整定值上躲过励磁涌流的影响，但会降低灵敏度；②识别出励磁涌流时，短时闭锁差动保护，以防止误动，当励磁涌流特征衰减后，再允许保护动作。

针对变压器励磁涌流的特征，微机保护中有以下三种常用的识别励磁涌流的方法。

（1）二次谐波制动的方法。二次谐波制动的方法是根据励磁涌流中含有大量二次谐波的特征而构成的。当检测到差动电流的二次谐波分量较大时（大于15%～20%），就短时闭锁差动保护，以防止励磁涌流引起的误动；当二次谐波分量较小时，开放差动保护。采用这种方法的保护称为二次谐波制动的差动保护。

（2）间断角鉴别的方法。间断角鉴别的方法是根据励磁涌流中波形出现间断的特征而构成的。微机保护求取采样值为负的个数就能够获得间断角 θ_1。当 θ_1 小于某个整定值（一般取60°～65°）时，就认为励磁涌流较大，应当闭锁变压器差动保护。

（3）波形对称度鉴别的方法。波形对称度鉴别的方法是根据励磁涌流中波形偏向于时间轴一侧的特征而构成的。以图8-7的波形为例，设波形为正的面积为 $|S_+|$，波形为负的面积为 $|S_-|$，那么，对于如图8-7（a）所示的正常电流波形，有 $|S_+|/|S_-|\approx 1$；对于如图8-7（b）所示的励磁涌流，有 $|S_+|/|S_-|>1+\rho$，其中 ρ 为不对称度的动作整定值。

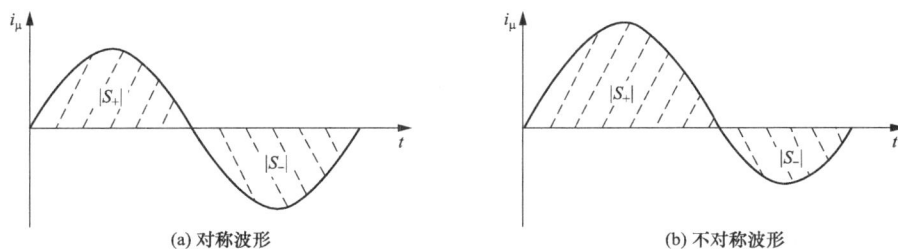

图8-7　波形对称度的示意图

上述3种励磁涌流识别方法既有一定的相似度，又有一定的区别，在实际的微机保护中可以取长补短，结合使用。

2. 由于变压器两侧电流相位的不同而产生的不平衡电流

采用Yd11联结的变压器，其两侧电流的相位差为30°。此时，如果两侧的电流互感器直接采用Yy联结，则二次电流由于相位不同，也会产生电流差流入继电器。为了消除这种不平衡电流的影响，通常都是将变压器星形侧的3个电流互感器接成三角形，而将变压器三角形侧的3个电流互感器接成星形，称为相位补偿法接线。这样就可以把二次电流的相位校正过来。在微机继电保护中，为简化现场接线，可将两侧的电流互感器均采用星形接线，然后用软件来实现电流比和相位的校正。

3. 由于两侧电流互感器型号不同而产生的不平衡电流

两侧电流互感器的型号不同，它们的饱和特性、励磁电流（折算到一次侧）也就不同，因此，在差动回路中产生的不平衡电流较大。此外，由于电流互感器的计算电流比与实际电流比不同，也会有不平衡电流存在，因此需要适当增大整定值。

4. 由于变压器带负荷调整分接头而产生的不平衡电流

带负荷调整变压器的分接头，是电力系统中采用带负荷调压的变压器调整电压的方法，实际上改变分接头就是改变变压器的电压比 n_{TA}。如果差动保护已按照某一电压变比调整好，则当分接头改换时，就会产生一个新的不平衡电流流入差动回路。对由此而产生的不平衡电流，应适当增大整定值。

5. 由于计算变比与实际变比不一致而产生的不平衡电流

变压器的变比是有标准的，同时，变压器两侧的电流互感器都是根据产品目录选取的标准变比，其规格种类是有限的，因此，三者的关系有时难以满足式（8-1）的要求，从而出现了计算变比与实际变比不一致的问题，此时，差动回路中将流过不平衡电流。在 TA 二次回路中，串接中间变流器进行 TA 变比差异的补偿，相当于在一侧 TA 二次回路中再接一个变比可调节的小型 TA，使得补偿后的变比满足式（8-1）的要求。

（三）具有比率制动特性的纵联差动保护

为了减小或消除不平衡电流的影响，使变压器外部短路时差动保护不至于误动作，具有比率制动特性的纵联差动保护在电流差动原理基础上引入了制动量，以改善继电器的特性。常见的制动特性有两折线、三折线、变斜率等，下面以两折线特性为例进行介绍。

以图 8-8 所示接线为例，在比率制动差动保护的动作判据中，差动量（又称为动作量）I_{act} 和制动量 I_{res} 分别为：

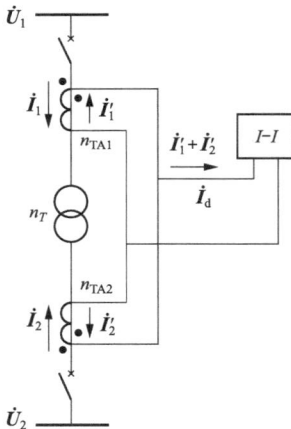

图 8-8 双绕组变压器纵差
保护的原理接线

$$\begin{cases} I_{act} = |\dot{I}_{act}| = |\dot{I}_1 + \dot{I}_2| \\ I_{res} = |\dot{I}_{res}| = \dfrac{1}{2}|\dot{I}_1 - \dot{I}_2| \end{cases} \tag{8-10}$$

图 8-9 所示为两折线比率制动特性曲线，由折线段 AB、BC 组成。由于在变压器外部短路且短路电流较小时，不平衡电流也很小，不需要制动作用，因此制动特性的起始部分可以是一段水平线。水平线的动作电流定值称为最小动作电流值 $I_{act.\,min}$，差动保护开始具有制动作用的最小制动电流称为拐点电流 $I_{res.\,min}$。动作判据可表示为：

$$\begin{cases} I_{act} \geqslant I_{act.\,min}, \ I_{res} \leqslant I_{res.\,min} \\ I_{act} \geqslant I_{act.\,min} + m(I_{res} - I_{res.\,min}), \ I_{res} > I_{res.\,min} \end{cases} \tag{8-11}$$

式中，m 为制动段的折线频率，$m = \dfrac{I_{act} - I_{act.\,min}}{I_{res} - I_{res.\,min}}$。

定义制动特性曲线的制动系数 $K_{res} = \dfrac{I_{act}}{I_{res}}$，为防止区外故障时误动，必须保证制动特性

各点的值 K_{res} 均满足可靠性和选择性的要求；与此同时，为保证差动保护在区内故障时的灵敏性，制动系数 K_{res} 又不宜过大。

图 8-9 所示的制动特性曲线有 3 个定值需要整定，即最小动作电流定值 $I_{act.min}$、拐点电流 $I_{res.min}$、折线斜率 m 或比率制动系数 K_{res}。

（1）最小动作电流值 $I_{act.min}$。应躲过变压器额定负载时的不平衡电流，即：

$$I_{act.min} = K_{rel} I_{unb.load} = K_{rel}(K_{er} + \Delta f_{za} + \Delta U)I_N / n_{TA} \tag{8-12}$$

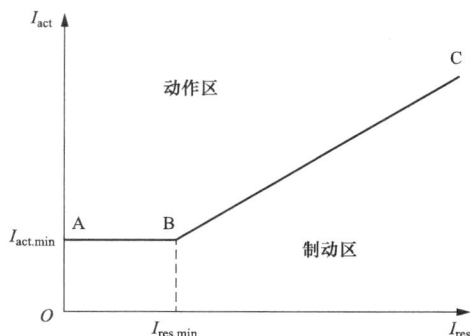

图 8-9　两折线比率制动特性曲线

式中，$I_{unb.load}$ 为正常运行时的最大不平衡电流；I_N 为变压器的额定电流。

根据经验，取可靠系数 $K_{rel} = 1.3 \sim 1.5$；整定 $K_{er} = 0.05$，$\Delta f_{za} = 0.05$，ΔU 取调压范围中偏离额定值的最大百分值。在工程实用整定计算中可选取 $I_{act.min} = (0.2 \sim 0.5)I_N / n_{TA}$。

（2）拐点电流 $I_{res.min}$。$I_{res.min}$ 一般整定为 $0.8 \sim 1$ 倍的变压器额定电流，在微机保护中往往整定为变压器的额定电流。

（3）折线斜率 m。按躲过区外短路故障时差流回路中的最大不平衡电流整定，即：

$$I_{unb.max} = (K_{ap}K_{st}K_{er} + \Delta U + \Delta f_{za})I_{K.max} / n_{TA} \tag{8-13}$$

式中，$I_{unb.max}$ 为外部故障时的最大不平衡电流；K_{ap} 为非周期分量系数，可取 $1.5 \sim 2$；K_{st} 为电流互感器的同型系数，型号不同取 1，型号相同取 0.5；K_{er} 为电流互感器允许的最大相对误差，取 0.1；ΔU 为由于带负荷调压所引起的相对误差，取电压调整范围的一半；Δf_{za} 为因互感器变比与计算值的不同而引起的相对误差，一般取 0.05；$I_{K.max}$ 为保护范围外部最大短路电流值。

则折线斜率 m 为：

$$m = \frac{K_{rel}I_{unb.max} - I_{act.min}}{I_{res.max} - I_{res.min}} \tag{8-14}$$

式中，$I_{res.max}$ 的选取因差动保护制动原理（制动量的选取）的不同而不同，在实际工程计算时应根据差动保护的制动原理而定，若按式（8-14）的制动方程，$I_{res.max}$ 为外部故障的最大短路电流。

三、变压器保护配置

变压器保护配置和其额定电压以及容量直接相关。针对主保护的设置为：0.4MVA 及以上车间内油浸式变压器和 0.8MVA 及以上油浸式变压器，均应装设瓦斯保护做主保护，瓦斯保护只反应油箱内故障；电压在 10kV 及以下、容量在 10MVA 及以下的变压器，采用电流速断保护；电压在 10kV 以上、容量在 10MVA 及以上的变压器，采用纵联差动保护；对于电压为 10kV 的重要变压器，当电流速断保护灵敏度不符合要求时也可采用纵联差动保护。在正常情况下，纵联差动保护的保护范围应包括变压器套管和引出线。

对外部相间短路引起的变压器过电流，变压器应装设相间短路后备保护，保护带延时跳开相应的断路器。相间短路后备保护主要有过电流保护、低电压启动的过电流保护以及复合电压启动的电流保护。对外部接地短路引起的变压器过电流，变压器应装设接地短路后备保护，保护带延时跳开相应的断路器。对全绝缘变压器有零序过电流保护、零序过电压保护。

对分级绝缘变压器，应装设用于中性点直接接地和经放电间隙接地的两套零序过电流保护以及零序过电压保护。

变压器长期过负荷运行时，绕组会因发热而受到损伤。对 400kVA 以上的变压器，当数台并列运行，或单独运行并作为其他负荷的备用电源时，应根据可能过负荷的情况，装设过负荷保护。过负荷保护接于一相电流上，并延时作用于信号。对于经常无值班人员的变电所，必要时过负荷保护可动作于自动减负荷或跳闸。对自耦变压器和多绕组变压器，过负荷保护应能反应公共绕组及各侧过负荷的情况。

当频率降低和电压升高引起变压器过励磁时，励磁电流会急剧增加，铁芯及附近的金属构件损耗增加，将引起高温。长时间或多次反复过励磁，将因过热而使绝缘老化。高压侧电压为 500kV 及以上的变压器，应装设过励磁保护，在变压器允许的过励磁范围内，保护作用于信号，当过励磁超过允许值时，可动作于跳闸。过励磁保护反应于铁芯的实际工作磁密和额定工作磁密之比而动作。实际工作磁密通常通过检测变压器电压幅值与频率的比值来计算。

对变压器温度及油箱内压力升高和冷却系统故障，应按现行有关变压器的标准要求，专设可作用于信号或动作于跳闸的非电量保护。为了满足电力系统稳定方面的要求，当变压器发生故障时，要求保护装置快速切除故障，通常变压器的瓦斯保护和纵差保护（对小容量变压器则为电流速断保护）已构成了双重化快速保护。当变压器故障而纵差保护拒动时，将由带延时的后备保护切除。为了保证在任何情况下都能快速切除故障，对于大型变压器，应装设双重纵差动保护，其中 220kV 变压器保护配置如图 8-10 所示。

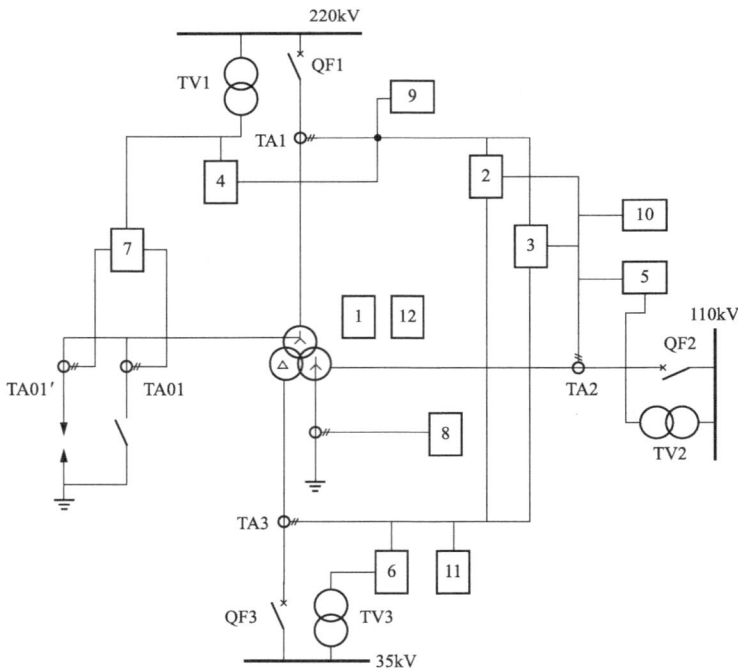

图 8-10　220kV 变压器保护配置

1—瓦斯保护；2—第一纵差动保护（二次谐波制动原理）；3—第二纵差保护（间断角鉴别原理）；4、5、6—高、中、低压侧复合电压启动的过电流保护；7—高压侧的零序电流电压保护；8—中压侧的零序电流保护；9、10、11—高、中、低压侧的过负荷保护；12—其他非电量保护

第三节　不同合闸角时励磁涌流的仿真

一、系统配置

一个具有单相交流电源的双绕组变压器电力系统如图 8-11 所示，电源电动势为 35kV，频率为 50Hz，系统电阻为 0.8929Ω，电感为 16.58e-3H。变压器参数如下：额定容量为 50MVA；频率为 50Hz。原副边绕组参数一致：电压为 35kV，绕组电阻为 0.002pu，电感为 0.08pu；励磁电阻为 500pu，pu 为标幺值单位。当变压器空载时，变压器一次侧合闸，仿真分析是否产生励磁涌流，以及合闸角 α 对励磁涌流的影响。

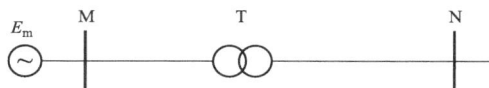

图 8-11　具有单相交流电源的
双绕组变压器电力系统

二、仿真模型

启动 MATLAB，进入 Simulink 后新建仿真模型，并添加电流测量模块、励磁涌流识别模块和示波器。其中，变压器二次侧绕组不接任何负载，当断路器瞬时合闸时，一次回路中会产生较大的励磁涌流，经电流测量模块由示波器显示波形。变压器励磁漏流仿真模型如图 8-12 所示。双击各模块，在出现的对话框内设置相应的参数。

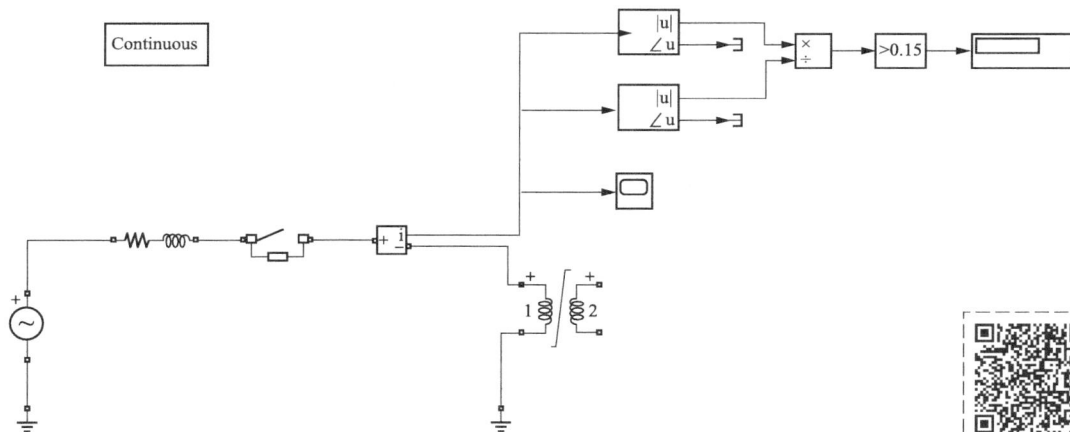

图 8-12　变压器励磁涌流仿真模型

仿真模型

三、仿真设置

1. Powergui 设置

仿真类型选择连续形式，Powergui 参数设置如图 8-13 所示。

2. 电源参数设置

电源参数：选择单相 AC 电压源，设置峰值电压为 49500V，初相角为 0，频率为 50Hz，电源参数设置如图 8-14 所示。利用串联 RLC 模块模拟电源内阻抗。

3. 可饱和变压器参数设置

变压器参数：额定容量为 50MVA；频率为 50Hz。原副边绕组参数一致：电压为 35kV，绕组电阻为 0.002pu，电感为 0.08pu；励磁电阻为 500pu。饱和特性参数设置如图

8-15 所示。

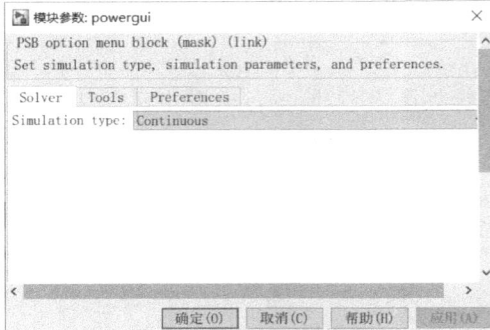

图 8-13　Powergui 参数设置

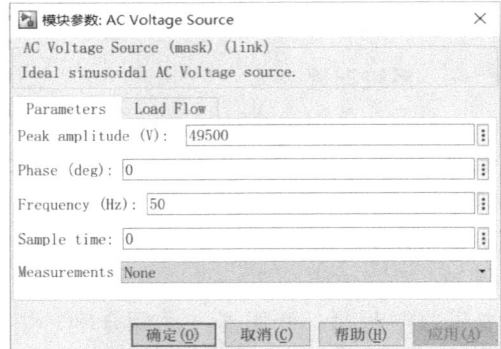

图 8-14　电源参数设置

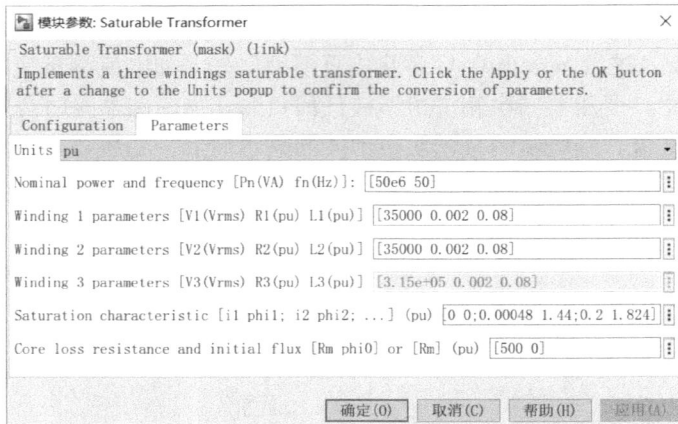

图 8-15　饱和特性参数设置

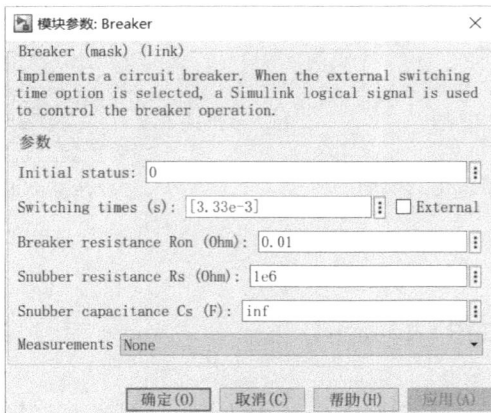

图 8-16　开关断路器参数设置

4. 开关断路器参数设置

开关断路器初始状态为 0，即"断开"，Switching Times 为 0，代表开关断路器在 0s 时状态改变，也就是说开关断路器在 0s 时合闸。开关断路器参数设置如图 8-16 所示。

5. 励磁涌流识别模块

利用二次谐波含量识别变压器是否产生涌流。一次侧电流经过电流测量模块后，除了接到示波器外，还同时接到 Fourier（傅里叶变换）模块，分别提取出电流中的基波（Fourier）和二次谐波（Fourier1），然后进行除法运算（divide），与常量 0.15 进行比较，若是运算结果大于或等于 0.15，则显示器显示数字 1，表明一次回路中存在励磁涌流；反之，则显示器显示数字 0，表明一次回路中不存在励磁涌流。

四、实验内容

通过修改开关断路器关断时刻来控制合闸角，以 30°为步长，让合闸角从 0°变化到 360°：

（1）绘制最大涌流随合闸角变化的曲线。

（2）观察不同合闸角时二次谐波的含量，判断涌流识别模块能否正确识别励磁涌流。

五、思考题

尝试仿真实现利用间断角和波形对称特征来识别励磁涌流。

第四节　变压器比率制动特性纵联差动保护的仿真

一、系统配置

一个具有双侧电源的双绕组变压器电力系统如图 8-17 所示。电源 E_M 和电源 E_N 电压为 35kV，频率为 50Hz，电势相位差为 10°。变压器采用 Yd11 联结，不考虑饱和特性以及变压器两侧电流互感器的电流比。

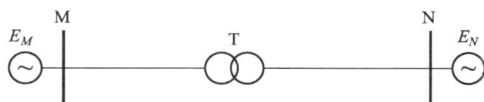

图 8-17　具有双侧电源的双绕组变压器简单电力系统

二、仿真模型

启动 MATLAB，进入 Simulink 后新建仿真模型，添加动作电流计算模块、制动电流计算模块、示波器，并设置故障模块 Fault1、Fault2。比率制动特性纵联差动保护仿真模型如图 8-18 所示。双击各模块，在出现的对话框内设置相应的参数。

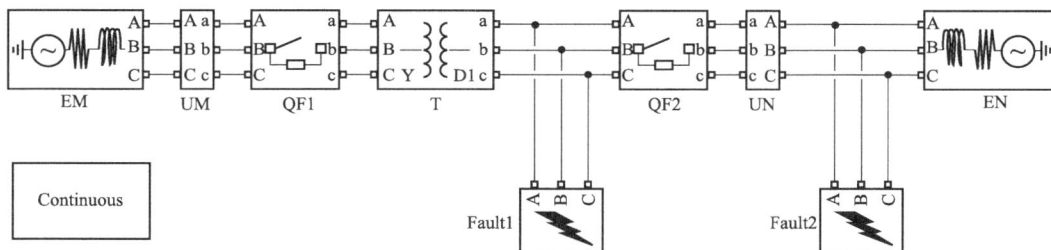

图 8-18　比率制动特性纵联差动保护仿真模型

仿真模型

三、仿真设置

1. Powergui 设置

仿真类型选择连续形式，Powergui 参数设置如图 8-19 所示。

2. 电源 EM、EN 参数设置

电源采用 Three-Phase Source 模型，电源 EM 参数设置如图 8-20 所示。电源 EN 与电源 EM 的电势相位差为 10°，其他参数相同。

3. 变压器参数设置

变压器采用 Yd11 联结且不考虑饱和特性，变压器参数设置如图 8-21 所示。

4. UM 模块参数设置

三相电压、电流测量模块

UM、UN 将在变压器两侧测量到的电压、电流信号转变为 Simulink 信号，相当于电

压、电流互感器的作用。UM 模块参数设置如图 8-22 所示，UN 模块的参数设置与此相仿，只是其输出信号分别为 Vabc_N 和 Iabc_N。

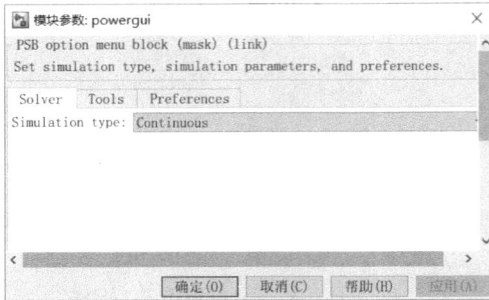

图 8-19　Powergui 参数设置

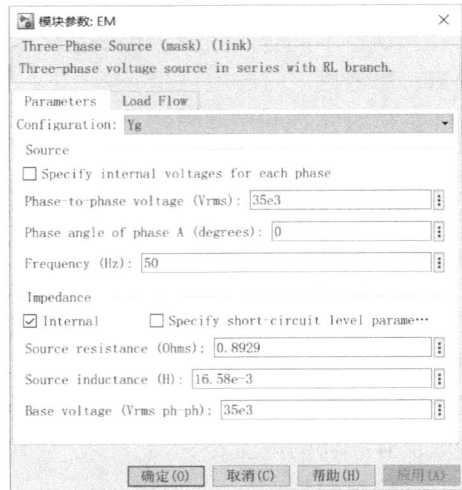

图 8-20　电源 EM 参数设置

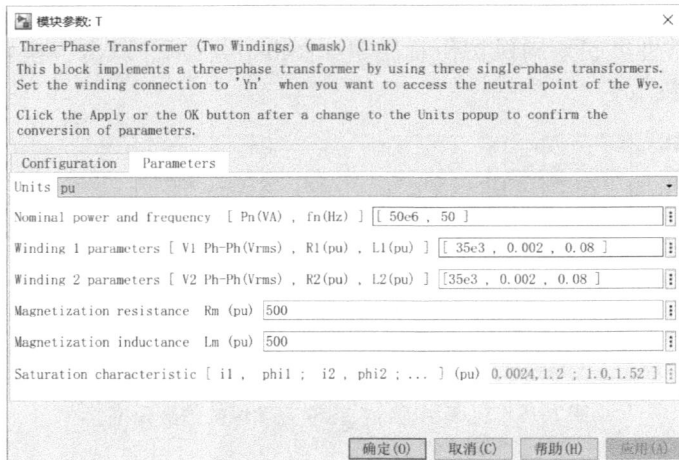

图 8-21　变压器参数设置

5. 动作电流 I_{act}、制动电流 I_{res} 运算模块

比率制动特性纵差保护的动作电流 I_{act}、制动电流 I_{res} 的运算及示波器模块如图 8-23 所示。在图 8-23 中，只给出了 A 相动作电流、制动电流的仿真模块，其中：

$$动作电流\ I_{act} = \left| \frac{\dot{I}_{a\_M} - \dot{I}_{b\_M}}{\sqrt{3}} + \dot{I}_{a\_N} \right|$$

$$制动电流\ I_{res} = \frac{1}{2} \left| \frac{\dot{I}_{a\_M} - \dot{I}_{b\_M}}{\sqrt{3}} - \dot{I}_{a\_N} \right|$$

四、实验内容

（1）设置 2 个三相断路器模块 QF1、QF2 的切换时间均为 0s，并设置故障模块 Fault1，

图 8-22　UM 模块参数设置

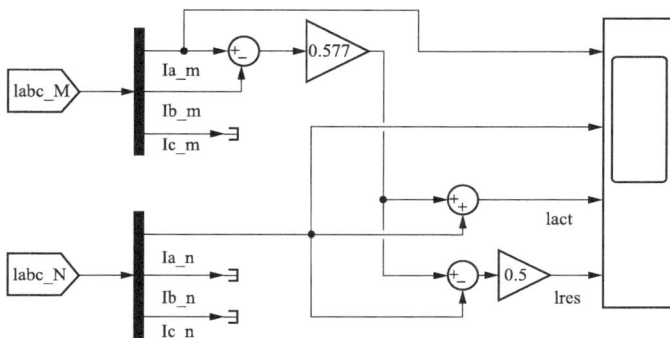

图 8-23　比率制动特性纵差保护的动作电流 I_{act}、制动电流 I_{res} 的运算及示波器模块

使电路在 0.3～0.5s 发生三相短路故障，故障模块 Fault2 不动作，运行仿真，观察变压器内部短路故障时的电流波形，判断变压器纵差保护能否可靠动作。

（2）设置故障模块 Fault2，使电路在 0.3～0.5s 发生三相短路，故障模块 Fault1 不动作，运行仿真，观察变压器外部短路故障时的电流波形，判断变压器纵差保护能否可靠动作。

五、思考题

1. 尝试修改模型实现变压器内部故障的仿真，并观察变压器内部故障时的纵差保护能否正确动作。

2. 变压器可能发生哪些故障？有哪些不正常运行状态？它们与线路相比有何异同？

3. 励磁涌流是怎样产生的？与哪些因素有关？

第九章 母线保护及仿真

母线是电力系统中的一个重要组成元件,当母线上发生故障时,将使连接在故障母线上的所有元件在修复故障母线期间,或转换到另一组无故障的母线上运行以前被迫停电。此外,当电力系统中枢组变电所的母线上发生故障时,还可能破坏系统稳定,造成严重的后果。

母线上发生的短路故障可能是各种类型的接地和相间短路故障。母线短路故障类型的比例与输电线路不同。在输电线路的短路故障中,单相接地故障约占故障总数的80%以上。而在母线故障中,大部分故障是由绝缘子对地放电所引起的,母线故障开始阶段大多表现为单相接地故障,随着短路电弧的移动,故障往往发展为两相或三相接地短路。

一般来说,不需采用专门的母线保护,利用与母线相连的供电元件的保护装置就可以把母线故障切除。但为了保证母线故障切除的速动性和选择性,在下列情况下应装设专门的母线保护。

(1)对220kV及以上电压等级的母线,应装设快速有选择地切除故障的母线保护。

(2)对发电厂和变电所的35～110kV电压的母线,在下列情况下应装设专用的母线保护。

1)110kV双母线。

2)110kV单母线、重要发电厂或110kV以上重要变电站的35～66kV母线,需要快速切除母线上的故障时。

3)35～66kV电力网中,主要变电站的35～66kV双母线或分段单母线需快速而有选择地切除一段或一组母线上的故障时。

第一节 母线差动保护基本原理

为了满足继电保护的4个基本要求,并考虑到母线长度较短的特点,母线保护通常都是以基尔霍夫电流定律作为基本原理,由此构成了电流差动保护。实现母线差动保护时,必须考虑在母线上一般连接着较多的电气元件(如线路、变压器、发电机等),因此,就不能像发电机的差动保护那样,只用简单的接线实现。但不管母线上连接着多少元件,实现差动保护所依据的基本特征仍然是适用的,即:

(1)在正常运行和外部短路时,母线上所有连接的元件中,按照指向被保护元件的电流为正方向的规定,可以将母线差动保护的原理表示为$\sum \dot{I}_j = 0$,其中,$\dot{I}_j$表示各元件指向母线的一次侧电流。

(2)当母线上发生短路时,所有与母线连接的元件都向短路点提供短路电流(或流出残留的负荷电流),按照基尔霍夫电流定律,有$\sum \dot{I}_j = \dot{I}_k$,其中,$\dot{I}_k$为短路点的总电流。

(3)从每个连接元件的电流相位来看,在正常运行和外部短路时,至少有一个元件的电流相位与其余元件电流之和的相位是相反的。具体来说，就是实际的流入电流与流出电流的相位是相反的；而当母线短路时，除电流等于 0 的元件之外，其他元件的电流是接近于同相位的。

与其他元件的电流差动保护（如线路差动、变压器差动、发电机差动）一样，根据特征（1）和（2）可构成母线电流差动保护，根据特征（3）可构成电流相位比较式差动保护。

一、单母线差动保护

将单母线当作基尔霍夫电流定律的一个"点"之后，形成了母线电流差动保护的原理接线，如图 9-1 所示。图中，一次侧电流的正方向均为指向母线，于是，在正常运行和外部短路时，一次侧电流满足：

$$\boldsymbol{i}_d = \sum_{j=1}^{N} \boldsymbol{i}_j = 0 \tag{9-1}$$

式中，$\boldsymbol{i}_j$ 为第 j 个元件指向母线的一次侧电流；N 为母线所连接的元件总数。

如果各元件所选择的电流互感器具有同样的变比，可以构成如图 9-1 所示的简单接线，相当于以电流互感器为界形成母线保护范围，该区域内的短路均属于母线保护应当动作于跳闸的范围。正常运行和外部短路时，流入差动元件的电流为 0。当母线发生短路（如图 9-1 中 K 点）时，所有连接元件的电流之和等于短路电流。母线差动保护的动作方程与其他元件的差动保护相类似。

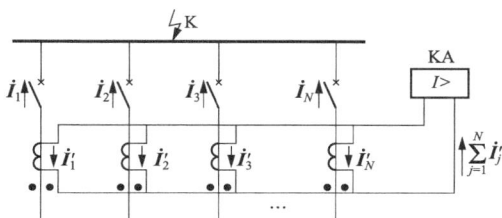

图 9-1　母线电流差动保护的原理接线图

二、双母线差动保护

双母线是发电厂和变电站广泛采用的一种母线接线方式。一般情况下，双母线经常同时运行，即母线联络断路器经常处于投入状态，而每组母线上连接一部分（大约 1/2）供电和受电元件。这样，当任一组母线上发生故障时，如果通过继电保护快速切除了发生故障的母线，那么只会影响到约一半的连接元件，而另一组母线上的连接元件仍可继续运行，这就大大提高了供电的可靠性。为此，要求母线保护具有识别故障母线的能力，即母线 I 故障时仅切除母线 I，母线 II 故障时仅切除母线 II。

（一）元件固定连接的双母线差动保护

一般情况下，双母线同时运行时，每组母线上连接的供电和受电元件是较为固定的，因此，有可能将单母线差动保护的方式应用于双母线上。元件固定连接的双母线差动保护主要由 3 组差动保护组成，如图 9-2（a）所示。由图 9-2（a）中的隔离开关位置可以看出，支路1、2 连接在母线 I 上，支路 3、4 连接在母线 II 上。于是，根据基尔霍夫电流定律，可以组成如下 3 组差动保护。

（1）由 TA1、TA2、TA6 与差动电流元件 KA1 组成了第一组的母线 I 分差动保护（也称小差），用以反应母线 I 上的故障，如果该差动保护动作，则仅切除与母线 I 连接的元件。其中，TA1、TA2、TA6 的二次侧电流之和 $\boldsymbol{i}_1' + \boldsymbol{i}_2' + \boldsymbol{i}_6'$ 接入 KA1，并经 KA3 返回到 TA1、TA2、TA6 的另一端。

（2）由 TA3、TA4、TA5 与差动电流元件 KA2 组成了第二组的母线 II 分差动保护，用以反应母线 II 上的故障，如果该差动保护动作，则仅切除与母线 II 连接的元件。其中，

TA3、TA4、TA5 的二次侧电流之和 $\dot{I}_3' + \dot{I}_4' + \dot{I}_5'$ 接入 KA2，并经 KA3 返回到 TA3、TA4、TA5 的另一端。

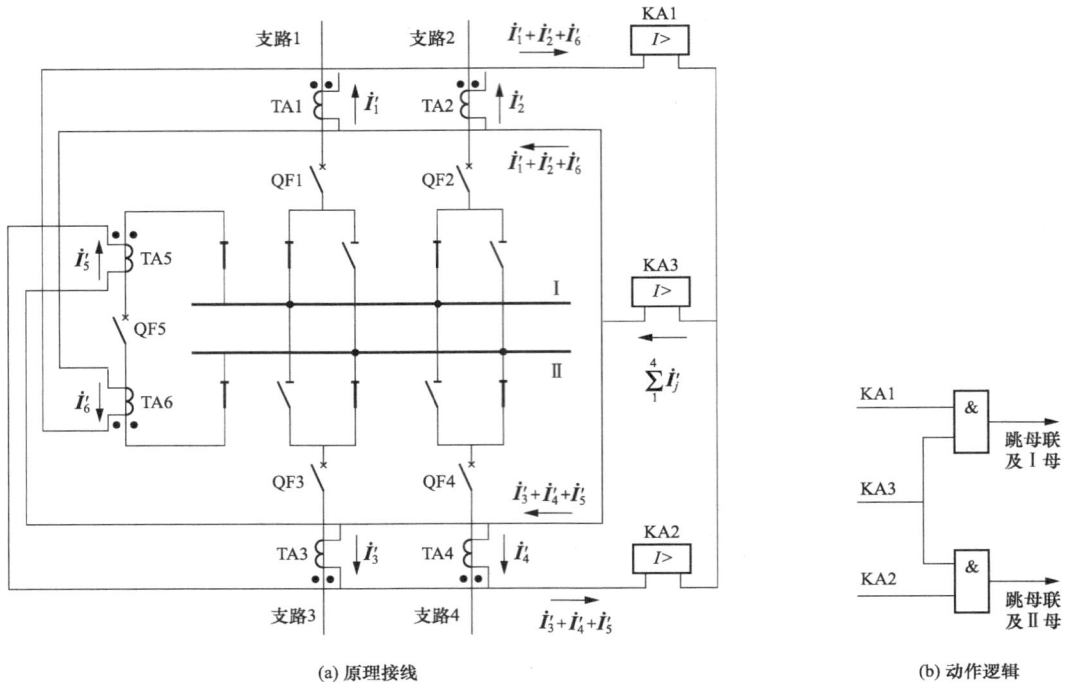

(a) 原理接线　　　　　　　　　　(b) 动作逻辑

图 9-2　元件固定连接的双母线差动保护

（3）由 TA1、TA2、TA3、TA4 与差动电流元件 KA3 组成了第三组总差动保护（也称大差），反映了双母线与外部连接元件的所有电流之和，即 $\sum_{j=1}^{4} \dot{I}_j'$。图 9-2 中，接入 KA3 的电流为 $\sum_{j=1}^{6} \dot{I}_j'$，但 TA5、TA6 的测量电流在 KA3 处相互抵消了，因此，与 $\sum_{j=1}^{4} \dot{I}_j'$ 一致。

三组差动元件构成了如图 9-2（b）所示的动作逻辑关系，形成了一个完整的保护方案。在固定连接的运行方式下，KA3 作为整个保护的启动元件；当固定连接方式被更改（例如母线倒闸操作）时，可防止外部短路时的误动。当正常运行和外部短路时，流经 KA1、KA2、KA3 的电流均为不平衡电流，保护装置应从整定值上躲过其影响，不会误动。

当母线 I 上的 K 点短路时，一次侧存在如下的关系：

$$\begin{cases} \dot{I}_1 + \dot{I}_2 + \dot{I}_6 = \dot{I}_k \\ \dot{I}_3 + \dot{I}_4 + \dot{I}_5 = 0 \\ \dot{I}_1 + \dot{I}_2 + \dot{I}_3 + \dot{I}_4 = \dot{I}_k \end{cases} \tag{9-2}$$

式中，$\dot{I}_k$ 为故障点的短路电流。

因此，在 TA 理想传变的情况下，二次侧有 $\dot{I}_1' + \dot{I}_2' + \dot{I}_6' = \dot{I}_k / n_{TA}$，KA1 能够动作。$\dot{I}_3' + \dot{I}_4' + \dot{I}_5' = 0$，KA2 不动作；$\dot{I}_1' + \dot{I}_2' + \dot{I}_3' + \dot{I}_4' = \dot{I}_k / n_{TA}$，KA3 也能够动作。于是，由图 9-2（b）的逻辑可知，KA1 和 KA3 动作后，发出切除母线 I 所有连接元件的命令，跳开断路器

QF1、QF2 和 QF5，这样，就将发生故障的母线Ⅰ从系统中切除了；而母线Ⅰ短路时，属于母线Ⅱ的外部短路，此时，KA2 的动作量为 0，不满足动作的条件，实现了无故障的母线Ⅱ仍可继续运行的目的。同理，当母线Ⅱ短路时，只有 KA2 和 KA3 动作，跳开断路器 QF3、QF4 和 QF5，切除母线Ⅱ的故障，母线Ⅰ仍可继续运行。

在固定连接方式被破坏时，保护装置的动作情况将发生变化。例如，当连接支路 1 由母线Ⅰ切换到母线Ⅱ时，对于 KA1～KA3 差动元件为单个继电器的保护来说，由于差动保护的二次回路不能随着切换，因此，按照原有固定接线工作的Ⅰ、Ⅱ两条母线的差动保护，都无法正确反应母线上实际连接元件的"电流和为 0"条件，于是，在 KA1 和 KA2 中将出现差电流，在这种情况下，保护的动作无法判断是哪一条母线上发生了故障，这就是影响母线差动保护正确工作的因素之一。因此，从保护的角度看，希望尽量保证固定接线的运行方式不被破坏，这就必然限制了电力系统调度运行的灵活性。这是 KA1～KA3 为单个继电器的主要缺点。

（二）适应于倒闸操作的双母线差动保护

在微机保护中，只需要测量 TA1～TA6 的电流，就可以由保护装置根据元件的连接方式自动在内部实现与 KA1～KA3 相同的差动保护功能。也就是说，母线Ⅰ将连接到母线的所有电流相加，使之满足基尔霍夫电流定律，构成 KA1；母线Ⅱ将连接到母线的所有电流相加，使之满足基尔霍夫电流定律，构成 KA2；除了母联电流之外，将其余的所有电流相加，使之满足基尔霍夫电流定律，构成 KA3。

微机保护可以利用隔离开关的辅助触点来判断母线的运行方式，并通过测量电流进行确认，通过这种方法在微机保护内部就可以很方便地完成测量电流的自动切换，从而构成适应于连接支路倒闸过程的双母线差动保护，基本上克服了传统差动元件为单个继电器时的缺点。

以图 9-2 为例，在支路 1 切换之前，支路 1 连接于母线Ⅰ，接入 KA1 的电流为 $\dot{i}'_1 + \dot{i}'_2 + \dot{i}'_6 = 0$，接入 KA2 的电流为 $\dot{i}'_3 + \dot{i}'_4 + \dot{i}'_5 = 0$；在支路 1 切换到母线Ⅱ之后，接入 KA1 的电流由软件调整为 $\dot{i}'_2 + \dot{i}'_6 = 0$，而接入 KA2 的电流由软件调整为 $\dot{i}'_1 + \dot{i}'_3 + \dot{i}'_4 + \dot{i}'_5 = 0$，使 KA1、KA2 均满足基尔霍夫电流定律。这样，双母线差动保护实现了既可以应用于元件固定连接的运行方式，又可应用于支路倒闸切换的运行方式。

（三）母联电流比相式母线差动保护

母联电流比相式母线差动保护的原理接线图如图 9-3 所示，它可以克服元件固定连接的双母线差动保护缺乏灵活性的缺点，适合于母线进行倒闸操作的场合。

母联电流比相式母线差动保护包括一个启动元件 KA 和一个选择元件 KD。除了母联电流之外，启动元件接在其余所有连接元件的二次电流之和回路中，相当于将双母线当作一个被保护的元件来对待，其作用是判断是双母线的内部短路还是外部短路。只有在双母线内部短路时，启动元件 KA 才动作，才能开放母线保护。选择元件 KD 是一个电流相位的比较元件，比较的一个电流为所有对外连接元件的二次电流之和（除母联外），如图 9-3 中的 $\sum_1^4 \dot{i}'_j$；比较的另一个电流为母联的二次电流，如图 9-3 中的 $\dot{i}'_5$。

在母线内部短路故障时，通过比较 $\dot{i}'_5$ 与 $\sum_1^4 \dot{i}'_j$ 的相位关系，可以选出发生故障的母线。当母线Ⅰ故障时，流过母联的短路电流是由母线Ⅱ流向母线Ⅰ的；而当母线Ⅱ故障时，流过

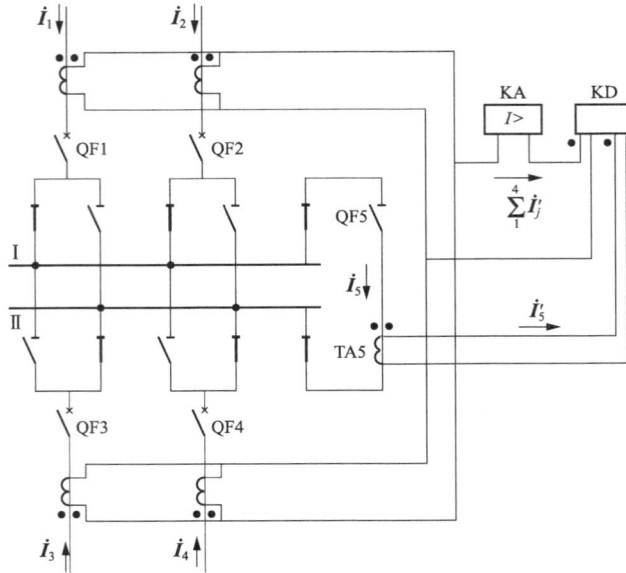

图 9-3　母联电流比相式母线差动保护的原理接线图

母联的短路电流则是由母线Ⅰ流向母线Ⅱ的。因此，若与总差动电流 $\sum_{j=1}^{4} \dot{I}'_j$ 进行比较就会发现：在不同母线上发生故障时，母联电流 $\dot{I}'_5$ 的相位会出现 $180°$ 的变化。于是，利用这两个电流的相位比较，就可以选出故障母线，并切除故障母线上的全部断路器。

　　基于这种原理，当母线故障时，不管各支路是连接在母线Ⅰ还是母线Ⅱ上，只要母联断路器中有电流流过，则选择元件 KD 就能正确动作，因此，对连接元件就无须提出固定连接的要求。母联电流比相式母线差动保护的最大优点是：二次电流回路的连接是固定的，不必随倒闸过程进行切换，可应用于连接元件时常切换的场合。如图 9-3 所示，KA、KD 接入的电流是固定的，与支路所连接的母线无关，当然，这种母线保护也仍然需要知道应当跳哪些断路器，因此，还需要识别各支路的运行方式，即哪些支路连接于母线Ⅰ，哪些支路连接于母线Ⅱ。

第二节　双母线差动保护仿真

一、系统配置

　　双母线带母联结构供电系统如图 9-4 所示，系统电压等级为 500kV，电源初始相位可根据需要修改，系统参数如下。

　　系统阻抗：$Z_{EM1} = Z_{EM2} = Z_{EM3} = Z_{EM4} = (5.74 + j14.18)\Omega$；输电线路参数：$R_1 = 0.02083\Omega/km$；$L_1 = 0.8984mH/km$；$C_1 = 0.01291\mu F/km$；$R_0 = 0.02083\Omega/km$；$L_0 = 2.2886mH/km$；$C_0 = 0.00523\mu F/km$。线路 1～4 长度分别为 120km、150km、160km、180km。仿真分析不同位置母线故障时，支路电流波形、电流有效值波形以及大差差动元件和小差差动元件动作情况。

二、仿真模型

　　启动 MATLAB 进入 Simulink 后，运用 SimPowerSystem 中的各种元件模块分别建立双母线一次系统仿真模型（见图 9-5）及双母线差动保护仿真模型（见图 9-6），并添加三相电压电流测量模块、示波器查看电流及逻辑输出仿真结果。母线差动保护仿真模型主要由大差差动子系统、小差差动子系统及逻辑操作模块构成，系统仿真时间及参数可根据仿真需要进行修改。

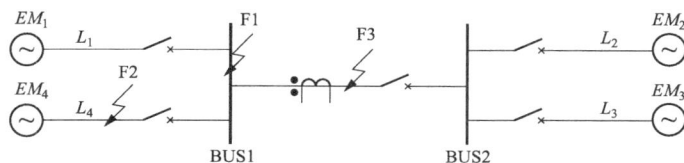

图 9-4　双母线带母联结构供电系统

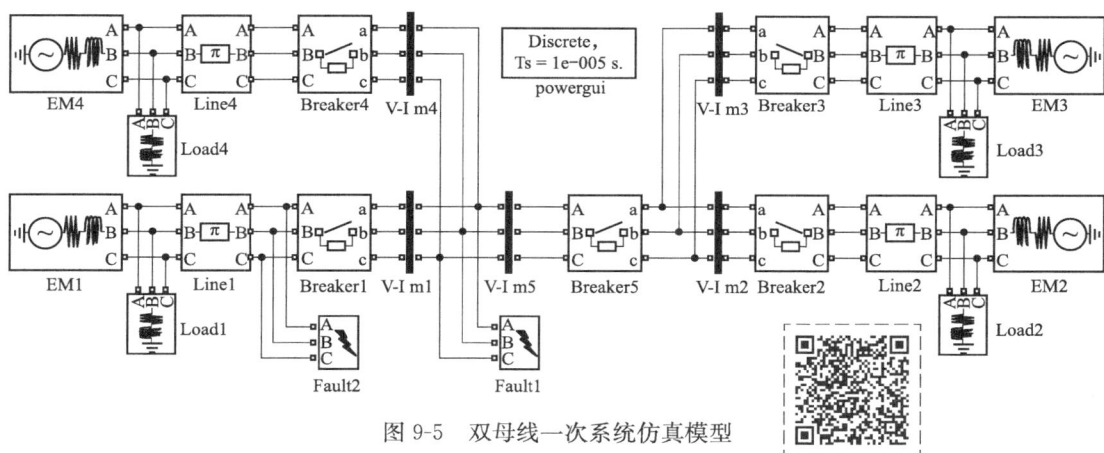

图 9-5　双母线一次系统仿真模型

仿真模型

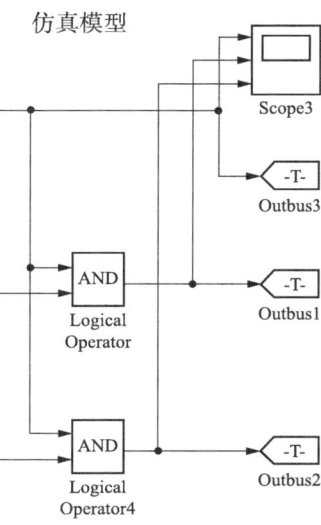

图 9-6　双母线差动保护仿真模型

以 A 相为例在 Simulink 中搭建大差差动元件仿真模型，如图 9-7 所示。各支路三相电流经 Demux 模块分解后得到单相电流，使用 Sum 模块将 4 条支路 A 相电流相加得到大差差动电流，经傅里叶模块提取大差差动电流基波幅值后与设定阈值比较，其逻辑输出即为大差差动元件动作情况，输出为 1 时大差差动电流元件动作，输出为 0 时不动作。

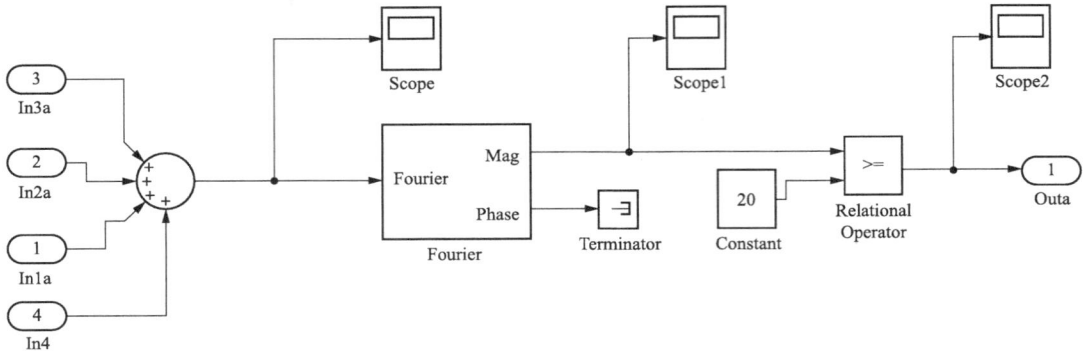

图 9-7　大差差动元件仿真模型

同样，以 A 相为例，在 Simulink 中搭建小差差动元件仿真模型，如图 9-8 所示。将与母线 BUS1 相连的 1 和 4 支路 A 相电流之和减去母联电流获得 BUS1 小差差动电流，经傅里叶模块提取小差差动电流基波幅值后与设定阈值比较，若其逻辑输出为 1，则 BUS1 小差差动元件动作；反之，输出为 0 则不动作。对于母线 BUS2，则需要将与其相连的 2 和 3 支路 A 相电流之和减去母联电流获得 BUS2 小差差动电流，其他模块与 BUS1 相同。

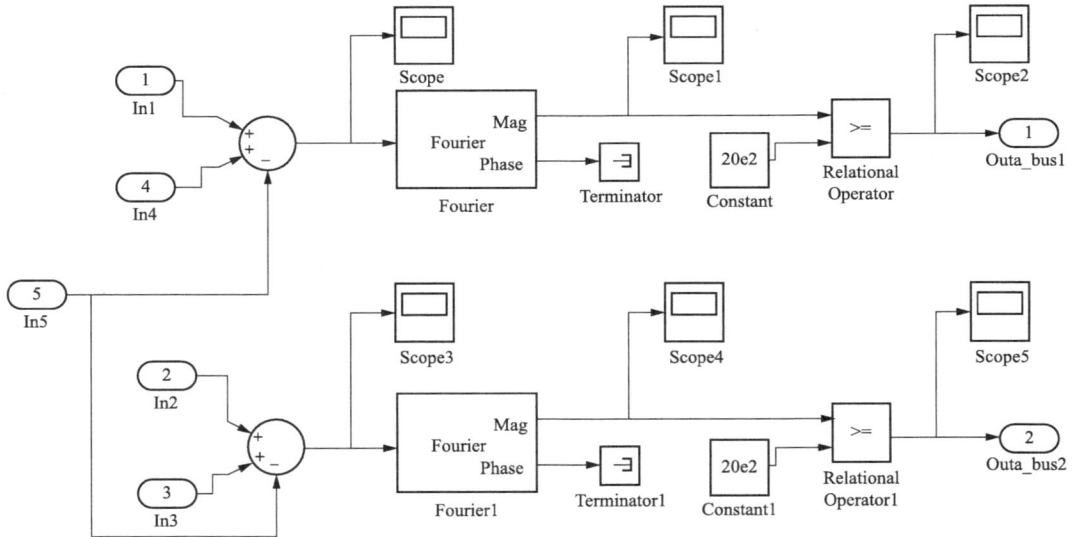

图 9-8　小差差动元件仿真模型

三、仿真设置

1. 三相交流电源设置

电源采用 Three-Phase Source 模块，三相交流电源 EM1 至 EM4 电压为 500kV，Y 形连接，内阻抗为 $(5.74+j14.18)\Omega$，三相电源参数设置如图 9-9 所示。

2. 输电线路设置

模型中输电线路均采用 Three-Phase PI Section Line，Line1～Line4 长度分别为 120km、

150km、160km、180km，其余参数相同。Line4 参数设置如图 9-10 所示。

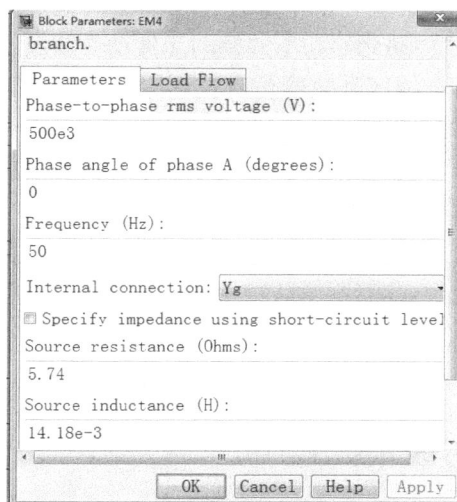

图 9-9 三相电源参数设置

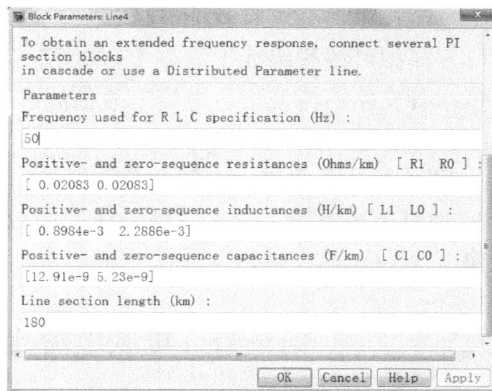

图 9-10 Line4 参数设置

3. 故障模块设置

短路故障采用三相故障元件来模拟，过渡状态（Transition status）具体说明了该模块的状态向量，1 表示对应时刻发生故障，0 表示对应时刻切换至无故障状态。故障时间段可通过过渡时间（Transition times）来设置，本例为 0.1~0.9s。故障类型通过勾选对应的相来实现。故障模块参数设置如图 9-11 所示，可根据仿真要求进行修改。

4. 傅里叶滤波模块

此模块应用全波傅里叶算法提取幅值和相角，采集的是工频分量，傅里叶滤波模块参数设置如图 9-12 所示。

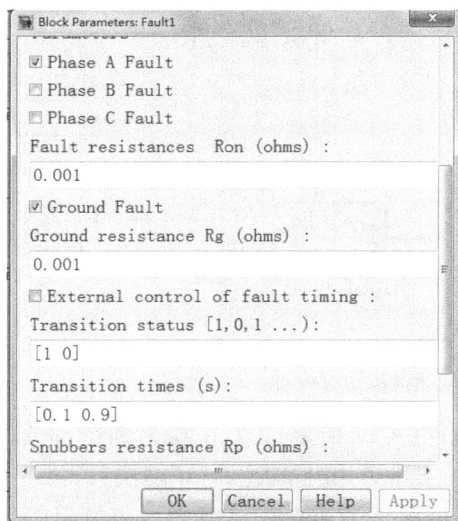

图 9-11 故障模块参数设置

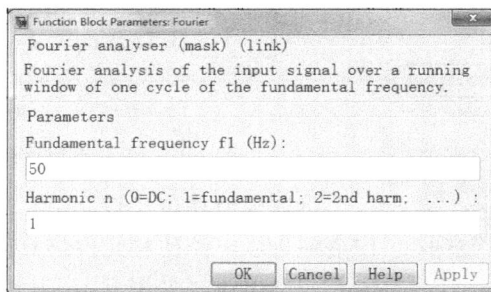

图 9-12 傅里叶滤波模块参数设置

四、实验内容

（1）模拟母线 BUS1 发生区内故障 F1 的工况。观察并分析母线区内故障仿真波形变化规律，包括各支路电流波形、电流有效值波形、大差差动元件和小差差动元件动作情况。

（2）模拟母线区外故障 F2 的工况。观察并分析母线区外故障仿真波形变化规律，包括各支路电流波形、电流有效值波形、大差差动元件和小差差动元件动作情况。

（3）模拟母线联络线上故障 F3 的工况。观察并分析母线联络线上故障仿真波形变化规律，包括各支路电流波形、电流有效值波形、大差差动元件和小差差动元件动作情况。

五、思考题

1. 哪些场合需要装设专门的母线保护？

2. 通过上述实验，分别归纳母线区内故障和区外故障时，各条线路上电流有效值的变化规律。

第三节　母联电流比相式母线差动保护仿真

一、系统配置及仿真模型

母联电流比相式母线差动保护仅适用于双母线带母联开关的母线结构，采用图 9-5 所示的一次系统仿真模型进行故障仿真。母联电流比相式母线差动保护主要由大差差动电流元件、母联电流比相元件等部分组成。母线电流比相式母线差动保护仿真模型如图 9-13 所示，大差差动电流元件由子系统 dachachadong 构成，实现方案同图 9-7。利用该子系统判断是否发生故障及判别母线区内或区外故障。当发生母线区内故障时，再利用母联电流比相元件判断具体故障母线。

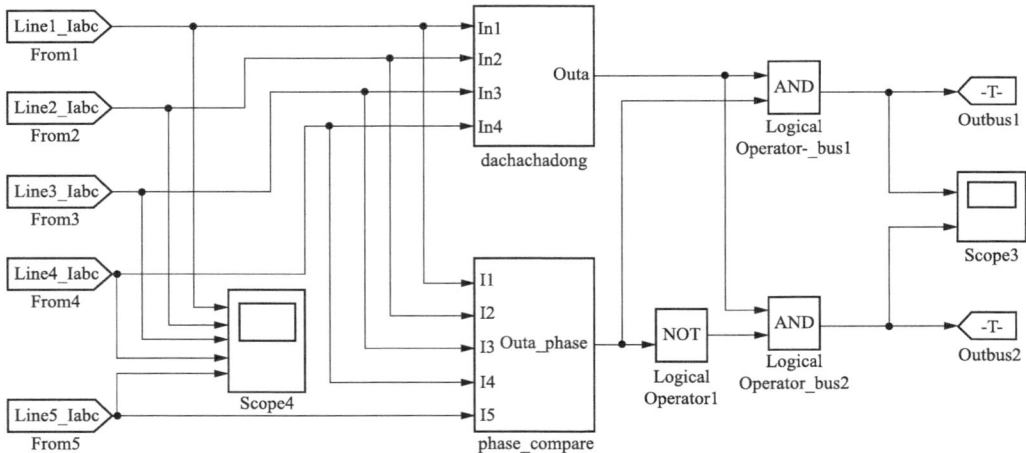

图 9-13　母联电流比相式母线差动保护仿真模型

仿真模型

母联电流相位比较元件实现方案如图 9-14 所示。以 A 相为例在 Simulink 中搭建母联电流比相元件仿真模型。各支路 A 相电流经 Sum 模块后得到 A 相大差差动电流，采用 Fourier 模块对该电流信号进行形式变换，得到以幅值和相角表示的矢量信号后，再应用 Magnitude-Angle to Complex 模块将上述矢量信号转化成复数形式。采用同样方法将母联电流信号转换为复数形式，二者之商再次反向转换为矢量信号，并将得到的相角与设定阈值进行比较。若逻辑输出为 1，表示母联电流与大差差动电流同相位，此时母线 BUS1 故障；反之，若逻辑输出为 0，则母联电流与大差差动电流相位相反，母线 BUS2 故障。

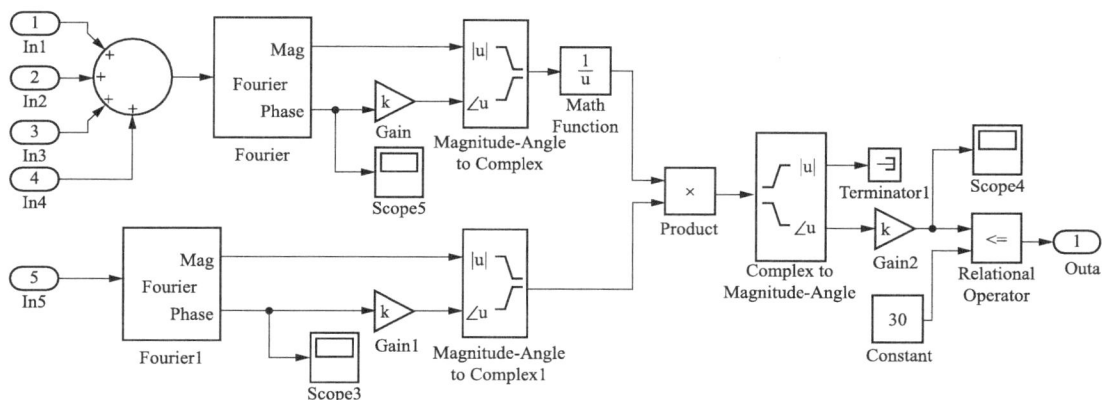

图 9-14 母联电流相位比较元件实现方案

仿真各模块设置参考 2.3 节。

二、实验内容

（1）模拟母线 BUS1 发生区内故障 F1 的工况。观察并分析母线区内故障仿真波形变化规律，包括各支路电流波形、母联电流相位与大差差动电流相位、大差差动元件和母联电流比相元件动作情况。

（2）模拟母线区外故障 F2 的工况。观察并分析母线区外故障仿真波形变化规律，包括各支路电流波形、母联电流相位与大差差动电流相位、大差差动元件和母联电流比相元件动作情况。

（3）模拟母线联络线故障 F3 的工况。观察并分析母线联络线上故障仿真波形变化规律，包括各支路电流波形、母联电流相位与大差差动电流相位、大差差动元件和母联电流比相元件动作情况。

三、思考题

1. 通过上述实验，分别归纳母线区内故障和区外故障时，各条线路上电流有效值的变化规律。

2. 对比双母线差动保护和母联电流比相式母线差动保护，分析两种母线保护的特点以及适用场合。

参 考 文 献

［1］何仰赞，温增银．电力系统分析（上）［M］．武汉：华中科技大学出版社，2016.

［2］吴俊勇，夏明超，徐丽杰，等．电力系统分析［M］．北京：清华大学出版社，2019.

［3］于群，曹娜．电力系统继电保护原理及仿真［M］．北京：机械工业出版社，2015.

［4］李佑光，钟加勇，林东，等．电力系统继电保护原理及新技术［M］．北京：科学出版社，2015.

［5］黄少锋．电力系统继电保护［M］．北京：中国电力出版社，2015.

［6］陈生贵，袁旭峰，王维庆，等．电力系统继电保护［M］．重庆：重庆大学出版社，2019.

［7］张保会，尹项根．电力系统继电保护［M］．北京：中国电力出版社，2022.

［8］孙忠潇．Simulink 仿真及代码生成技术入门到精通［M］．北京：北京航空航天大学出版社，2015.

［9］孟凡成．母线继电保护动作行为仿真分析系统［D］．长沙：湖南大学，2013.